Das menschliche Genom

T. Strachan

Das menschliche Genom

Aus dem Englischen übersetzt
von Sebastian Vogel

Spektrum Akademischer Verlag Heidelberg · Berlin · Oxford

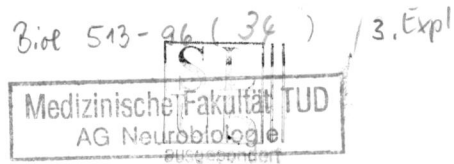

Originaltitel: The Human Genome
Aus dem Englischen übersetzt von Sebastian Vogel

Englische Originalausgabe bei BIOS Scientific Publishers Limited, Oxford
© 1992 BIOS Scientific Publishers Limited

Die Deutsche Bibliothek – CIP-Einheitsaufnahme

Strachan, Thomas:
Das menschliche Genom / T. Strachan. Aus dem Engl. übers. von Sebastian Vogel. –
Heidelberg ; Berlin ; Oxford : Spektrum, Akad. Verl., 1994
   Einheitssacht.: The human genome <dt.>
   ISBN 3-86025-200-3

© 1994 Spektrum Akademischer Verlag GmbH Heidelberg · Berlin · Oxford

Lektorat: Frank Wigger
Redaktion: Ilse Neufeldt-Brasche
Produktion: Brigitte Achauer, Susanne Tochtermann
Druck und Verarbeitung: Franz Spiegel Buch GmbH, Ulm

Spektrum Akademischer Verlag Heidelberg · Berlin · Oxford

EIN VERLAG DER SPEKTRUM FACHVERLAGE GMBH

Für meine Familie
und zum Gedenken an Hugh M. Strachan
(1947–1979)

Inhalt

Vorwort

Die Erforschung des menschlichen Genoms hat in den letzten Jahren außerordentlich schnelle Fortschritte gemacht. So ist es etwa gelungen, Gene zu isolieren und zu untersuchen, die wichtigen genetisch bedingten Krankheiten wie Cystischer Fibrose und Duchenne-Muskelschwund zugrunde liegen; das gleiche gilt für Gene, die beim Menschen zu Krebserkrankungen beitragen. Diese Entwicklungen wiesen den Weg zu einer verbesserten Diagnose erblicher Krankheiten und zu einem tieferen Verständnis der molekularen Grundlagen von Störungen, die auf Defekte eines einzelnen Gens zurückgehen.

Derzeit richten sich viele Bemühungen auf den Nachweis von Genen, die an der Entstehung verbreiteter multifaktorieller Leiden wie Krebs, koronarer Herzkrankheit und verschiedener geistiger Störungen beteiligt sind. Vor diesem Hintergrund hat man kürzlich das „Projekt des menschlichen Genoms" in Angriff genommen, eines der ehrgeizigsten wissenschaftlichen Vorhaben aller Zeiten; es dient letztlich dem Ziel, jedes einzelne der ungefähr 75 000 Gene im Genom des Menschen zu isolieren und zu charakterisieren. Das vorliegende Buch verfolgt die Absicht, für Laien und Spezialisten gleichermaßen eine knappe Darstellung des derzeitigen Wissens über das Genom des Menschen zu geben und zu beschreiben, wie diese Kenntnisse die medizinische Forschung und Praxis beeinflussen.

Mein Dank gilt Andrew Read und Terry Brown, den Herausgebern der Reihe *The Medical Perspectives Series*, in der dieser Band erschienen ist, für ihre nützlichen Kommentare zum Manuskript sowie meinen Kollegen Paul Sinnott, Paul Sinclair, Carolyn Watson und Andrew Wallace für die Photos der Abbildungen 3.8, 4.9, 4.10 und 6.8.

T. Strachan

Abkürzungsverzeichnis

ADA	Adenosindesaminase
APC	adenomatöse Polyposis coli
ARMS	*amplification refractory mutation system*
ARS	autonom replizierende Sequenz
ASO	allelspezifisches Oligonucleotid
bp	Basenpaar
CF	Cystische Fibrose
CFTR	Cystische-Fibrose-Transmembranregulator
cM	Centimorgan
DGGE	enaturierende Gradienten-Gelelektrophorese
DMD	Duchenne-Muskeldystrophie
FAP	familiäre adenomatöse Polypose
FISH	Fluoreszenz-*in-situ*-Hybridisierung
HLA	*human leukocyte antigen*
HTF	*Hpa*II *tiny fragments*
HUGO	*Human Genome Organisation*
Ig	Immunglobulin
kb	Kilobase
LCR	Locus-Kontrollregion (*locus control region*)
LDL	Lipoprotein niedriger Dichte (*low density lipoprotein*)
LINE	*long interspersed nuclear element*
Mb	Megabase
mRNA	messenger-RNA
MHC	Haupthistokompatibilitätskomplex (*major histocompatibility complex*)
mt	Mitochondrien-
NF1	Neurofibromatose Typ 1
PCR	Polymerasekettenreaktion (*polymerase chain reaction*)
PFGE	Pulsfeld-Gelelektrophorese
PIC	Informationsgehalt eines Polymorphismus (*polymorphism information content*)
rDNA/RNA	ribosomale DNA/RNA
RFLP	Restriktionsfragment-Längenpolymorphismus
RSP	Restriktionsstellen-Polymorphismus

SINE	*short interspersed nuclear element*
snRNA	kleine RNA im Zellkern (*small nuclear RNA*)
SSCP	Einzelstrang-Konformationspolymorphismus (*single strand conformation polymorphism*)
STS	*sequence-tagged site*
TIL	tumorinfiltrierende Lymphocyten
TNF	Tumornekrosefaktor
tRNA	Transfer-RNA
UTS	nichttranslatierte Sequenzen am 5'- und 3'-Ende der mRNA (*untranslated sequences*)
VNTR	variable Zahl von Tandemwiederholungen (*variable number of tandem repeats*)
YAC	künstliches Hefechromosom (*yeast artificial chromosome*)

1. Aufbau und Expression des menschlichen Genoms

1.1 Die Struktur der DNA im Genom

Das Genom des Menschen besteht aus DNA-Doppelhelixmolekülen, in denen die beiden DNA-Stränge durch schwache Wasserstoffbrücken zusammengehalten werden. Jeder Strang besitzt ein Rückgrat aus Desoxyribose (einem Zucker mit fünf Kohlenstoffatomen), deren einzelne Einheiten über kovalente Phosphodiesterbindungen verknüpft sind. An das Kohlenstoffatom Nummer 1 der einzelnen Zuckerreste (gewöhnlich als 1′ bezeichnet) ist jeweils eine stickstoffhaltige Base kovalent gebunden, und zwar entweder ein Pyrimidin (Cytosin oder Thymin) oder ein Purin (Adenin oder Guanin, Abb. 1.1). Ein Zuckermolekül mit der angehefteten Base und einer Phosphatgruppe bezeichnet man als Nucleotid; es ist der Grundbaustein der DNA. Da die Phosphodiesterbindungen jeweils die Kohlenstoffatome Nummer 3 und 5 benachbarter Zuckerreste verbinden, steht am einen Ende eines DNA-Stranges, dem sogenannten 5′-Ende, eine Zuckergruppe mit einem freien 5′-Kohlenstoffatom. Das andere Ende bezeichnet man entsprechend als 3′-Ende, weil dort ein 3′-Kohlenstoffatom keine Phosphodiesterbindung besitzt. Die beiden Stränge einer DNA-Doppelhelix lagern sich stets so zusammen, daß die 3′→5′-Richtung des einen Stranges der umgekehrten Richtung des anderen entspricht.

Die genetische Information ist in der der Reihenfolge (Sequenz) der Basen in den beiden DNA-Strängen verschlüsselt. Durch Wasserstoffbrücken bilden sich Basenpaare zwischen gegenüberliegenden Basen, und zwar nach den Watson-Crick-Regeln: Adenin (A) verbindet sich spezifisch mit Thymin (T), und Cytosin (C) lagert sich spezifisch mit Guanin (G) zusammen. Deshalb bezeichnet man die beiden Stränge eines DNA-Moleküls als komplementär (und spricht von komplementären Basen), und man kann die Basensequenz des einen Stranges leicht bestimmen, wenn man die des anderen kennt. Üblicherweise schreibt man deshalb bei der Aufzeichnung einer Basensequenz nur die Reihenfolge der Basen in einem Strang auf, und zwar in 5′→3′-Richtung, denn in dieser Richtung werden bei der DNA-

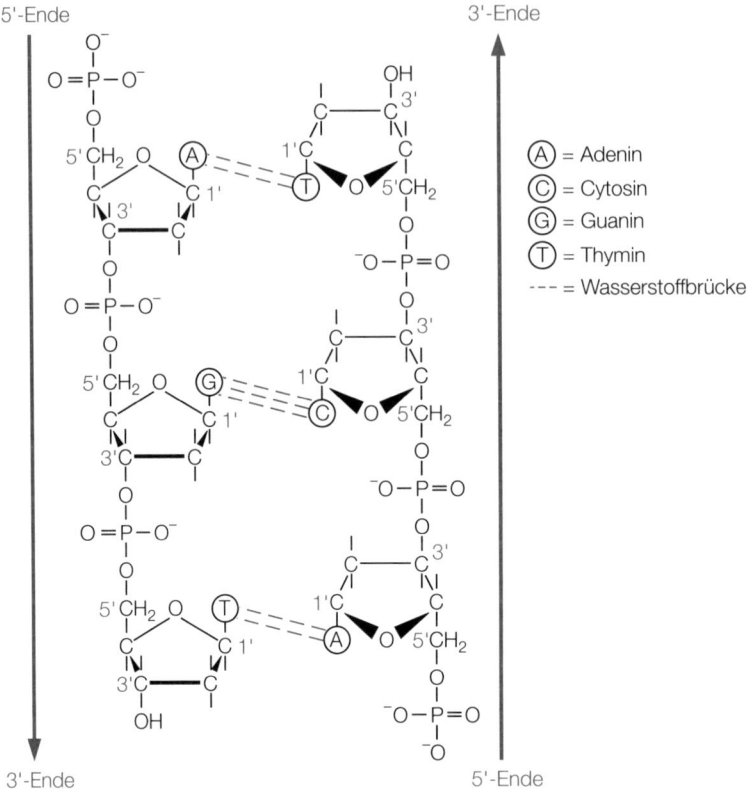

1.1 Die Struktur doppelsträngiger DNA.

Replikation die neuen DNA-Moleküle gebildet, und auch die Synthese der RNA-Moleküle an der DNA-Matrize bei der Transkription verläuft in dieser Reihenfolge. Will man nur einen DNA-Abschnitt aus zwei Basen (also ein Dinucleotid) in einem DNA-Strang beschreiben, fügt man zwischen ihren Symbolen gewöhnlich ein „p" ein, das die Phosphodiesterbindung darstellt. CpG ist beispielsweise ein Cytosin, das kovalent mit einem Guanin desselben DNA-Stranges verbunden ist. Ein CG-Basenpaar bedeutet dagegen ein Cytosin in einem DNA-Strang, das über Wasserstoffbrücken mit einem Guanin des komplementären Stranges verknüpft ist.

Bei der DNA-Replikation entwinden sich die beiden DNA-Stränge, und jeder von ihnen steuert die Synthese eines komplementären Stranges, so daß schließlich zwei Tochterdoppelstränge entstehen, die mit dem Ausgangsmolekül identisch sind. Bei der Genexpression dagegen werden die Gene nur an einem der beiden Stränge abgelesen (transkribiert). Den Strang, an dem die Transkription stattfindet und der deshalb der Basensequenz der RNA komplementär ist, bezeichnet man als Matrizen- oder Anti-Sinn-Strang. Das transkribierte RNA-Molekül ist also eine genaue Kopie des anderen DNA-Stranges (des Sinn-Stranges), abgesehen davon, daß der Zucker in der RNA Ribose ist und daß Uracil anstelle des Thymins steht. Beim Aufzeichnen von Gensequenzen stellt man üblicherweise nur die Sequenz des Sinn-Stranges dar. Die Orientierung der Sequenzen relativ zu einer Gensequenz wird im allgemeinen durch den Sinn-Strang und die Transkriptionsrichtung bestimmt. Das 5'-Ende eines Gens entspricht zum Beispiel dem 5'-Ende des Sinn-Stranges, und als stromaufwärts beziehungsweise stromabwärts gelegene Sequenzen bezeichnet man solche, die im Sinn-Strang vor dem 5'-Ende (stromaufwärts, *upstream*) beziehungsweise hinter dem 3'-Ende (stromabwärts, *downstream*) liegen.

1.2 Die Genome von Zellkern und Mitochondrien

Die genetische Information liegt in menschlichen Zellen in Form zweier Genome vor: Ein komplexes Genom befindet sich im Zellkern, ein wesentlich einfacheres in den Mitochondrien. In der unterschiedlichen Komplexität spiegelt sich die Dominanz des Genoms im Zellkern wider: Es enthält den weit überwiegenden Teil der lebenswichtigen genetischen Information, die letztlich größtenteils an den Ribosomen im Cytoplasma im Rahmen der Polypeptidsynthese entschlüsselt wird. Mitochondrien besitzen zwar eigene Ribosomen, aber ihr Genom legt nur einen kleinen Teil ihrer Funktionen fest; die Hauptmenge der Mitochondrienpolypeptide ist in Genen des Zellkerns codiert und wird aus dem Cytoplasma herantransportiert.

1.2.1 Das Genom im Zellkern

Die Menge der Zellkern-DNA einer einzelnen menschlichen Zelle hängt von der Zahl der Zellkerne und der Chromosomen ab. Ein Sonderfall sind die Keimzellen (Ei- und Samenzellen): Sie sind haploid, das heißt, sie besitzen das Genom des Zellkerns nur in einer Kopie, aufgeteilt auf 23 Chromosomen: 22 Autosomen und ein Geschlechtschromosom (X oder Y). Bei der normalen Vereinigung von Ei- und Samenzelle entsteht eine diploide Zygote mit zwei Kopien des Genoms (2C) und 46 Chromosomen in 23 homologen Paaren: Die Autosomen sind in ihren 22 Paaren jeweils vollständig homolog, die Geschlechtschromosomen können entweder vollständig homolog (XX) oder teilweise homolog (XY) sein.

Durch die nachfolgenden DNA-Verdoppelungsschritte und anschließenden Zellteilungen im Rahmen der Mitose entsteht bei Wachstum und Entwicklung die Fülle der somatischen Zellen, die ganz überwiegend jeweils einen einzigen, diploiden Zellkern aufweisen. Es gibt aber Ausnahmen: Manche Zellen sind von Natur aus polyploid, weil sich die Chromosomen vor der Zellteilung mehrmals verdoppeln (bestimmte Leberzellen sind zum Beispiel tetraploid, das heißt, sie haben 92 Chromosomen, also das Vierfache des haploiden Genoms); andere Zellen besitzen viele Zellkerne (zum Beispiel ausgereifte Muskelzellen), oder der Zellkern fehlt ihnen ganz (zum Beispiel den roten Blutzellen). Außerdem bleibt zwar die Chromosomenzahl einer normalen diploiden somatischen Zelle mit 46 bis zur Anaphase der Mitose konstant, aber eigentlich wird die Zelle schon früher tetraploid, nämlich in der S-Phase des Zellzyklus, wenn die DNA sich verdoppelt – weiter unten wird genauer davon die Rede sein.

Im großen und ganzen tragen somatische Zellen die gleiche genetische Information wie die Zygote, aus der sie hervorgegangen sind. Abgesehen von den nichthomologen Abschnitten des X- und Y-Chromosoms bei Männern (Abschnitt 2.2) enthalten diploide Zellen jedes Gen des Zellkerns beziehungsweise jede normalerweise in Zellen vorhandene DNA-Sequenz in zwei Kopien. Zwei solche homologen DNA-Sequenzen, die auf homologen Chromosomen an der gleichen Stelle (das heißt am gleichen Genlocus) liegen, nennt man Allele. Die meisten DNA-Sequenzen des Zellkerns werden nach den Mendelschen Gesetzen vererbt, wobei jeder Elternteil zu einer diploiden Zelle ein Allel beisteuert. Ein Individuum, dessen beide Allele an einem Locus die gleiche Sequenz haben, bezeichnet man als homozygot; sind sie unterschiedlich, spricht man vom heterozygoten Zustand. Da das Y-Chromosom nur von Männern weitergegeben wird, liegen seine Sequenzen in männlichen Körperzellen, ebenso wie die des X-Chromosoms, als Einzelkopien vor.

Das Genom im Kern einer haploiden menschlichen Zelle besteht aus etwa 3×10^9 Basenpaaren (bp) an DNA; einzelne Chromosomen enthalten im Durchschnitt $1{,}3 \times 10^8$ bp (130 Megabasen, Mb), ihre Größe schwankt jedoch zwischen 50 und 250 Mb (Tabelle 1.1). Die gesamte DNA jedes Chromosoms liegt als ein einziger, zusammenhängender Doppelstrang vor, der ausgestreckt zwischen 1,7 und 8,5 Zentimeter lang wäre. In der Zelle haben die Chromosomen eine hochgeordnete Struktur [2], wobei ihre DNA in Komplexen mit DNA-bindenden Proteinen sehr eng zusammengepackt ist. Die grundlegende Verpackungseinheit ist das Nucleosom; es besteht aus einem Kern aus acht Molekülen basischer Histonproteine (je zwei Moleküle

Tabelle 1.1: DNA-Gehalt menschlicher Chromosomen[a]

Chromosom	Prozent der Gesamtlänge	DNA-Menge (Mb)	Chromosom	Prozent der Gesamtlänge	DNA-Menge (Mb)
1	8,3	250	13	3,6	110
2	7,9	240	14	3,5	105
3	6,4	190	15	3,3	100
4	6,1	180	16	2,8	85
5	5,8	175	17	2,7	80
6	5,5	165	18	2,5	75
7	5,1	155	19	2,3	70
8	4,5	135	20	2,1	65
9	4,4	130	21	1,8	55
10	4,4	130	22	1,9	60
11	4,4	130	X	4,7	140
12	4,1	120	Y	2,0	60

[a] Die angegebene DNA-Menge bezieht sich auf die Chromosomen vor dem Eintritt in die S-Phase (DNA-Replikationsphase) des Zellzyklus (siehe Abb. 1.3); Daten entnommen aus [1].

der Histone H2A, H2B, H3 und H4), um den ein doppelsträngiger DNA-Abschnitt von 146 bp mit 1,75 Windungen herumgewickelt ist (Abb. 1.2). Benachbarte Nucleosomen sind durch einen kurzen Abschnitt, die soge-nannte Spacer-DNA, verbunden. Die Elementarfaser aus hintereinanderlie-genden Nucleosomen ist ihrerseits zur Chromatinfaser von 30 Nanometer Durchmesser aufgewunden, die man im Elektronenmikroskop erkennen kann.

Im Metaphasestadium der Zellteilung kondensieren die Chromosomen noch weiter: Jetzt sind sie auch im Lichtmikroskop zu sehen, und zwar als Strukturen von etwas über einem Mikrometer Dicke und einer Länge von zwei (Chromosom 21) bis 21 Mikrometern (Chromosom 1). In diesem Stadium hat sich die DNA in den Chromosomenarmen (aber nicht die im Centromer) als Vorbereitung auf die Zellteilung bereits verdoppelt. Ein Metaphasechromosom besteht aus zwei nebeneinanderliegenden Chromati-den, die am Centromer noch verbunden sind. Die Chromatiden wiederum bestehen aus Schleifen der Chromatinfaser, die jeweils etwa 30 bis 90 kb an DNA enthalten und an ein zentrales Gerüst aus sauren Nichthistonproteinen angeheftet sind; dieser Komplex wird durch Spiralisierung noch kompakter. Da jedes Chromatid (mit Ausnahme des Centromers) einen DNA-Doppel-strang enthält, ist die DNA des Genoms in menschlichen somatischen Zel-

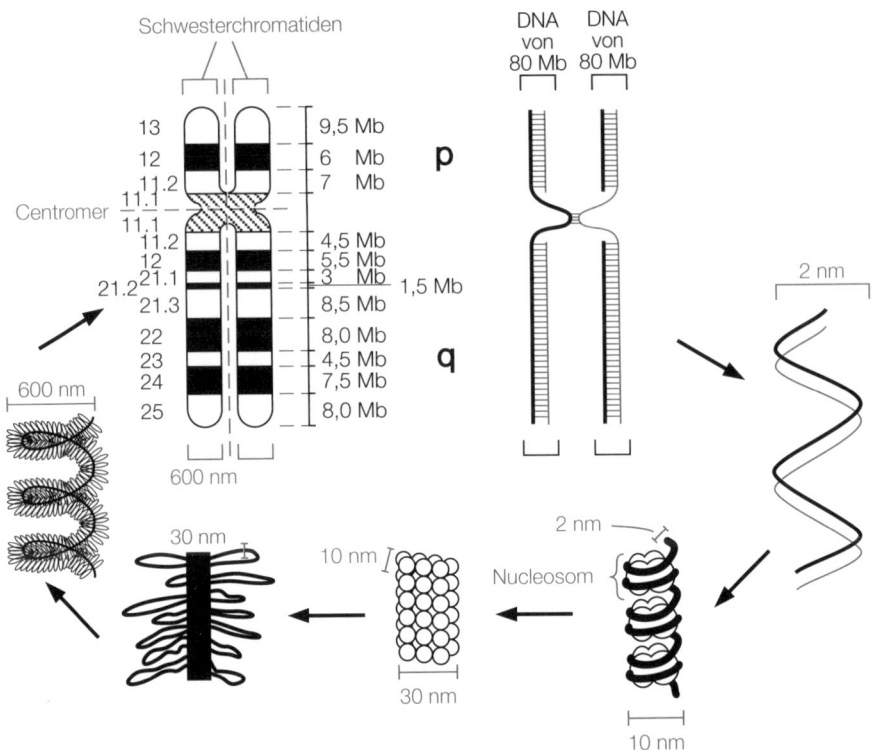

1.2 Vom DNA-Doppelstrang zum Metaphasechromosom (Chromosom 17 des Menschen, Giemsafärbung, Präparation mit 550 Banden).

len vom Ende der S-Phase bis zur Anaphase eigentlich tetraploid (4C), auch wenn die Chromosomenzahl nach wie vor 46 beträgt (Abb. 1.3).

Man kann die Chromosomen während der Zellteilung mit verschiedenen Methoden so behandeln, daß sie abwechselnd angeordnete helle und dunkle Banden aufweisen. Bei der G-Bandenfärbung unterwirft man die Chromosomen zum Beispiel einem begrenzten Abbau durch Trypsin und färbt sie dann mit Giemsa, einem DNA-bindenden Farbstoff, der ein charakteristisches Muster heller und dunkler G-Banden hervortreten läßt. Die Banden teilt man anhand ihrer Lage auf dem kurzen (p) oder langen (q) Arm des Chromosoms ein. So bezeichnet beispielsweise 17p12 die Unterbande 2 der Bande 1 auf dem kurzen Arm des Chromosoms 17. Man kann die Unterteilung noch weiter treiben: 17q21 läßt sich aufspalten in 17q21.1, 17q21.2 und 17q21.3 (Abb. 1.2). Da Giemsa sich bevorzugt an AT-reiche DNA-Sequenzen bindet, betrachtet man dunkle G-Banden als AT-reich, während

20

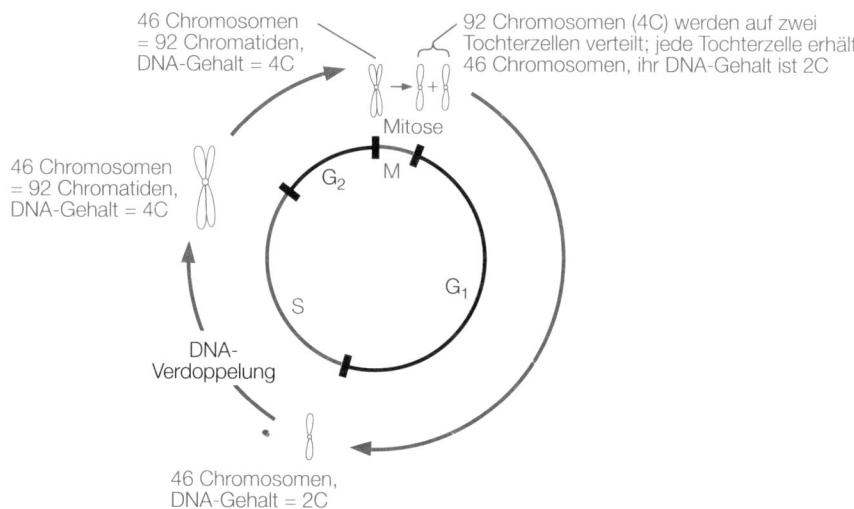

46 Chromosomen
= 92 Chromatiden,
DNA-Gehalt = 4C

92 Chromosomen (4C) werden auf zwei
Tochterzellen verteilt; jede Tochterzelle erhält
46 Chromosomen, ihr DNA-Gehalt ist 2C

Mitose

46 Chromosomen
= 92 Chromatiden,
DNA-Gehalt = 4C

G_2 M

S

G_1

DNA-
Verdoppelung

46 Chromosomen,
DNA-Gehalt = 2C

1.3   Der DNA-Gehalt der Chromosomen während des Zellzyklus.

in den hellen Banden vermutlich mehr G und C vorkommt. Der Gesamt-
gehalt der menschlichen DNA an G und C liegt zwar bei etwa 40 Prozent,
die abwechselnd angeordneten hellen und dunklen Banden lassen jedoch
darauf schließen, daß das menschliche Genom in sogenannte Isochoren
unterteilt ist, abgegrenzte Chromosomenabschnitte mit einheitlicher Basenzusammensetzung, die sich jedoch von einem Isochor zum nächsten ändern
kann [3]. Die dunklen G-Banden enthalten vermutlich wenig Gene (siehe
unten); im Zellzyklus kondensieren diese Bereiche früh, aber sie werden
erst spät repliziert. Dagegen kondensieren die hellen G-Banden spät, verdoppeln sich aber früh; sie sind GC-reich und enthalten viele Gene. Außerdem unterscheiden sich die Chromosomenabschnitte dieser beiden Typen
auch in der Art der verstreut liegenden repetitiven DNA (siehe Abschnitt
1.8.4), mit der sie gekoppelt sind. Ein Satz von Mitosechromosomen läßt
sich in etwa 550 Banden auflösen (Karyogramm, siehe Abb. 1.4); somit
entspricht eine durchschnittlich große Bande einem DNA-Abschnitt von
ungefähr 6 Mb.

Die Gesamtzahl der Gene im haploiden Genom des Zellkerns liegt ver-
mutlich bei etwa 75 000 (vorsichtiger ausgedrückt, bei 50 000 bis 100 000).
Legt man diese Zahl zugrunde, besitzen Zellen mit einem Zellkern etwa alle
45 kb ein Gen, das sind ungefähr 3 000 Gene auf einem durchschnittlichen
Chromosom. In einem Metaphasenchromosomen-Karyogramm mit 400
Banden dürfte jede Bande etwa 150 Gene enthalten. Wie bereits erwähnt,

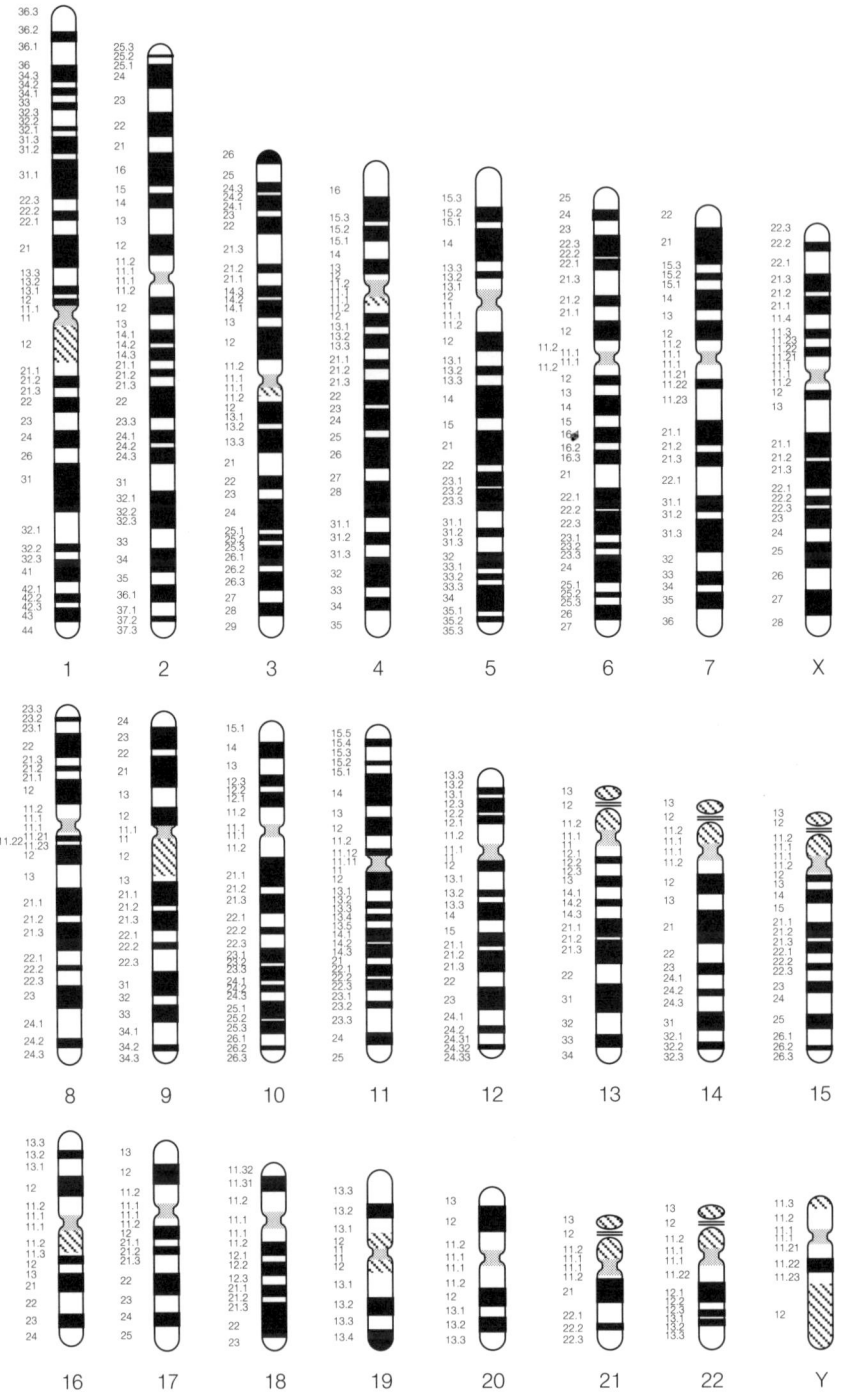

hängt die Gendichte jedoch von der Basenzusammensetzung des jeweiligen Chromosomenabschnitts ab: Die hellen G-Banden enthalten mehr Gene, die dunklen entsprechend weniger.

1.2.2 Das Mitochondriengenom

Das Mitochondriengenom besteht aus einem einzigen, ringförmigen DNA-Molekül von 16 569 bp, die vollständig sequenziert sind [4]. Wenn sich die Zygote bildet, steuert die Samenzelle zwar das Genom ihres Zellkerns bei, nicht aber ihr Mitochondriengenom. Infolgedessen hat das Mitochondriengenom der Zygote ausschließlich die gleichen Eigenschaften wie in der unbefruchteten Eizelle; Männer und Frauen erben ihre Mitochondrien von der Mutter, die des Vaters werden nicht auf die nächste Generation weitergegeben.

Die meisten Zellen enthalten mehrere hundert Mitochondrien, die sich bei der Mitose rein zufällig auf die Tochterzellen verteilen, Jedes Mitochondrium enthält das 16,6 kb lange Genom in zwei bis zehn Kopien. Obwohl also ein einzelnes Mitochondriengenom nur 1/8000 der DNA-Menge eines durchschnittlichen Chromosoms enthält, kann die gesamte genetische Ausstattung der Mitochondrien in einer somatischen, kernhaltigen Zelle bis zu 0,5 Prozent der DNA-Menge ausmachen. Die Mitochondrien-DNA ist grundsätzlich doppelsträngig, aber ein kleiner Abschnitt, die D-Schleife, besteht aus drei Strängen, weil die 7S-DNA, ein besonderer Abschnitt der Mitochondrien-DNA, zusätzlich synthetisiert wird (Abb. 1.5).

Das menschliche Mitochondrien-DNA-Molekül enthält in seinen 16,6 kb 37 Gene; 28 davon sind im schweren (*heavy*) DNA-Strang (H-Strang) codiert, der besonders viel Guanin enthält, und neun liegen im leichten (*light*) Strang (L-Strang, Abb. 1.5). 13 der 37 Mitochondriengene codieren Polypeptide, die zusammen mit den Produkten von mindestens 50 Genen des Zellkerns die fünf Atmungskettenkomplexe bilden, jene vielkettigen Enzyme der oxidativen Phosphorylierung, die an der ATP-Produktion beteiligt sind. Die Untereinheiten des fünften Atmungskettenkomplexes, der Succinat-CoQ-Reductase sowie alle anderen Mitochondrienproteine sind ausschließlich im Zellkern codiert. Die restlichen 24 Mitochondriengene codieren 22 tRNA-(Transfer-RNA-)Typen und zwei Arten von rRNA (ribosomaler RNA), die zum Proteinsyntheseapparat der Mitochondrien gehören. Die

◄ **1.4** Bandenmuster menschlicher Chromosomen (G-Bandenfärbung, Karyogramm mit 550 Banden).

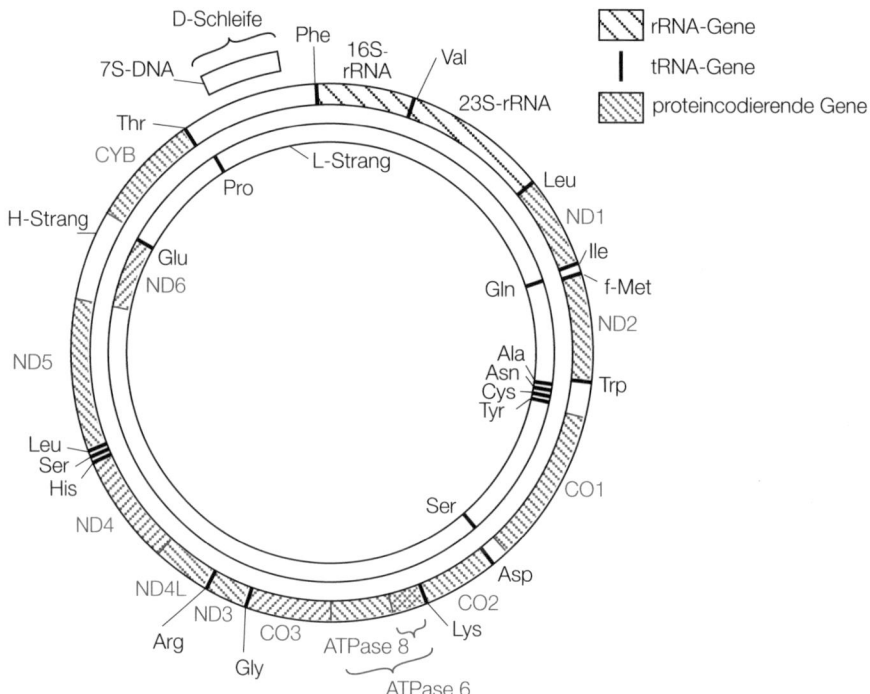

1.5 Der Aufbau der menschlichen Mitochondrien-DNA. ND1 bis ND6: Gene für Untereinheiten 1 bis 6 der NADH-Dehydrogenase. CO1 bis CO3: Gene für die Untereinheiten 1 bis 3 der Cytochrom-C-Oxidase. CYB: Gen für Cytochrom B.

Gene für ihre anderen Bestandteile, zum Beispiel die Aminoacyl-tRNA-Synthetasen, liegen wiederum ausschließlich im Zellkern.

Von den 22 tRNA-Typen, die in den Mitochondrien codiert sind, können acht jeweils Familien von vier Codons erkennen, die sich nur an der dritten Base unterscheiden. Die anderen 14 erkennen Codonpaare, die sich in den ersten Basen gleichen und an der dritten Position beide entweder ein Purin oder ein Pyrimidin enthalten. Die restlichen Codons, nämlich UAG, UAA, AGA und AGG, werden von keiner Mitochondrien-tRNA erkannt und wirken als Stopcodons (Tabelle 1.2).

Der genetische Code, nach dem die in den Mitochondrien codierte mRNA (messenger-RNA, „Boten-RNA") entschlüsselt wird, unterscheidet sich also von dem, der bei der Ablesung der Gene im Zellkern gültig ist. Außerdem gibt es zwischen den Genomen von Mitochondrien und Zellkern noch zahlreiche weitere Unterschiede in Aufbau und Expression (Tabelle 1.3).

Tabelle 1.2: Der genetische Code in den Zellen des Menschen

AAA	Lys	ACA	Thr	AGA	Arg^N/STOP^M	AUA	Ile^N/Met^M
AAC	Asn	ACC	Thr	AGC	Ser	AUC	Ile
AAG	Lys	ACG	Thr	AGG	Arg^N/STOP^M	AUG	Met
AAU	Asn	ACU	Thr	AGU	Ser	AUU	Ile
CAA	Gln	CCA	Pro	CGA	Arg	CUA	Leu
CAC	His	CCC	Pro	CGC	Arg	CUC	Leu
CAG	Gln	CCG	Pro	CGG	Arg	CUG	Leu
CAU	His	CCU	Pro	CGU	Arg	CUU	Leu
GAA	Glu	GCA	Ala	GGA	Gly	GUA	Val
GAC	Asp	GCC	Ala	GGC	Gly	GUC	Val
GAG	Glu	GCG	Ala	GGG	Gly	GUG	Val
GAU	Asp	GCU	Ala	GGU	Gly	GUU	Val
UAA	STOP	UCA	Ser	UGA	STOP^N/Trp^M	UUA	Leu
UAC	Tyr	UCC	Ser	UGC	CYS	UUC	Phe
UAG	STOP	UCG	Ser	UGG	Trp	UUG	Leu
UAU	Tyr	UCU	Ser	UGU	Cys	UUU	Phe

^{N,M} Unterschiedliche Interpretation der Codons in Zellkern (Nucleus) und Mitochondrien.

1.3 Codierende und nichtcodierende DNA

Nur ein kleiner Teil des menschlichen Genoms (etwa zwei bis drei Prozent) ist codierende DNA, deren Sequenzen unmittelbar die Sequenz eines Polypeptids oder eines reifen, funktionsfähigen RNA-Produkts festlegen. Der weit überwiegende Teil ist dagegen nichtcodierende DNA (Abb. 1.6). Derzeit kann man der Hauptmenge dieser außerhalb der Gene gelegenen DNA keine genetische Funktion zuordnen, und deshalb hat man sie manchmal als „DNA-Schrott" (*junk DNA*) bezeichnet. Es gibt jedoch auch nichtcodierende DNA-Sequenzen, die in den Chromosomen besondere Aufgaben erfüllen.

Centromere sind entscheidend für die ordnungsgemäße Aufspaltung der Chromosomen auf die Tochterzellen nach der Mitose- und Meioseteilung. Die Centromer-DNA besteht aus tandemförmig wiederholten DNA-Sequenzen, deren vermutete Bedeutung für die Centromerfunktion sich aber nicht schlüssig nachweisen ließ (Abschnitt 1.8.1).

Tabelle 1.3:   Die Genome in Zellkern und Mitochondrien des Menschen

	Kerngenom	Mitochondriengenom
Größe	3 000 Mb	16,6 kb
Zahl verschiedener DNA-Moleküle	23 (bei XX) oder 24 (bei XY), alle linear	ein ringförmiges DNA-Molekül
Gesamtzahl der DNA-Moleküle pro Zelle	23 in haploiden Zellen, 46 in diploiden Zellen	mehrere Tausend
assoziierte Proteine	mehrere Klassen von Histon- und Nichthistonproteinen	im wesentlichen proteinfrei
Zahl der Gene	etwa 75 000	37
Gendichte	etwa 1 Gen auf 45 kb	1 Gen auf 0,5 kb
repetitive DNA	großer Anteil (Abb. 1.6)	sehr wenig
Transkription	die allermeisten Gene werden einzeln transkribiert	gemeinsame Transkription mehrerer Gene
Introns	in den meisten Genen	fehlen
Anteil der codierenden DNA	2–3%	etwa 95%
Codonbedeutung	siehe Tabelle 1.2	siehe Tabelle 1.2
Rekombination	mindestens einmal in jedem Paar homologer Chromosomen	keine
Vererbung	nach Mendelschen Regeln für Sequenzen auf X und Autosomen; väterlich für Sequenzen auf Y	ausschließlich mütterlich

Telomere sind erforderlich, damit die DNA an den Chromosomenenden vollständig repliziert wird. Fehlen sie, werden die Chromosomen „klebrig", so daß sie sich verbinden. In Meiosezellen sind die Telomere offensichtlich an die Kernmembran angeheftet; sie sind die Stellen, von denen die Chromosomenpaarung ausgeht. Die DNA der Telomere setzt sich aus kleinen Serien tandemförmig wiederholter Sequenzen zusammen (Abschnitt 1.8.2).

DNA, an der aktive Transkription stattfindet, ist im allgemeinen durch eine veränderte Chromatinstruktur gekennzeichnet. Dadurch wird sie empfindlich gegen DNase I, eine Endonuclease, welche die Stränge einer DNA-Doppelhelix einzeln und weitgehend sequenzunabhängig schneidet. Die Transkriptionsaktivität ist in vielen Fällen dem Ausmaß der Methylierung von Cytosinresten umgekehrt proportional. Bei der Replikation ist tran-

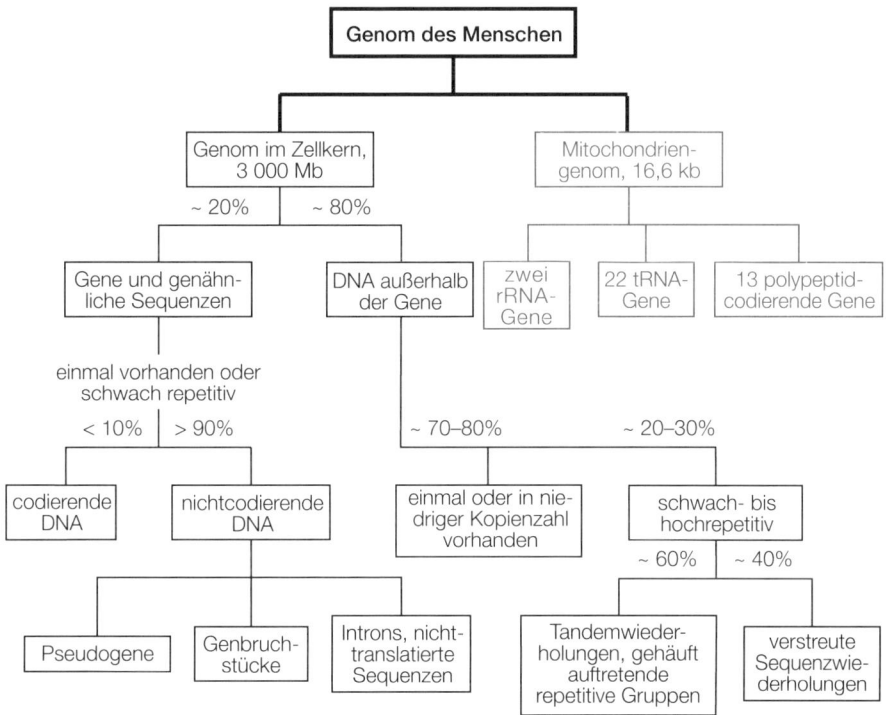

1.6 Der Aufbau des menschlichen Genoms.

skriptionsaktive DNA wahrscheinlich durch die an der Transkription mit-
wirkenden Proteinfaktoren gegen die DNA-Methylasen abgeschirmt. In
anderem Gewebe, wo die gleiche DNA nicht transkribiert wird, können
sich die Methylasen dagegen Zugang zur DNA verschaffen und sie methy-
lieren. Die methylierte DNA wird anschließend von Kernproteinen wie
MeCP-1 gebunden, die den Transkriptionsfaktoren den Zugang zur DNA
verwehren.

1.3.1 Häufung codierende und nichtcodierende DNA-Sequenzen in bestimmten Chromosomenabschnitten

Nach der Zellteilung entwinden sich die Chromosomen im Zellkern wieder,
manche Abschnitte bleiben aber während des gesamten Lebenszyklus der
Zelle kondensiert. Sie erscheinen im Mikroskop als dunkel gefärbte Bereiche (Heterochromatin), und man hat sie als genetisch inaktiv interpretiert.

Der Großteil des Chromatins ist dagegen Euchromatin, das sich nach der Zellteilung entwindet, hell gefärbt aussieht und – eingestreut in nichttranskribierte Sequenzen – aktive Gene enthält. Das Heterochromatin läßt sich in zwei Klassen einteilen: Fakultatives Heterochromatin kann genetisch aktiv oder inaktiv sein – ein Sonderfall ist dabei die Inaktivierung des X-Chromosoms (Abschnitt 2.2); konstitutives Heterochromatin ist immer inaktiv. Die Bereiche des konstitutiven Heterochromatins setzen sich fast ausschließlich aus bestimmten repetitiven DNA-Sequenzen zusammen; man findet sie im Umfeld der Centromere aller Chromosomen, außerdem in den kurzen Armen der akrozentrischen Chromosomen 13, 14, 15, 21 und 22 (bei diesen Chromosomen ist das Centromer dicht an einem Ende lokalisiert), in den sekundären Einschnürungen (hell gefärbten, offenbar entwundenen Chromosomenabschnitten) der Chromosomen 1, 9 und 16 sowie in einem Großteil des langen Arms im Y-Chromosom. Repetitive DNA-Sequenzen liegen zwar in ihrer großen Mehrzahl oder vielleicht sogar ausnahmslos im konstitutiven Heterochromatin, wo sie nicht in RNA transkribiert werden, aber daß es in den heterochromatischen Bereichen überhaupt keine Transkriptionsaktivität gibt, gilt als unwahrscheinlich.

Durchschnittlich findet sich im menschlichen Genom alle 45 kb ein Gen, aber in manchen Bereichen, so in Centromeren und Telomeren, liegen besonders wenige Gene. Andere Regionen, zum Beispiel die Giemsa-negativen Banden, sind überdurchschnittlich reich an Genen. Der Haupthistokompatibilitätskomplex des Menschen (MHC, *major histocompatibility complex*; beim Menschen als HLA, *human leucocyte antigen*, bezeichnet) liegt beispielsweise in der Giemsa-negativen Bande 6p21.3, und ein DNA-Abschnitt von 680 kb aus diesem Bereich enthält, wie sich herausstellte, alle 19 kb ein Gen. In dieser Gengruppe befinden sich auch einige überlappende Gene, die teilweise an den gleichen DNA-Abschnitten abgelesen werden, aber an entgegengesetzten Strängen. Man kennt noch weitere Beispiele für Gene, die vollständig innerhalb anderer Gene liegen (Abschnitt 1.5.4). Im allgemeinen findet man überlappende und geschachtelte Gene im menschlichen Genom nur selten.

1.4 Regulation der Genexpression

Die meisten der etwa 75 000 Gene im menschlichen Genom codieren Polypeptide. Ein relativ kleiner Teil codiert RNA-Moleküle verschiedener Typen, die an dem Gesamtvorgang der Expression beteiligt sind. Von den polypeptidcodierenden Genen werden manche, die sogenannten konstitutiven Gene, in allen somatischen Zellen in geringem Umfang exprimiert, weil ihre Produkte für die allgemeinen Zellfunktionen gebraucht werden. Bei anderen ist die Expression dagegen gewebespezifisch: Das Gen für β-Globin ist beispielsweise nur in bestimmten Blutzellen aktiv, nicht aber in Muskelzellen; beim Gen für Dystrophin sind die Verhältnisse umgekehrt. Die gewebespezifische Genexpression wird häufig einfach auf Transkriptionsebene gesteuert (Abschnitt 1.4.2), so daß ein bestimmtes Genprodukt nur in einem Gewebe (oder einigen wenigen) entsteht. In vielen Fällen kommt aber das gleiche Protein bei einem einzelnen Individuum auch in mehreren gewebespezifischen Formen (Isoformen) vor; solche unterschiedlichen Formen von Enzymen (Isoenzyme oder Isozyme) findet man sogar in den verschiedenen Kompartimenten derselben Zelle. Derartige Alternativformen eines Proteins können in verschiedenen, aber eng verwandten Genen codiert sein (Abschnitt 4.4.3), oder sie entstehen durch die Wirkung alternativer Promotoren, Spleißsignale oder Polyadenylierungsstellen (Abschnitt 2.8).

1.4.1 RNA-Polymerasen und ihre Produkte

Neben den rRNA- und tRNA-Genen in den Mitochondrien gibt es auch im Zellkern mehrere Klassen von Genen, deren Endprodukte RNA-Moleküle sind. Die ribosomale RNA in den Ribosomen des Cytoplasmas wird zum größten Teil von der RNA-Polymerase I im Nucleolus transkribiert – das gilt für die 28S- und 5,8S-rRNA der großen sowie für die 18S-rRNA der kleinen Ribosomenuntereinheit. Die Gene für diese drei rRNA-Spezies liegen gehäuft (*clustered*) in einem DNA-Abschnitt von 13 kb, der als zusammenhängende Transkriptionseinheit in ein einziges, langes RNA-Vorläufermolekül transkribiert wird. Anschließend durchläuft dieses Primärtranskript mehrere Weiterverarbeitungsschritte, aus denen letztlich die einzelnen 28S-, 5,8S- und 18S-rRNA-Moleküle hervorgehen. Die RNA-Polymerase III, die im Zellkern, aber außerhalb des Nucleolus lokalisiert ist, transkribiert verschiedene Gene, etwa die für die verschiedenen tRNAs, für die 5S-rRNA (die zur großen Untereinheit der Ribosomen im Cytoplasma gehört) und für eine Reihe kleiner RNA-Moleküle, unter anderem die meisten snRNAs (*small nuclear RNAs*, kleine Kern-RNAs), die an der Weiterverarbeitung der RNA beteiligt sind.

In ihrer großen Mehrzahl werden die Gene in den Zellen jedoch, jedes für sich, von der RNA-Polymerase II transkribiert. Der Transkriptionsstartpunkt ist durch eine Promotorsequenz definiert, die im typischen Fall ein paar hundert Basenpaare stromaufwärts vom Gen liegt. Der Abbruch der

Transkription erfolgt gewöhnlich kurz nachdem die RNA-Polymerase an einer besonderen Sequenz vorbeigelaufen ist. Dies ist meist eine Variante der Consensussequenz AATAAA, die für den nächsten Weiterverarbeitungsschritt der RNA, die Polyadenylierung, von Bedeutung ist (Abschnitt 1.5.2).

1.4.2 Steuerung der Genexpression auf Transkriptionsebene

Die Genexpression wird in menschlichen Zellen meist auf Transkriptionsebene reguliert [5]. *Cis*-aktive Transkriptionsfaktoren sind Elemente mit festgelegter DNA-Sequenz oder Struktur, die nahe den von ihnen regulierten Genen auf demselben DNA-Molekül liegen (Tabelle 1.4). Sie codieren keine eigenen Genprodukte, sondern beeinflussen die Transkription vermutlich unmittelbar. Häufig dienen sie als Bindungsstellen für *trans*-aktive Transkriptionsfaktoren. Das sind Proteinprodukte anderer Gene, die an ganz bestimmte DNA-Abschnitte in der Nachbarschaft eines Gens binden und so dessen Transkriptionsaktivität beeinflussen. Manche *trans*-aktiven Transkriptionsfaktoren kommen nur in wenigen Zelltypen vor (Tabelle 1.4) und dürften deshalb für die gewebespezifische Genexpression eine wichtige Rolle spielen (Tabelle 1.5). Die *cis*-aktiven Elemente sind oft in Gruppen angeordnet, die 100 bis 300 bp umfassen; zu ihnen gehören unter anderem folgende Sequenzen:

Promotoren sind Kombinationen kurzer Sequenzelemente in dem DNA-Abschnitt unmittelbar stromaufwärts von einem Gen. Sie legen den Startpunkt und den allgemeinen Umfang der Transkription fest.

Enhancer und *Silencer* sind Kombinationen von Sequenzelementen, welche die Transkription verstärken (Enhancer) oder unterdrücken (Silencer). Sie können in der Nähe des Gens, dessen Expression sie beeinflussen, oder sogar innerhalb davon liegen, häufig sind sie aber auch ein ganzes Stück entfernt. Ihre genaue Lage und Orientierung ist für ihre Funktion nicht entscheidend.

1.4.3 Steuerung der Genexpression auf Translationsebene

Neben der Transkriptionssteuerung gibt es bei der Genexpression auch eine Regulation der Translation; sie ist bei eingen Genen des Menschen wirksam. Ein erhöhter Eisenspiegel regt zum Beispiel die Synthese des eisenbin-

Tabelle 1.4: Beispiele für *cis*- und *trans*-aktive Transkriptionselemente

cis-Element	DNA-Sequenz entspricht oder ähnelt	assoziierte *trans*-aktive Faktoren	Anmerkungen
GGGCGG-Box	GGGCGG	Sp1	Sp1-Faktor ist allgegenwärtig
TATA-Box	TATAAA	TFIID	TFIIA bindet an TFIID-TATA-Box-Komplex und stabilisiert ihn
CCAAT-Box	CCAAT	viele, z. B. C/EBP, CTF/NF1	große Familie *trans*-aktiver Faktoren
CAT-Box	CAT	TEF2	
TRE (TPA-Reaktions-element)	GTGAGTA/CA	AP-1-Familie z.B. *JUN/FOS*	große Familie *trans*-aktiver Faktoren
CRE (cAMP-Reaktions-element)	GTGAGTA/CAA/G	CREB/ATF-Familie, z.B. ATF-1	Genaktivierung als Reaktion auf cAMP
PE-Element	GTTAATNATTAAC	HNF-1	HNF-1 ist leber-spezifisch
Octa-Element	ATGCAAAT	OTF-1, OTF-2	OTF-1 in vielen Zelltypen; OTF-2 meist nur in Lymphocyten, limitierender Faktor bei der Expression der Immunglobulin-gene
GATA-Element	GATA	GATA-1 (= NF-E1)	GATA-1 ist erythro-cytenspezifisch und kommt in allen Entwicklungsstadien vor

denden Proteins Ferritin an, ohne daß die Menge der entsprechenden mRNA steigt. Die Verstärkung der Synthese erfolgt also auf Translationsebene. Verantwortlich für diesen Effekt ist offenbar ein *trans*-aktiver Faktor, der auf Eisen reagiert und sich an Regulationselemente in der Ferritin-mRNA bindet [6].

Tabelle 1.5: Verschiedene Ebenen der selektiven Genexpression

selektiver Expressionsmechanismus	Beispiele
Aktivierung der Expression einzelner Gene durch interne gewebespezifische Transkriptionsfaktoren	Genaktivierung durch: GATA-1 (erythrocytenspezifisch) HNF-1 (leberspezifisch) TCF-1 (spezifisch für T-Lymphocyten)
Aktivierung der Expression einzelner Gene durch Einwirkung äußerer Faktoren auf induzierbare Promotoren/Enhancer	Aktivierung der Transkription durch cAMP
gewebespezifische differentielle Transkription oder unterschiedliches RNA-Processing bei spezifischen Genen	differentielle Verwendung von alternativen Promotoren, Spleißsignalen, Polyadenylierungsstellen usw. in verschiedenen Zelltypen (Abschnitt 2.8)
Aktivierung der Expression einzelner Gene durch Anregung der Reaktionselemente in der mRNA	Aktivierung der Eisen-Reaktionselemente in der mRNA für Ferritin und Transferrin
entwicklungsstadienabhängige Expression	Wechsel der Hämoglobinklassen (Abb. 1.10)
zellspezifische Genexpression durch DNA-Umordnung	Produktion zellspezifischer Immunglobuline und T-Zell-Rezeptoren in B- bzw. T-Lymphocyten (Abschnitt 2.7.3)

1.5 Expression polypeptidcodierender Gene

1.5.1 Transkription und Regulation der Genexpression

Gene, die in großem Umfang transkribiert werden, entweder in bestimmten Stadien des Zellzyklus (wie die Gene für die Histone) oder in bestimmten Zelltypen (zum Beispiel die β-Globin-Gene) besitzen in ihrem Promotor stets eine TATA-Box. Dieses Element – seine Sequenz lautet oft TATAAA oder ähnlich – liegt normalerweise etwa 30 bp stromaufwärts von der Transkriptionsstartstelle (also in der Position –30; Abb. 1.7). In den Promotoren vieler anderer Gene, etwa bei den konstitutiven Genen, fehlt die TATA-Box jedoch. Konstitutive Gene besitzen statt dessen oft GC-reiche Sequenzelemente, insbesondere Varianten der Consensussequenz GGGCGG (Tabelle 1.4). Andere verbreitete Promotorelemente beinhalten, meist in der Position

–80, die CAAT-Box, die häufig am stärksten über die Aktivität des Promotors bestimmt.

Darüber hinaus kennt man eine ganze Reihe weiterer Regulationselemente, die bei vielen menschlichen Genen für eine wirksame Expression erforderlich sind. Sequenzelemente, welche die Transkription anregen oder unterdrücken, hat man in der unmittelbaren Nachbarschaft mancher Gene und gelegentlich auch innerhalb von Genen identifiziert. Das Gen für den Blutplättchen-Wachstumsfaktor B (*platelet-derived growth factor B*, PDGFB) wird zum Beispiel durch gewebespezifische Regulationselemente im ersten Intron (zu Introns siehe den folgenden Abschnitt) positiv und negativ reguliert [7]. Beim β-Globin-Gen des Menschen konnte man ebenfalls eine Reihe verschiedener Regulationselemente identifizieren (Abb. 1.7). Obwohl in seinem Innern wie auch in der Sequenz auf der 3'-Seite Enhancer-Sequenzen liegen, wird die Transkription *in vivo* in erster Linie von einer Locus-Kontrollregion (LCR) stimuliert, die sich etwa 50 bis 60 kb stromaufwärts vom β-Globin-Gen befindet; eine Deletion dieses Bereichs führt zur Inaktivierung des β-Globin-Gens und trägt zur β-Thalassämie bei. Die LCR der β-Globin-Gengruppe umfaßt vier kurze (200 bis 400 bp) Regulationsabschnitte mit den Bezeichnungen HS-1 bis HS-4, die in Zellen der Erythrocyten-Abstammungslinie überempfindlich gegen DNase I sind und außerdem in der Entwicklung erhalten bleiben. Jede HS-Stelle enthält mehrere *cis*-aktive Elemente, darunter Erkennungsstellen sowohl für allgegenwärtige Transkriptionsfaktoren als auch für erythrocytenspezifische Regulationsproteine wie GATA-1.

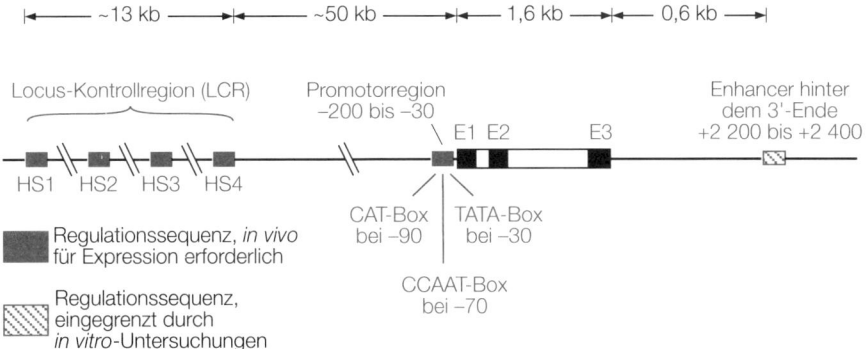

1.7 Wichtige Regulationssequenzen für die Expression des Gens für β-Globin. E1 bis E3: Exons im β-Globin-Gen.

1.5.2 Weiterverarbeitung nach der Transkription

Die codierenden Sequenzen der Gene sind gewöhnlich in Abschnitte (Exons) aufgeteilt, die durch zwischengeschaltete (*intervening*) nichtcodierende Sequenzen (Introns) getrennt sind. Das Primärtranskript eines solchen Gens ist im Normalfall eine RNA-Kopie einer einzelnen Gensequenz mit Abschnitten, die sowohl zu den Exons als auch zu den Introns komplementär sind (Abb. 1.8). Die Weiterverarbeitung (*processing*), durch die daraus dann die mRNA entsteht, umfaßt folgende Schritte:

Anheften der Cap-Struktur. An das 5′-Ende der mRNA wird über eine 5′-5′-Triphosphatbrücke ein besonderes Nucleotid mit 7-Methylguanin angefügt.

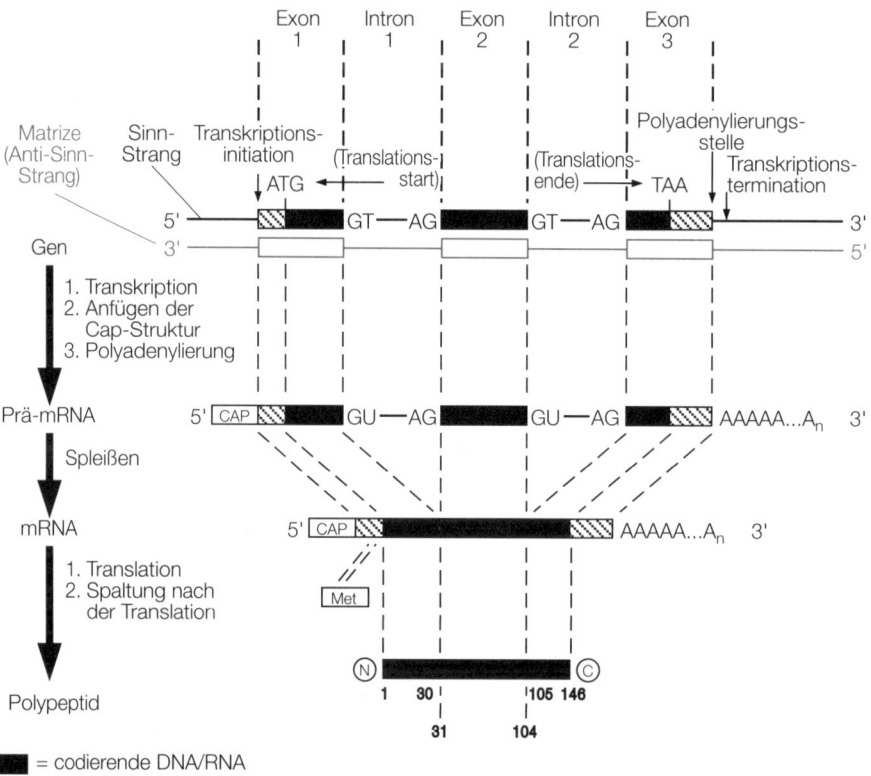

■ = codierende DNA/RNA

▨ = nichttranslatierter Bereich

1.8 Expression des menschlichen β-Globin-Gens.

Polyadenylierung.   An das 3'-Ende der RNA aller Gene mit Ausnahme der Histongene werden von einem Enzym nacheinander etwa 200 Adenylatreste angeheftet (Poly(A)-Schwanz).

Spleißen.   Die RNA wird so gespalten, daß die den Introns entsprechenden Sequenzen herausgeschnitten und abgebaut werden. Die verbleibenden Abschnitte, die den Exons entsprechen, werden zusammengefügt (gespleißt). Die Lage der Spleißstellen ist durch kurze Sequenzen an den Exon-Intron-Übergängen festgelegt. Eine GT-Sequenz am 5'-Ende aller Introns (die in der RNA zu GU wird) und eine AG-Sequenz an ihrem 3'-Ende sind für einen korrekten Spleißvorgang normalerweise notwendig, allein aber nicht ausreichend.

1.5.3 Translation und anschließende Weiterverarbeitung

Im mRNA-Molekül ist die Sequenz, die das Polypeptid codiert, am 3'- und am 5'-Ende von nichttranslatierten Sequenzen flankiert. Solche Sequenzen, die an Sequenzen in den endständigen Exons kopiert wurden, legen keine Aminosäuren fest, aber sie sind ebenso wie die Cap-Struktur und der Poly(A)-Schwanz erforderlich, damit die mRNA stabil ist und sich an die Ribosomen bindet. Die übrige Sequenz der mRNA wird in ein Polypeptid translatiert; dabei wird jede Aminosäure durch eine Gruppe aus drei Nucleotiden (das Codon) bestimmt, wobei die N-terminale Aminosäure normalerweise ein Methionin ist, das von dem Codon AUG festgelegt wird. Die Polypeptidsynthese endet an einem Stopcodon (UAA, UAG oder UGA bei mRNA, die im Zellkern codiert ist, und UAA, UAG, AGA oder AGG bei der mRNA der Mitochondriengene; Tabelle 1.2). Manche Polypeptide werden anschließend weiterverarbeitet, zum Beispiel durch Hydroxylierung bestimmter Aminosäuren (vor allem Prolin und Lysin) oder durch schrittweises Anheften von Zuckergruppen an einzelne Aminosäuren, so daß Kohlenhydrat-Seitenketten entstehen (Glykosylierung).

Bei der Reifung vieler menschlicher Polypeptide muß ein Vorläuferpolypeptid nach der Translation proteolytisch gespalten werden, wobei kleinere, abgespaltene Peptide verlorengehen; das gilt zum Beispiel für manche Plasmaproteine, Peptidhormone, Neuropeptide und Wachstumsfaktoren. In manchen Fällen entstehen durch die Spaltung aus einem Vorläuferpolypeptid mehrere funktionsfähige Polypeptidketten, wie zum Beispiel beim Insulin, bei Serumkomplementfaktoren und einigen anderen Proteinen. Alle Proteine, die irgendwann einmal durch Zellmembranen befördert werden müssen (zum Beispiel sekretorische Proteine, im Cytoplasma synthetisierte

Mitochondrienproteine und andere), werden zuerst ebenfalls als Vorläufer-
polypeptide synthetisiert. Solche Vorläufer besitzen am N-Terminus eine
zusätzliche Signalsequenz (manchmal auch Leader-Sequenz genannt) von
16 bis 30 Aminosäuren, die als Erkennungssignal für den Transport durch
die Membranen dient. Anschließend wird das Signalpeptid abgespalten und
abgebaut. Schließlich wird bei vielen Polypeptiden, zum Beispiel beim
β-Globin, auch das Start-Methionin durch proteolytische Spaltung entfernt (Abb. 1.8).

1.5.4 Der Aufbau polypeptidcodierender Gene

In der Größe und der Intron-Exon-Struktur gibt es bei den Genen des Menschen große Unterschiede (Tabelle 1.6). Zwar besteht ein gewisser Zusammenhang zwischen der Größe eines Gens und seines Produkts und auch
zwischen der Größe eines Gens und der Zahl seiner Exons, aber es gibt von
dieser Regel verblüffende Ausnahmen. Das Dystrophingen ist etwa 50mal
länger als das Gen für Apolipoprotein B, codiert aber ein deutlich kleineres
Produkt, und das Gen für das Kollagen des Typs I hat mit 18 kb nur ein
Zehntel der Länge des Gens für den Blutgerinnungsfaktor VIII, beinhaltet
aber nicht weniger als 52 Exons. Im allgemeinen schwankt die Durch-
schnittsgröße der Exons aber weniger als die der Introns, und große Gene
haben gewöhnlich auch sehr große Introns (das Intron 44 des Dystrophingens ist beispielsweise etwa 170 kb lang). Große Introns enthalten in einigen Fällen vollständige kleine Gene, die am anderen Strang der DNA transkribiert werden. In einem Intron des Gens für den Faktor VIII liegt beispielsweise ein kleines Gen ohne Introns, und ein großes Intron im NF1-
Gen (Neurofibromatose Typ I) enthält drei kleine Gene mit jeweils zwei
Exons (Abb. 1.9). Die Bedeutung der Introns in den Genen des Menschen
ist bisher nicht geklärt (Abschnitt 2.4).

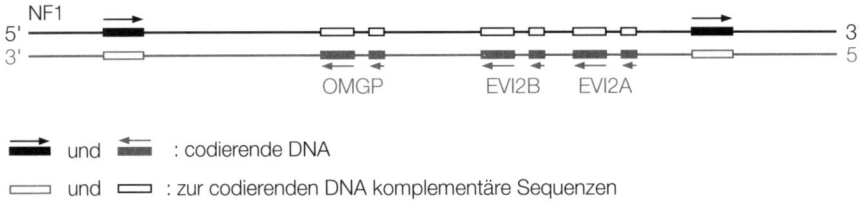

1.9 Gene im Gen: Das Gen *NF1* des Menschen enthält in seinem Inneren drei weitere Gene, die zwischen den Exons liegen [8].

Tabelle 1.6: Größe und Intron-Exon-Struktur menschlicher Gene

Gen	Gengröße (kb)	Größe des Polypeptids (Aminosäuren)[a]	Zahl der Exons	Anteil der Introns (%)	durchschnittliche Exongröße (bp)	durchschnittliche Introngröße (kb)
tRNA^{Tyr}	0,1	n/a	2	18	50	0,02
Histon H4	0,4	102	1	0	–	–
α-Interferon	0,9	23(S) + 166	1	0	–	–
Insulin	1,4	24(S), 30(B) 31(C), 21 (A)	3	67	155	0,48
β-Globin	1,6	146	3	62	212	0,49
HLA Klasse I	3,5	24(S) + 340	8	54	187	0,26
Serumalbumin	18	18(S) + 585	14	88	137	1,1
Komplementfaktor C3	41	22(S), 645(A) + 992(B)	29	88	122	0,9
Apolipoprotein B	43	4536 (2152)[b]	18	67	783	1,7
LDL-Rezeptor	45	21(S) + 839	13	89	394	3,3
Phenylalanin-hydroxylase	90	451	26	97	96	3,5
Faktor VIII	186	19(S) + 2332	24	97	375	7,8
Cystische-Fibrose-Transmembranregulator	250	1480	27	97,6	227	9,1
Dystrophin	2300	3700	77	99,4	≈180	≈30

[a] Reife Genprodukte sind unterstrichen. A = A-Kette, B = B-Kette, C = verbindendes (*connecting*) Peptid, S = Signalpeptid.
[b] Häufigste Größe in Darmzellen infolge unterschiedlicher Weiterverarbeitung (Abschnitt 2.8).

1.6 Repetitive DNA

Im diploiden Genom ist nicht nur jeder Locus in zwei Allelen vorhanden, sondern etwa 30 bis 40 Prozent des Genoms im Zellkern bestehen aus Gruppen sehr ähnlicher, nichtalleler DNA-Sequenzen (repetitive DNA). In der recht breiten Palette verschiedenartiger repetitiver DNA-Sequenzen im haploiden Genom befinden sich einerseits Sequenzfamilien, deren Mitglieder funktionsfähige Gene umfassen (Genfamilien), andererseits aber auch viele repetitive Sequenzen, die nicht zu Genen gehören. Definiert ist eine solche Sequenzfamilie in jedem Fall durch die starke Sequenzähnlichkeit (Homologie) zwischen den einzelnen Wiederholungseinheiten. Das läßt sich durch genaues Sequenzieren verschiedener Wiederholungseinheiten zeigen oder aber bequemer durch DNA-Hybridisierungsexperimente (Abschnitt 3.1.4). Wenn man bei zwei Sequenzen einer repetitiven Familie einen hohen Grad von Sequenzhomologie findet, weist das auf einen gemeinsamen entwicklungsgeschichtlichen Ursprung hin. Wie in den nächsten Abschnitten noch genauer erläutert wird, gibt es bei den DNA-Sequenzfamilien eine erhebliche Spannbreite in der Zahl der Wiederholungseinheiten je Familie, in der Länge der Wiederholungseinheiten, ihrer Lage auf den Chromosomen, der Art der Wiederholung und des Grades der Expression.

1.7 Genfamilien

Die aktiv exprimierten Gene des Menschen gehören zu einem großen Teil zu DNA-Sequenzfamilien, deren Einzelsequenzen trotz zum Teil unterschiedlicher Funktion eine hohes Maß an Homologie zeigen. Man kennt zwei Arten der Sequenzorganisation: die Tandemwiederholung (*tandem repeat*), bei der die Sequenzen der Familie gehäuft liegen, und die verstreute Anordnung der repetitiven Sequenzen.

1.7.1 RNA-codierende Genfamilien

Wie man in Tabelle 1.7 erkennt, sind Gene, deren endgültiges Expressionsprodukt RNA-Moleküle sind, Mitglieder von Genfamilien, die zu den am stärksten repetitiven im ganzen Genom gehören. Die Gene für die 28S-, 5,8S- und 18S-rRNA liegen in DNA-Wiederholungseinheiten von etwa 45 kb Länge, die jeweils die 13 kb der Transkriptionseinheit (Abschnitt 1.4.1)

Tabelle 1.7: Beispiele für Genfamilien des Menschen

Familie	Kopien-zahl	Organisation	Ort auf den Chromosomen
Komplement-faktor C4	2	Tandemwiederholungen, etwa 30 kb lang	6p21.3
Aldolase	5	verstreut, drei funk-tionsfähige Gene und zwei Pseudogene	3, 9q, 10, 16q, 17
Wachstums-hormongruppe	5	gehäuft in 67 kb, ein Pseudogen	17q22-24
Ferritin, schwere Kette	>15	verstreut, meist Pseu-dogene, aber mindestens ein aktives Gen auf Chromosom 11	viele
Glycerinaldehyd-3-phosphat-Dehydrogenase	>18	verstreut, ein funk-tionsfähiges Gen auf 12p, viele Pseudogene	viele
HLA Klasse I, schwere Kette	etwa 20	gehäuft in 2 Mb; minde-stens vier werden expri-miert; Genfragmente und Pseudogene	6p21.3
Aktin	>20	verstreut, vier funk-tionsfähige Gene und viele Pseudogene	viele
β-Tubulin	20–30	verstreut, drei funk-tionsfähige Gene und viele Pseudogene	viele
Histone	>100	gehäuft an wenigen Stellen, besonders auf 1p21	1p21, 6, 12q
28S-, 5,8S- und 18S-rRNA	>300	fünf Tandemanordnungen, ungefähr 40 kb, Wiederholungen	13, 14, 15, 21, 22
tRNA	1 600	viele verschiedene Unterfamilien über das Genom verstreut	viele

und benachbarte, nicht transkribierte Spacer-DNA enthalten. Etwa 50 bis 70 solche Tandem-Wiederholungseinheiten liegen bei den fünf akrozentrischen Chromosomen jeweils auf dem kurzen Arm. Der andere wichtige RNA-Bestandteil der Ribosomen, die 5S-rRNA, wird an Genen transkribiert, die zu einer großen, gehäuft auf dem langen Arm des Chromosoms 1 liegenden

Genfamilie gehören. Zusammen mit ihren Spacer-Abschnitten machen die rRNA-Genfamilien etwa 0,4 Prozent der gesamten DNA-Menge im Genom aus.

Weitere Genfamilien enthalten die Gene für die verschiedenen, aber sehr ähnlichen tRNAs. Die Gene für die über 50 verschiedenen tRNA-Typen gehören zu Genfamilien, die jeweils zwischen zehn und 100 Gene umfassen; insgesamt handelt es sich um ungefähr 1 600 Gene. Auch die Gene für die verschiedenen snRNA-Moleküle gehören zu großen Genfamilien. Allen diesen Genfamilien ist gemeinsam, daß sie auch eine beträchtliche Zahl von Pseudogenen umfassen, Sequenzen, die häufig eine starke Homologie zu den funktionsfähigen Genen der Familie aufweisen, die aber nicht exprimiert werden, weil sie inaktivierende Mutationen enthalten. Ob Pseudogene für die Funktion eine Bedeutung haben und wenn ja, welche, ist nicht geklärt; vermutlich sind sie die fast unvermeidlichen Nebenprodukte der genetischen Mechanismen, durch die verdoppelte Gene entstehen (Abschnitte 2.3 und 2.7.7). Bei manchen Mitgliedern der Genfamilien handelt es sich auch um Genfragmente, verstümmelte Gene, denen das 3′- oder 5′-Ende ihres normalen Gegenstücks fehlt.

1.7.2 Polypeptidcodierende Genfamilien

Gene, die Polypeptide codieren, gehören oft zu sehr unterschiedlich großen Genfamilien. In manchen Fällen, so bei den Genen für Histonmoleküle eines bestimmten Typs, sind viele Mitglieder einer Familie in ihrer Sequenz so gut wie identisch. In anderen haben sich vermutlich durch die im Laufe der Evolution angesammelten Sequenzunterschiede auch Funktionsabweichungen entwickelt. Wenn die DNA-Sequenzen einer Familie mehrere Gruppen bilden, sind sich die Wiederholungseinheiten innerhalb einer solchen Gruppe meist ähnlicher als zwischen den Gruppen, wahrscheinlich weil der Sequenzaustausch innerhalb der Chromosomen und zwischen ihnen unterschiedlich häufig stattfindet.

Die Funktionsunterschiede zwischen den Mitgliedern einer Sequenzfamilie können so weit gehen, daß manche Sequenzen ihre Funktion völlig verlieren. Zu gehäuft liegenden Genfamilien gehören zum Beispiel herkömmliche Pseudogene mit Sequenzen, die zu Exons, Introns und den flankierenden Sequenzen funktionsfähiger Gene homolog sind, ihre Funktion aber eingebüßt haben (Abb. 1.10 und Tabelle 1.7). Andere sind unter Umständen funktionslose Genbruchstücke, die ein Exon oder auch mehrere verloren haben, vermutlich durch ungleiches Crossing-over oder asymmetrischen Schwesterchromatidenaustausch (Abschnitt 2.7).

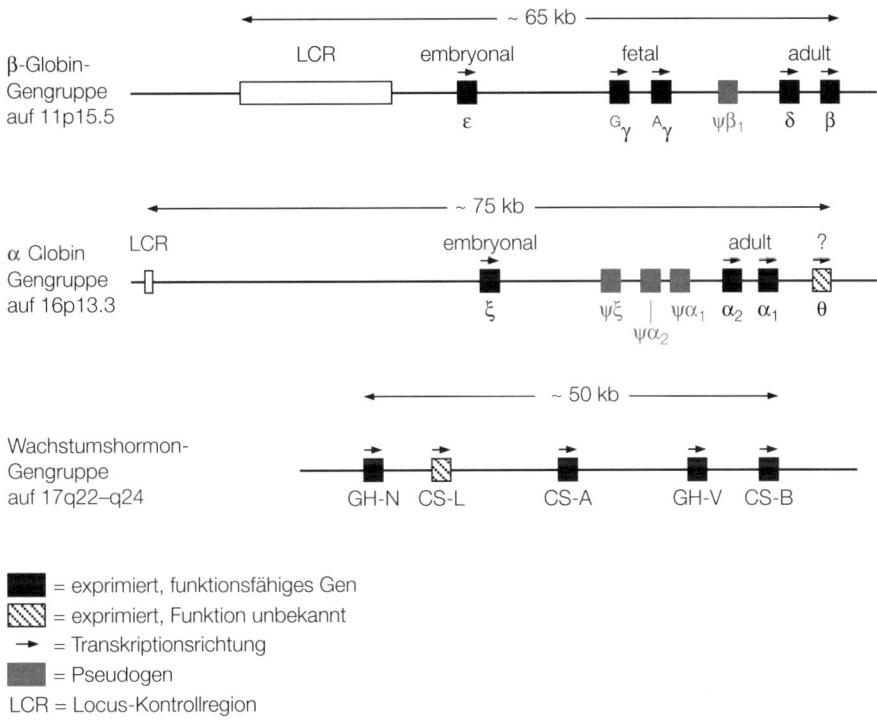

1.10 Beispiele für gehäuft liegende Genfamilien.

Weniger starke Funktionsunterschiede betreffen unter anderem den Zeitpunkt und die Gewebespezifität der Genexpression. Entsprechend kompliziert kann die Expressionssteuerung der einzelnen Gene in einer Familie sein. So werden zum Beispiel in der α- und β-Globin-Gengruppe jeweils einzelne Gene in bestimmten Entwicklungsstadien aktiv (Wechsel der Hämoglobinklassen), und dabei besteht ein enger Zusammenhang zwischen der Reihenfolge der Gene auf der DNA und der zeitlichen Abfolge ihrer Aktivierung während der Entwicklung (Abb. 1.10). Wie sich vor kurzem gezeigt hat, kommt eine dominante Kontrollsequenz, die LCR, in beiden Gengruppen vor. Solche gruppenspezifischen Regulationsabschnitte sorgen höchstwahrscheinlich dafür, daß die Gengruppe in einer aktiven Chromatindomäne liegt, und wirken bei der Transkription der Globingene als Enhancer. Der phasenspezifische Wechsel der Globingenexpression während der Entwicklung kommt demnach vermutlich zustande, weil die Globingene um die Wechselwirkung mit ihrer jeweiligen LCR konkurrieren und weil in den einzelnen Stadien genspezifische Silencer-Sequenzen aktiviert werden.

Zum Beispiel wird die Expression des ε-Globin-Gens bevorzugt im Embryonalstadium von der benachbarten LCR angeregt. Beim Fetus hingegen kommt die Expression des ε-Globins durch die Aktivierung eines Silencers zum Erliegen, und statt dessen wird das γ-Globin-Gen stärker exprimiert (Abb. 1.11).

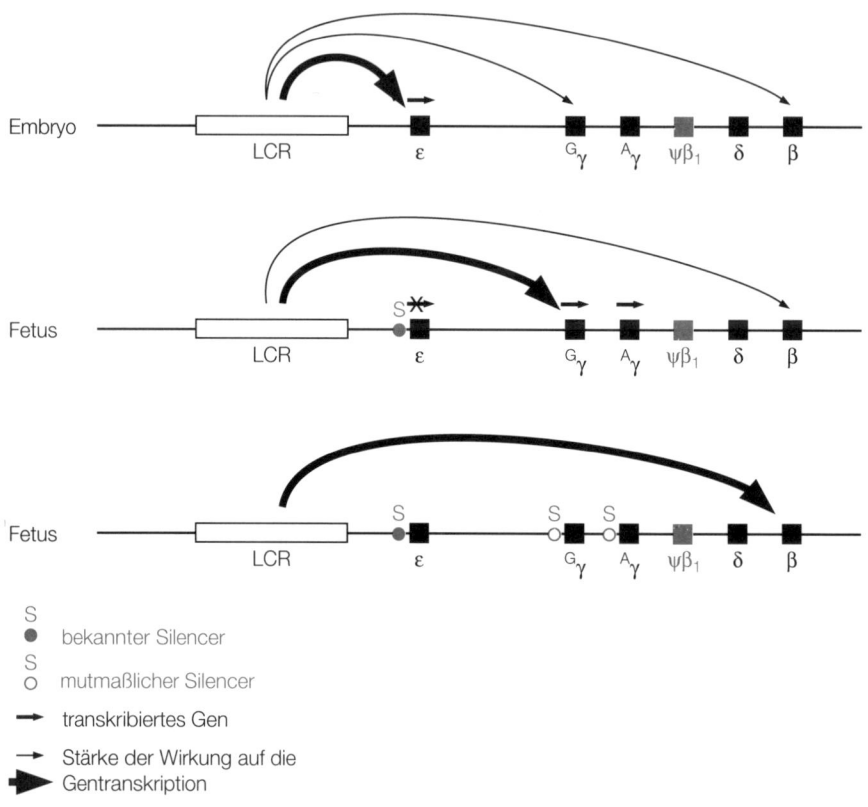

1.11 Hypothetisches Schema für den Wechsel der Hämoglobinklassen in der β-Globin-Gengruppe.

Aber nicht alle Sequenzfamilien liegen gehäuft in der gleichen Chromosomenregion; andere sind verstreut und zeigen wenig oder gar keine Tendenzen zur Häufung (Tabelle 1.7). Manche dieser verstreut liegenden Genfamilien umfassen nur wenige Seqenzen, von denen die meisten oder alle funktionsfähig sind und die ihren Ursprung vermutlich in früheren Genom- oder Genverdoppelungen haben (Abschnitte 2.2 und 2.3). In ihrer Mehrheit enthalten die verstreut liegenden Genfamilien jedoch nur wenige aktive Gene (manchmal nur ein einziges) und zahlreiche weiterverarbeitete Pseudogene. Diese enthalten im Gegensatz zu den herkömmlichen Pseudogenen der gehäuft liegenden Genfamilien grundsätzlich keine Sequenzen, die den Introns oder Promotoren der funktionsfähigen Gene entsprechen. Weiterverarbeitete Pseudogene sind vermutlich durch einen DNA-Transpositionsmechanismus entstanden, der über eine RNA-Zwischenstufe verläuft (Abschnitt 2.7.7).

Die Vorstellung von Genfamilien läßt sich noch erweitern durch den Begriff der Gen-Überfamilie (oder -Superfamilie), beispielsweise die Überfamilie der Immunglobulingene, zu der mehrere Genfamilien mit unterschiedlicher, aber ähnlicher Funktion gehören. In einer Überfamilie zeigen die Einzelsequenzen im Durchschnitt weniger Homologie als in einer Genfamilie – ein Hinweis, daß sie sich zu einem früheren Zeitpunkt der Evolution aufgespalten haben.

1.8 Repetitive DNA-Sequenzen außerhalb der Gene

Familien repetitiver DNA-Sequenzen, die keine funktionsfähigen Gene enthalten, bestehen aus einzelnen Wiederholungseinheiten, die verstreut zwischen anderen DNA-Sequenzen liegen, oder aus Tandemwiederholungen (Tabelle 1.8). In diesem Fall läßt sich nach der durchschnittlichen Länge der Wiederholungseinheiten nochmals unterteilen: in Satelliten-DNA, Minisatelliten-DNA und Mikrosatelliten-DNA [9].

1.8.1 Satelliten-DNA

Satelliten-DNA besteht aus langen Reihen tandemförmig wiederholter Sequenzen, die insgesamt zwischen 100 kb und einigen Megabasen (Mb) umfassen und aus einfachen oder mäßig komplexen Wiederholungseinheiten bestehen. Repetitive DNA dieses Typs wird nicht transkribiert; sie macht im Genom den größten Teil des Heterochromatins aus (Abschnitt 1.3.1). Die Basenzusammensetzung und damit auch die Dichte solcher DNA-Abschnitte wird durch die Basenzusammensetzung ihrer kurzen Wiederholungseinheiten bestimmt und kann sich beträchtlich von der Gesamtzusammensetzung der zellulären DNA unterscheiden. Deshalb kann man die verschiedenen Typen der klassischen Satelliten-DNA durch Dichtegradientenzentrifugation isolieren: Sie erscheinen dort jeweils als „Satellit",

Tabelle 1.8:   Die wichtigsten Klassen repetitiver DNA außerhalb der Gene

Klasse	Länge der Wiederholungseinheit (bp)	Gesamtzahl der Einheiten	wichtigste Chromosomenpositionen
Tandemwiederholungen			
Satelliten-DNA einfache Sequenz	5–25[a]	?	Heterochromatin von 1q, 9q, 16q, Yq
Alpha (alphoide DNA)	171[a]	8×10^5	der Centromere
Beta (Sau3A-Familie)	68[a]	5×10^4	von 9, 13, 14, 15, 21, 22
Minisatelliten-DNA Telomerfamilie	6	$2\text{–}3 \times 10^4$	Telomere
hypervariable Familie	9–64	3×10^4	alle Chromosomen. oft nahe beim Telomer
Mikrosatelliten-DNA $(A)_n/(T)_n$	1	10^7	alle Chromosomen
$(CA)_n/(TG)_n$	2	7×10^6	alle Chromosomen
$(CT)_n/(AG)_n$	2	3×10^6	alle Chromosomen
verstreute Sequenzwiederholungen			
Alu-Familie	250[b]	7×10^5	Euchromatin, Giemsa-negative Banden
Kpn-(L1-)Familie	1300	6×10^4	Euchromatin, Giemsa-positive Banden

[a] Es können auch Periodizitäten höherer Ordnung vorkommen.
[b] Ungefähre mittlere Länge im Genom.

das heißt als kleinere Fraktion, die sich in ihrer Schwebedichte von der Hauptmenge der DNA unterscheidet. Mit Ag-CsSO$_4$-Gradienten konnte man drei Haupttypen menschlicher Satelliten-DNA unterscheiden: Typ I mit 1,687 g cm^{-3}, Typ II mit 1,693 g cm^{-3} und Typ III mit 1,697 g cm^{-3}. Zu jeder dieser Klassen gehören einige Familien tandemförmig wiederholter Sequenzen (Satelliten-Unterfamilien), von denen manche wiederum in mehreren Klassen auftreten. Wie sich durch DNA-Sequenzanalyse gezeigt hat, bestehen einige Familien repetitiver DNA in den Satelliten aus sehr einfa-

chen Wiederholungseinheiten. Die Satelliten II und III enthalten beispielsweise Sequenzanordnungen mit der tandemförmig wiederholten Basenfolge
ATTCC. Durch Restriktionskartierung (Abschnitt 3.2.1) hat man außerdem
Satelliten-Unterfamilien gefunden, in denen die kleinen Wiederholungssequenzen zu sich ebenfalls wiederholenden Einheiten höherer Ordnung gehören. Solche Unterfamilien entstehen vermutlich durch Amplifikation einer
Wiederholungseinheit, die länger als die Grundeinheit ist und einige leicht
unterschiedliche Wiederholungssequenzen umfaßt (Abb. 1.12).

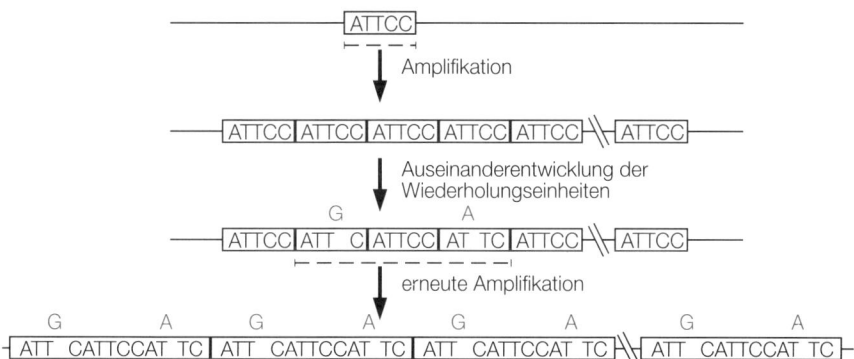

1.12 Die Entstehung von Wiederholungseinheiten höherer Ordnung in der Satelliten-DNA mit
einfacher Sequenz.

Manche Typen der Satelliten-DNA lassen sich durch Dichtegradientenzentrifugation nicht unterscheiden; nachweisen kann man sie aber durch
Behandlung mit einer Restriktionsendonuclease, für die es im typischen Fall
in der Grundeinheit eine einzige Erkennungssequenz gibt. Die α-Satelliten-
DNA macht an den Centromeren aller Chromosomen die Hauptmenge des
Heterochromatins aus. Sie ist gekennzeichnet durch tandemförmige Wiederholung einer Grundeinheit mit einer mittleren Länge von 171 bp; daneben sind jedoch auch Wiederholungen höherer Ordnung zu erkennen. Die
Sequenzunterschiede zwischen den Einzeleinheiten der α-DNA können so
stark sein, daß man Wiederholungseinheiten isolieren kann, die sich unter
stringenten Bedingungen an einzelne Chromosomen binden.

Ob man die Satelliten-DNA als „DNA-Schrott" betrachten muß, ist derzeit nicht geklärt. Die DNA an den Centromeren menschlicher Chromosomen besteht zu einem großen Teil aus verschiedenen Familien von Satelliten-DNA. Soweit man bisher weiß, kommt davon nur der α-Satellit in allen
Chromosomen vor, wobei man allerdings anhand der Sequenzunterschiede

chromosomenspezifische Untergruppen unterscheiden kann. Die 171 bp lange Wiederholungseinheit der α-Satelliten-DNA enthält zwar eine Bindungsstelle für CENP-B, ein spezifisches Centromerprotein, aber es gibt derzeit keine überzeugenden Hinweise, daß die Centromerfunktion davon oder überhaupt von der Gegenwart der α-Satelliten-DNA abhängt.

1.8.2 Minisatelliten-DNA

Die Minisatelliten-DNA umfaßt eine Reihe mittelgroßer Anordnungen tandemförmiger DNA-Sequenzwiederholungen, die über das gesamte Genom des Zellkerns verteilt sind. Zu ihnen gehört auch eine Familie stark variabler Minisatelliten-DNA-Sequenzen, die in über 1000 Serien kurzer (0,1 bis 20 kb) Tandemwiederholungen vorliegen. Die Wiederholungseinheiten der verschiedenen Reihen sind recht unterschiedlich groß (Tabelle 1.7), aber sie besitzen die gemeinsame Kernsequenz GGGCAGGAXG (X = jedes beliebige Nucleotid); sie ähnelt in Größe und G-Gehalt der Chi-Sequenz, die bei *Escherichia coli* ein Signal für die allgemeine Rekombination darstellt. Viele derartige Anordnungen liegen in der Nähe der Telomere (Chromosomenenden), aber mehrere stark variable Minisatelliten-DNA-Sequenzen kommen auch an anderen Stellen auf den Chromosomen vor.

An den Chromosomenenden findet man noch eine weitere Familie von Minisatelliten-DNA-Sequenzen. Der Hauptbestandteil der Telomer-DNA ist ein zehn bis 15 kb langer Abschnitt aus tandemförmig wiederholten Hexanucleotideinheiten, besonders solchen mit der Sequenz TTAGGG, die von einem besonderen Enzym, der Telomerase, angefügt werden. Sie dienen gewissermaßen als „Puffer" und schützen die Enden der Chromosomen vor Abbau und Verkürzung bei der DNA-Replikation, und damit sind diese kurzen Wiederholungseinheiten unmittelbar für die Telomerfunktion verantwortlich.

1.8.3 Mikrosatelliten-DNA

Zu den Familien der Mikrosatelliten-DNA gehören kleine Anordnungen von Tandemwiederholungen einfacher Sequenzen (meist 1 bis 4 bp), die über das ganze Genom verteilt sind. Unter den Mononucleotidabschnitten sind vor allem solche aus A beziehungsweise T verbreitet; sie machen zusammen etwa 10 Mb, das heißt 0,3 Prozent des Gesamtgenoms aus. Abschnitte aus G oder C sind dagegen wesentlich seltener. Unter den Dinucleotidwiederholungen sind besonders solche aus CA-Einheiten häufig (TG auf dem Komplementärstrang); sie machen 0,5 Prozent des Genoms aus und sind oft sehr polymorph. CT/AG-Abschnitte sind ebenfalls verbreitet, sie kommen im Durchschnitt alle 50 kb vor und haben am Gesamtgenom einen Anteil von 0,2 Prozent. CG/GC-Einheiten sind dagegen sehr selten, weil C-Nucleotide, auf deren 3′-Seite ein G liegt (CpG, Abschnitt 2.6), selektiv methyliert und anschließend desaminiert werden. Tandemwiederholungen von Tri- und Tetranucleotiden kommen vergleichsweise selten vor.

Welche Bedeutung die Mikrosatelliten-DNA hat, weiß man nicht. Einheiten aus tandemförmig wiederholten, abwechselnd angeordneten Purinen und Pyrimidinen wie das Dinucleotidpaar CA/TG können *in vitro* eine andere Konformation einnehmen und als sogenannte Z-DNA vorliegen, aber es gibt kaum Hinweise, daß sie das *in vivo* tun. Meist hat man Mikrosatelliten-DNA in den Abschnitten zwischen den Genen oder in Introns nachgewiesen, aber in seltenen Fällen hat man sie auch in codierenden Sequenzen gefunden.

1.8.4 Verstreut liegende hochrepetitive DNA

Zu dieser Kategorie gehören zwei wichtige Familien repetitiver Sequenzen. Die *Alu*-Familie des Menschen ist bei Säugern das bekannteste Beispiel für kurze, verstreut liegende Sequenzelemente im Zellkern (*short interspersed nuclear elements*, SINEs). Eine Familie langer verstreuter Sequenzelemente (*long interspersed nuclear elements*, LINEs) ist die *Kpn*-Familie der Säuger (auch Line-1 oder L1-Familie genannt) [10, 11]. Wegen der hohen Kopienzahl dieser Sequenzwiederholungen (Tabelle 1.8) würde man alle 4 kb eine *Alu*-Einheit und alle 50 kb eine *Kpn*-Sequenz erwarten, und wenn man bekannte DNA-Sequenzen analysiert, bestätigt sich diese Vorhersage.

Die Wiederholungseinheiten der *Alu*-Familie haben einen relativ hohen GC-Gehalt; sie verteilen sich zwar hauptsächlich auf die Euchromatinabschnitte des Genoms, kommen aber offenbar bevorzugt in den hellen (Giemsa-negativen) G-Banden der Metaphasechromosomen vor. Sie fehlen offensichtlich in codierenden Sequenzen, aber man findet sie oft in nichtcodierenden Abschnitten innerhalb der Gene, vor allem in Introns und gelegentlich in nichttranslatierten Sequenzen. Infolgedessen sind sie häufig in der RNA des Primärtranskripts und mitunter auch in der mRNA vorhanden. Viele *Alu*-Einheiten können offenbar von der RNA-Polymerase III in kurze RNA-Moleküle transkribiert werden, die aber einem schnellen Umsatz unterliegen. Den derzeitigen Befunden zufolge sind die *Alu*-Einheiten in der Evolution durch RNA-vermittelte DNA-Transposition aus der 7SL-RNA entstanden (Abschnitt 2.7.7); diese kleinen RNA-Moleküle gehören zum

Signalerkennungspartikel, mit dessen Hilfe sekretorische Proteine in das endoplasmatische Reticulum geschleust werden. Die Funktion der *Alu*-Sequenzen kennt man zwar nicht, aber man hat vermutet, daß sie die ungleiche Rekombination unterstützen (Abschnitt 2.7.2).

Die Wiederholungseinheiten der *Kpn*-Familie sind unterschiedlich lang; sie haben ein gemeinsames 3'-Ende mit einem A-reichen Abschnitt, aber die Länge der Sequenz am 5'-Ende schwankt stark, so daß Sequenzen mit der vollständigen Länge von 6 bis 7 kb relativ selten sind. Sie liegen hauptsächlich im Euchromatin, aber anders als bei den *Alu*-Einheiten findet man sie vorwiegend in den dunklen, Giemsa-positiven G-Banden der Metaphasechromosomen. Wie die *Alu*-Sequenzen fehlen sie in codierenden Bereichen. Sie sind auch in den nichtcodierenden Abschnitten innerhalb der Gene und infolgedessen auch in den Primärtranskripten vorhanden, in der mRNA praktisch jedoch nicht. Ein Bestandteil der *Kpn*-Einheit zeigt starke Sequenzähnlichkeit mit bekannten Genen von Transposons, welche die Reverse Transkriptase codieren, und wie in der *Alu*-Familie, so gibt es auch unter den *Kpn*-Sequenzen wahrscheinlich einige aktiv transponierende Elemente (Abschnitt 2.7.7). Ob die *Kpn*-Einheiten jedoch eine Funktion haben und wenn ja, welche, ist nicht bekannt.

Zitierte Literatur

1. Stephens, J. C. et al. In: *Science* 250 (1990) S. 237.
2. Manuelidis, L. In: *Science* 250 (1990) S. 1533.
3. Bernardi, G. In: *Ann. Rev. Genet.* 23 (1989) S. 637.
4. Anderson, S. et al. In: *Nature* 290 (1981) S. 457.
5. Johnson, P. F.; McKnight, S. L. In: *Ann. Rev. Biochem.* 58 (1989) S. 799.
6. Hentze, M. W. et al. In: *Science* 238 (1987) S. 1570.
7. Franklin, G. C. et al. In: *EMBO J.* 10 (1991) S. 1365.
8. Cawthon, R. M. et al. In: *Genomics* 9 (1991) S. 446.
9. Vogt, P. In: *Hum. Genet.* 84 (1990) S. 301.
10. Hutchinson, C. A. III et al. In: Berg, D. E.; Howe, M. M. (Hrsg.) *Mobile DNA*. Washington, D.C. (American Society for Microbiology) 1989. S. 593.
11. Moyzis, R. K. et al. In: *Genomics* 4 (1989) S. 273.

Weiterführende Literatur

Darnell, J.; Lodish, H.; Baltimore, D. *Molekulare Zellbiologie*. Berlin (de Gruyter) 1993.

Human Gene Mapping 10. Tenth International Workshop on Human Gene Mapping. In: *Cytogenet. Cell Genet.* 51 (1989).

Kao, F.-T. *Human Genome Structure*. In: *Int. Rev. Cytol.* 96 (1985) S. 51.

Lewin, B. *Gene*. 2. Aufl. Weinheim (VCH) 1991.

Singer, M.; Berg, P. *Gene und Genome*. Heidelberg (Spektrum Akademischer Verlag) 1992.

Verschiedene Autoren. *The Molecular Biology of Homo Sapiens*. Cold Spring Harbor Symposiums in Quantitative Biology, Bd. 51 (1986).

2. Evolution und Polymorphismus des menschlichen Genoms

Das Genom des Menschen ist in vielfacher Hinsicht für höhere Eukaryoten typisch. Es ist umfangreich, und die Genomgröße ist – mit einigen bemerkenswerten Ausnahmen – der Komplexität des Organismus proportional (Tabelle 2.1). Das Genom umfaßt einen großen Anteil nichtcodierender DNA-Sequenzen, deren Bedeutung man in den meisten Fällen nicht kennt. Außerdem sind sowohl codierende als auch nichtcodierende Sequenzen zu einem erheblichen Anteil repetitiv. Prokaryotengenome sind dagegen vergleichsweise klein, und sie enthalten weniger nichtcodierende und repetitive Sequenzen.

Tabelle 2.1: Unterschiede in Chromosomenzahl und Genomgröße bei verschiedenen biologischen Arten

Art	haploide Chromosomenzahl	haploide Genomgröße (Mb)
Saccharomyces cerevisiae (Hefe)	16	14
Dictyostelium discoideum (Schleimpilz)	7	70
Caenorhabditis elegans (Fadenwurm)	11/12	100
Drosophila melanogaster (Taufliege)	4	170
Gallus domesticus (Huhn)	39	1 200
Mus musculus (Maus)	20	3 000
Xenopus laevis (Krallenfrosch)	18	3 000
Homo sapiens (Mensch)	23	3 000
Zea mays (Mais)	10	5 000
Allium cepa (Zwiebel)	8	15 000

2.1 Die Herkunft der Genome in Zellkern und Mitochondrien

Das Mitochondriengenom des Menschen erinnert in vielen Eigenschaften an Prokaryotengenome: Die Struktur der rRNA-Gene ist ähnlich, und im allgemeinen fehlen nichtcodierende Sequenzen innerhalb und außerhalb der Gene. Diese und andere Übereinstimmungen zwischen Mitochondrien und Bakterien legten die Vermutung nahe, daß die Mitochondrien durch Endocytose entstanden sind, bei der eine anaerobe Eukaryoten-Vorläuferzelle ein Bakterium aufgenommen hat, vermutlich ein photosynthetisches Eubakterium [1]. Nachdem die Eukaryotenzellen sich das bakterielle System der oxidativen Phosphorylierung zunutze gemacht hatten, konnten sie selbst schneller wachsen und sich einer sauerstoffhaltigen Atmosphäre anpassen.

Das menschliche Mitochondriengenom ist viel kleiner als das eines typischen Bakteriums; wahrscheinlich sind also viele Gene, die der bakterielle Endosymbiont mitbrachte, in das Genom im Zellkern übergegangen, und die Proteinprodukte dieser ursprünglich von Bakterien stammenden Gene werden in die Mitochondrien eingeschleust. Vermutlich ist nur ein sehr kleiner Teil der ursprünglichen Bakteriengene im Mitochondriengenom zurückgeblieben, darunter die wichtigsten rRNA- und einige tRNA-Gene. Der einzigartige genetische Code der Mitochondrien hat sich möglicherweise als Reaktion auf die begrenzte Codierungskapazität des Mitochondriengenoms entwickelt. Da das menschliche Mitochodriengenom nur die Synthese 13 verschiedener Polypeptide veranlaßt, besteht kaum die Gefahr, daß sich aus der geringfügigen Abwandlung des ansonsten allgemeingültigen genetischen Codes katastrophale Folgen ergeben. Statt dessen kommen die veränderten Codons (Tabelle 1.2) wahrscheinlich selten an Stellen vor, wo der Austausch einer Aminosäure schädlich wäre.

Die Evolution der Mitochondrien-DNA geht zwar schneller vonstatten als die der DNA im Zellkern (Abschnitt 2.6), aber wegen der fehlenden Rekombination und der rein mütterlichen Vererbung hat diese DNA-Form die Untersuchung der Evolution des Menschen erleichtert. Aus der Analyse der Mitochondrien-DNA von 147 Personen aus fünf geographisch unterschiedlichen Populationen ergab sich die aufsehenerregende Vermutung, daß alle diese Gruppen und damit auch alle menschlichen Mitochondrien von einer einzigen Frau stammen, die vor etwa 200 000 Jahren lebte [2].

2.2 Evolution von Genomgröße und Chromosomenaufbau

Das Genom des Menschen ist, was die Größe und Zahl der Chromosomen angeht, relativ komplex – vermutlich als Folge früherer DNA-Verdoppelungen und -Umordnungen. Die Genomverdoppelung ist ein sehr wirksamer Weg zur Vergrößerung von Genomen, und sie ist für die umfangreiche Polyploidie vieler Blütenpflanzen verantwortlich. Möglicherweise hat sich auch das menschliche Genom während der Evolution verdoppelt, so daß vorübergehend tetraploide Genome entstanden, deren Chromosomen sich durch Translokationen und Inversionen auseinanderentwickelten, bis schließlich der diploide Zustand wiederhergestellt war. Einige Paare nicht-homologer Chromosomen im menschlichen Genom zeigen anscheinend Ähnlichkeiten in Größe und Bandenmuster, die auf einen gemeinsamen Ursprung und Genomverdoppelung schließen lassen [3]. Außerdem gibt es Hinweise, wonach auf solchen vermutlich ähnlichen Chromosomen auch Paare eng verwandter, nichtalleler Gene liegen. Weniger eindeutig werden die Indizien für solche früheren Genomverdoppelungen jedoch wegen späterer Chromosomenumordnungen. Vermutlich war die Verdoppelung eines ganzen Genoms ein äußerst seltenes Ereignis, verglichen mit der langsamen Ansammlung von DNA-Sequenzen durch Chromosomentranslokationen und durch Kopiervorgänge wie tandemförmige DNA-Verdoppelung, DNA-Amplifikation und DNA-Transposition (siehe unten).

Die Chromosomen des Menschen sind denen anderer Primaten in Aufbau und Bandenmuster sehr ähnlich. Der Hauptunterschied ist ihre Anzahl: Andere Primaten haben 23 Autosomen; in der Abstammungslinie des Menschen sind offenbar zwei ehemals getrennte Chromosomen (die den menschlichen Chromosomenarmen 2p und 2q entsprechen) verschmolzen, bei den Vorfahren der anderen Primaten jedoch nicht. Weitere geringfügige Unterschiede sind wahrscheinlich in den meisten Fällen auf Chromosomeninversionen und Abwandlungen des konstitutiven Heterochromatins zurückzuführen; Unterschiede aufgrund von Chromosomentranslokationen sind dagegen relativ selten. Die Chromosomen von Maus und Mensch scheinen auf den ersten Blick recht unterschiedlich aufgebaut zu sein (die Maus hat 20 Paare akrozentrischer Chromosomen, der Mensch dagegen besitzt 23 Paare, die meisten davon meta- oder submetazentrisch). Beim Vergleich hochauflösender Chromosomenkarten von Maus und Mensch zeigen sich jedoch in relativ kleinen Chromosomenabschnitten viele Gemeinsamkeiten in den cytogenetischen Bandenmustern. Offenbar sind also kurze Chromosomenabschnitte über relativ lange entwicklungsgeschichtliche Zeiträume hinweg erhalten geblieben (siehe auch Abschnitt 4.4.5).

Anders als die homologen Autosomenpaare unterscheiden sich die Geschlechtschromosomen (X und Y) in vielfacher Hinsicht. Das Y-Chromosom ist viel kleiner als das X-Chromosom. Dennoch findet man auf beiden homologe Abschnitte, und das läßt vermuten, daß sie aus einem einzigen homologen Paar hervorgegangen sind (Abb. 2.1). An einer solchen homologen Region auf den Spitzen der kurzen Arme findet regelmäßig ein Crossing-over bei der männlichen Meiose statt, und diese Region ist vermutlich für die ordnungsgemäße Segregation erforderlich. Die DNA-Sequenzen dieses Chromosomenabschnitts werden nicht ausschließlich geschlechtsgekoppelt vererbt, und deshalb bezeichnet man diesen Abschnitt auch als pseudoautosomale Region.

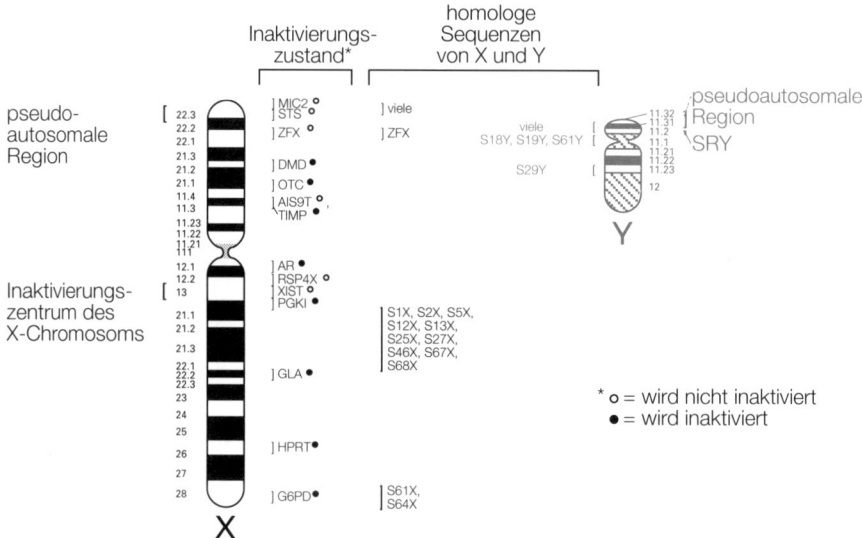

2.1 Die Geschlechtschromosomen des Menschen.

Das Y-Chromosom trägt nur wenige funktionsfähige Gene, darunter das vor kurzem entdeckte Gen *SRY*, das auf Yp neben der pseudoautosomalen Region liegt [4]. Dieses Gen spielt eine wichtige Rolle bei der Festlegung des männlichen Geschlechts und codiert vermutlich den schwer zu isolierenden hodendeterminierenden Faktor; wie man zeigen konnte, besitzen die seltenen XX-Männer das *SRY*-Gen (wahrscheinlich als Ergebnis einer Translokation), XY-Personen, denen es fehlt, entwickeln sich dagegen als Frauen. Die Hauptmasse des Y-Chromosoms ist jedoch genetisch inaktiv und besteht aus konstitutivem Heterochromatin mit Satelliten-DNA mehrerer Typen (Abschnitt 1.8.1). Daß es im größten Teil des Y-Chromosoms keine Rekombination gibt, hat auch Untersuchungen über die Evolution des Menschen erleichtert. Einer neueren Studie über die DNA des Y-Chromosoms zufolge stammen wahrscheinlich die meisten europäischen und asiatischen Männer von zwei männlichen Vorfahren ab [5].

Im Gegensatz zum Y-Chromosom enthält das X-Chromosom des Menschen mehrere tausend funktionsfähige Gene. In männlichen menschlichen Zellen ist der größte Teil des X-Chromosoms genetisch aktiv, in weiblichen Zellen zeigt aber nur eines der beiden X-Chromosomen eine vergleichbare Aktivität. Das andere repliziert sich bei der Zellteilung erst spät, bleibt während der Interphase weitgehend kondensiert und ist cytogenetisch als dunkel anfärbbare Heterochromatinstruktur (Barr-Körper oder Geschlechtschromatin) zu erkennen. Die Gene auf diesem Chromosom sind in ihrer Mehrzahl vergleichsweise stark methyliert, was ihrer Inaktivität bei der Transkription entspricht (Abschnitt 1.3), und vermutlich ist das ganze Chromosom als Folge der X-Chromosomen-Inaktivierung genetisch größtenteils untätig (Lyonisierung). Bereits im Frühstadium der Embryonalentwicklung wird in jeder einzelnen Zelle nach dem Zufallsprinzip eines der beiden X-Chromosmen inaktiviert, entweder das vom Vater oder das von der Mutter ererbte. Das gleiche Muster der Inaktivierung des väterlichen oder mütterlichen X-Chromosoms bleibt in allen Nachkommen der Zelle erhalten, in der die Inaktivierung stattfand. In Keimbahnzellen wird das ursprünglich inaktivierte X-Chromosom jedoch wieder aktiv, so daß jede Eizelle ein funktionsfähiges Chromosomenexemplar besitzt.

Die Inaktivierung des X-Chromosoms stellt entwicklungsgeschichtlich vermutlich eine Art Dosiskompensation für Zellen mit mehr als einem derartigen Chromosom dar. Zu den normalen Zellvorgängen gehören auch Wechselwirkungen zwischen den Produkten von Genen auf Autosomen und auf dem X-Chromosom, und diese Wechselwirkungen sind auf richtige Mengenverhältnisse angewiesen. Da normale männliche somatische Zellen nur ein X-Chromosom besitzen, ist die Dosis der X-gekoppelten Gene bei ihnen natürlich nur halb so groß wie die der autosomalen Gene. Damit dieses Dosisverhältnis von 2:1 zwischen autosomalen und X-gekoppelten Genen erhalten bleibt, muß das zweite X-Chromosom inaktiviert werden. Einige Gene des zweiten X-Chromosoms sind jedoch nicht von der Inaktivierung betroffen; die meisten von ihnen liegen gehäuft in der Paarungsregion an der Spitze von Xp, aber mindestens zwei solche Gene befinden sich auch in der Nähe des Inaktivierungszentrums bei Xq13 (Abb. 2.1). Eines davon mit der Bezeichnung *XIST* ist nur auf dem inaktivierten X-Chromosom aktiv, es könnte als Auslöser der Inaktivierung dienen [6].

2.3 Genverdoppelung und Divergenz

Neben der allgemeinen Genduplikation, die sich durch die Verdoppelung ganzer Genome ergibt, können einzelne Gene auch durch andere Mechanismen gezielt dupliziert werden. Bei den verstreut liegenden Genfamilien entstehen solche Genverdoppelungen wahrscheinlich als Folge von Transpositionsereignissen, an denen eine RNA-Zwischenstufe beteiligt ist (Abschnitt 2.7.7). Derartige Genkopien besitzen allerdings normalerweise nicht die funktionsfähigen Regulationssequenzen des ursprünglichen Gens und degenerieren deshalb, von wenigen Ausnahmen abgesehen, zu Pseudogenen. Auch an der Evolution vieler gehäuft liegender Genfamilien war wahrscheinlich die Bildung identischer Genkopien durch Tamdemverdoppelung beteiligt (Abb. 2.2), vermutlich als Folge ungleichen Crossing-overs oder durch asymmetrischen Schwesterchromatidenaustausch (Abschnitt 2.7.2).

Wenn zwei identische Kopien eines bestimmten Gens im haploiden Genom für den Fortpflanzungserfolg keinen besonderen Selektionsvor- oder

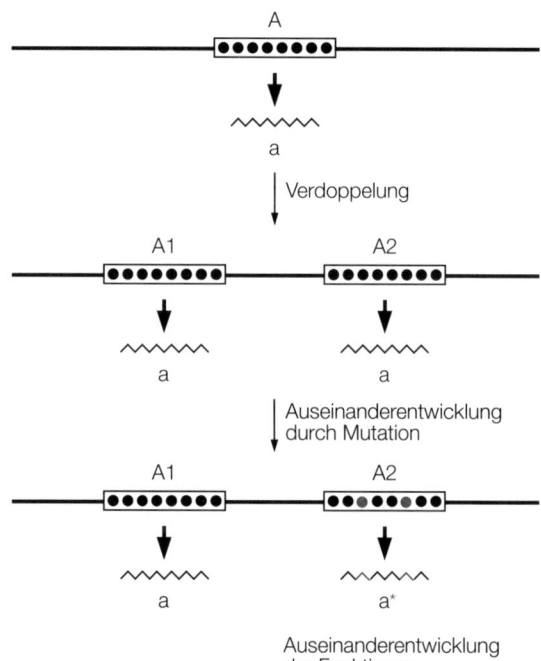

2.2 Tandemverdoppelung von Genen.

-nachteil darstellen (zum Beispiel weil die Genexpression durch diese höhere Gendosis ansteigt oder anormal verläuft), steigert ein solches durch Verdoppelung entstandenes Genpaar die Wahrscheinlichkeit, daß der Organismus durch divergierende Mutationen eine neue Funktion erwirbt. Eine der beiden Genkopien unterliegt dem Selektionsdruck zur Aufrechterhaltung der ursprünglichen codierenden Sequenz (und damit der biologischen Funktion des von ihr codierten Produkts). Die andere, eigentlich überflüssige Kopie kann in ihrer codierenden Sequenz Mutationen ansammeln, und zwar praktisch mit der gleichen Geschwindigkeit wie nichtcodierende Sequenzen.

Durch die Mutationen kann sich die Sequenz der zusätzlichen Genkopie so verändern, daß ein neues Genprodukt mit geringfügig veränderten Eigenschaften entsteht. Die Mutationen können aber auch schädlich sein – dann wird die Sequenz zu einem normalen Pseudogen (Abschnitt 1.7.2). Zum Beispiel hat die Tandemverdoppelung eines DNA-Abschnitts von ursprünglich 30 kb vermutlich zu dem heutigen Aufbau der Gengruppe für die Steroid-21-Hydroxylase und für den Komplementfaktor C4 geführt (Abb. 2.3). Beide C4-Gene sind sehr polymorph und erfüllen Funktionen im Kom-

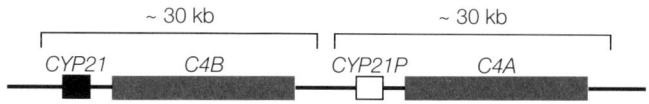

2.3 Die Gengruppe für 21-Hydroxylase/C4 beim Menschen.

plementsystem, das zum Immunsystem gehört. Aufgrund der Sequenzunterschiede können *C4A*-Produkte im allgemeinen Immunkomplexe besser weiterverarbeiten als *C4B*-Produkte, ihre Fähigkeit zur Hämolyse ist aber geringer. Von den verdoppelten Genen für die 21-Hydroxylase ist aber normalerweise nur eines mit der Bezeichnung *CYP21* funktionsfähig; das andere, *CYP21P* genannt, ist in seiner Sequenz zu 97 Prozent mit *CYP21* identisch, aber es wird offensichtlich nicht in mRNA umgeschrieben und gilt deshalb als herkömmliches Pseudogen. Die Degeneration eines der ursprünglich verdoppelten Gene für die 21-Hydroxylase zu einem Pseudogen könnte eine Reaktion auf den Selektionsdruck sein, der höchstens ein funktionsfähiges Gen dieses Typs im haploiden Genom zuließ (das heißt, die höhere Gendosis war ein Selektionsnachteil). Oder aber die Verdoppelung des Gens für die 21-Hydroxylase war ein Mißerfolg, weil sich durch Zufall schädliche Mutationen ansammelten, bevor ein Funktionsunterschied erreicht war, der einen Selektionsvorteil geboten hätte.

Auch Genkopien, die ein verändertes Polypeptid codieren, können funktionslose Pseudogene sein. Fehlt der Selektionsdruck, der die Sequenz aufrechterhält, entstehen Mutationen, die eine Genexpression schließlich zum Erliegen bringen. Beispiele dafür sind das exprimierte θ-Globin-Gen und das Chorion-Somatomammotropin-artige Gen (*CS-L*) in der Wachstumshormon-Gengruppe (Abb. 1.10): Sie haben keine erkennbare Funktion, und das kann bedeuten, daß es sich bei ihnen um exprimierte Pseudogene handelt. Das *CS-L*-Gen zeigt zwar starke Sequenzähnlichkeit mit den vier anderen Genen der gleichen Gengruppe (über 90 Prozent Übereinstimmung in den Exons, Introns und unmittelbar angrenzenden Abschnitten), aber in der Sequenz, die bei den anderen vier Genen als Donor-Spleißstelle dient, ist ein C gegen ein A ausgetauscht. Diese Mutation führt zu einem anderen Spleißmuster und zu einer neuen Sequenz des exprimierten Genprodukts. Bietet das neue Produkt einen Vorteil, könnte das Gen irgendwann ein Hormon mit abweichender Funktion codieren. Derzeit fehlen aber Hinweise auf eine solche neue Funktion, und deshalb kann man eher vermuten, daß *CS-L* ein Pseudogen ist.

Manche verdoppelten, leicht unterschiedlichen Gene werden unter verschiedenartigen Bedingungen exprimiert. Durch die Sequenzunterschiede in den einzelnen Genen der α- und β-Globin-Gengruppe entstehen Produkte mit etwas unterschiedlichen biologischen Funktionen. Möglicherweise eignen sich die Ketten des ε-, ζ- und γ-Globins besonders gut dazu, Sauerstoff in der relativ sauerstoffarmen Umgebung des frühen Embryos zu binden, während die α- und β-Globin-Ketten im Umfeld des erwachsenen Gewebes die bevorzugten Polypeptide darstellen.

Auch Isozyme, die für bestimmte Zellkompartimente spezifisch sind, werden oft von ähnlichen, nichtallelen Genen auf verschiedenen Chromosomen codiert (Abschnitt 4.4.3), die vermutlich ebenfalls durch frühere Genverdoppelungsereignisse entstanden sind. So gibt es in der Leber beispielsweise zwei wichtige Isoformen der Aldehyddehydrogenase, eine im Cytosol und eine in den Mitochondrien; ihre Sequenzen von etwa 500 Aminosäuren sind zu 68 Prozent identisch. Die Cytosolform ist in dem Gen *ALDH1* auf dem Chromosom 9q codiert, für die Produktion der Mitochondrienform sorgt dagegen das Gen *ALDH2* auf dem Chromosom 12q. Beide Gene haben jeweils 13 Exons, und neun der zwölf Introns liegen in der codierenden Sequenz an homologen Positionen; das ist ein starkes Indiz für einen gemeinsamen entwicklungsgeschichtlichen Ursprung und eine frühere Genverdoppelung (Abb. 2.4).

Gene für verschiedene gewebespezifische Isozyme haben sich anscheinend ebenfalls durch eine Reihe von Genverdoppelungen entwickelt. Das Enzym alkalische Phosphatase wird beispielsweise von mindestens vier verschiedenen Genen codiert, bei deren Expression es gewebespezifische Unterschiede gibt. Drei davon liegen in der Nähe des Centromers von 2q. *ALPI* und *ALPP* codieren Alternativformen des Enzyms (87 Prozent Sequenzübereinstimmung), die man im Darm beziehungsweise in der Placenta findet, und ein weiteres Gen codiert ein Enzym, das dem in der Placenta ähnelt. Zusätzlich codiert das Gen *ALPL*, das in der Nähe des Telomers von 1q liegt, ein weiteres, nicht ganz so ähnliches Isozym, das in Leber, Knochen, Nieren und einigen anderen Geweben exprimiert wird und mit der Darmform zu 57 Prozent sowie mit der Placentaform zu 52 Prozent übereinstimmt. Das Gen *ALPL* ist mit über 50 kb mehr als fünfmal so lang wie *ALPI* und *ALPP* und besitzt am 5′-Ende ein zusätzliches Exon. Die Anordnung von Exons und Introns ist aber bei allen drei Genen bemerkenswert ähnlich, und ihre codierenden Abschnitte sind an den gleichen Stellen von Introns unterbrochen (Abb. 2.4). Die Gene auf 2q lassen sich durch spätere

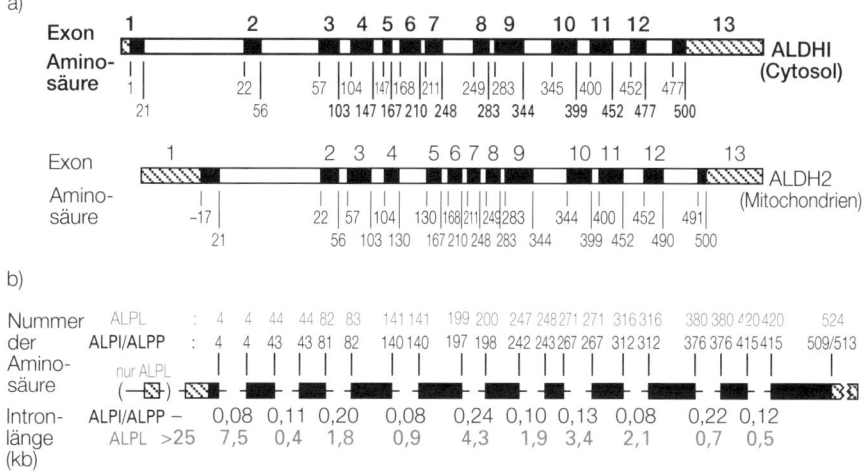

2.4 Der Aufbau der Gene für die Isozyme der Aldehyd-Dehydrogenase (a) und der alkalischen Phosphatase (b).

Tandemverdoppelungen erklären, das Gen *ALPL* und der Vorläufer der 2q-Gene dagegen entstanden wahrscheinlich durch eine frühere Genom- oder Genverdoppelung, gefolgt von Auseinanderentwicklung und Chromosomenumordnung.

Im allgemeinen zeigen Gene einer Familie, die in der gleichen Gengruppe liegen, ein höheres Maß an Sequenzhomologie als solche, die sich in unterschiedlichen Gruppen befinden. In der Überfamilie der Globingene ist die Sequenzhomologie zwischen Genen und Genprodukten aus verschiedenen Gruppen (zum Beispiel α- und β-Globin) viel geringer als zwischen Genen und Genprodukten aus der gleichen Gruppe (Abb. 2.5). Innerhalb einer

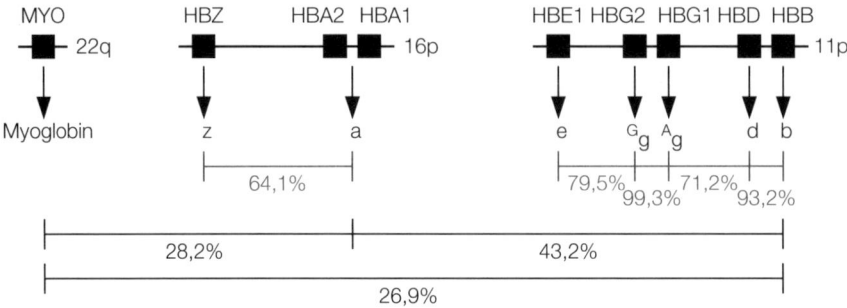

2.5 Sequenzhomologie zwischen den Globinen des Menschen.

Gruppe sind die Gene sehr ähnlich aufgebaut, und die Intronlängen sind ebenfalls für die jeweilige Gruppe charakteristisch, bei zwei Introns ist aber auch die Position bemerkenswert gut erhalten geblieben: Das erste Intron unterbricht immer das Codon 30 oder 31, das zweite liegt stets zwischen den Codons 99 und 100, 104 und 105 oder 105 und 106 (Abb. 2.6).

2.4 Exonverdoppelung und *exon shuffling*

Durch Exonverdoppelung können Polypeptide mit sich wiederholenden Domänen entstehen, die für die Funktion von Vorteil sein können, insbesondere bei manchen Strukturproteinen [7]. Aus der Sequenz der Exons ergeben sich in vielen Fällen Hinweise sowohl auf die entwicklungsgeschichtliche Herkunft als auch auf frühere Sequenzverdoppelungen innerhalb des Gens. Ein aufschlußreiches Beispiel sind die 41 Exons des Gens *COL1A1*. Sie codieren den Teil des α1(I)-Kollagens, der die Dreierhelix bildet; jedes Exon codiert ein ganzzahliges Vielfaches (eins bis drei) eines Motivs aus 18 Aminosäuren, das seinerseits aus sechs Tandemwiederholungen der Struktur Gly-X-Y- besteht (X und Y sind unterschiedliche Aminosäuren, Tabelle 2.2).

Auf Sequenzverdoppelungen innerhalb eines Gens folgten in den meisten Fällen umfangreiche Abwandlungen der einzelnen Wiederholungseinheiten,

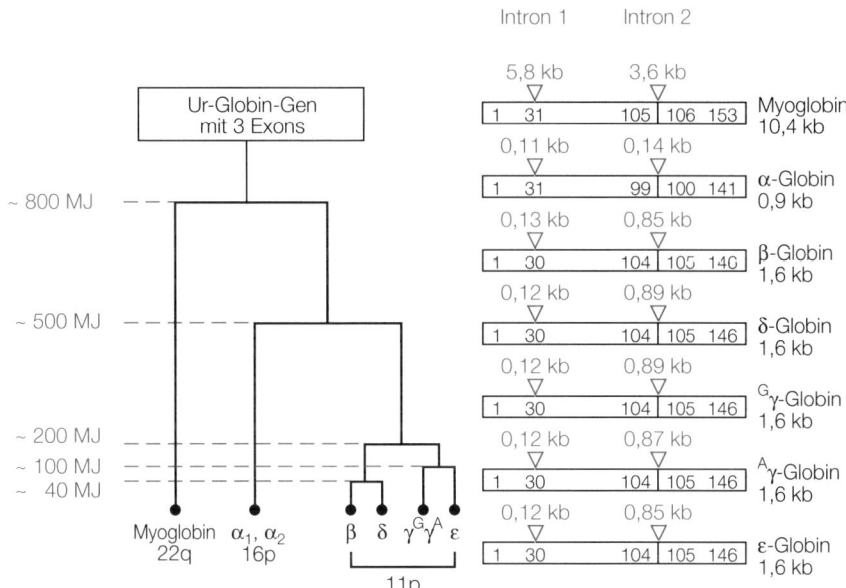

2.6 Evolution und Anordnung von Exons und Introns in der Überfamilie der Globingene beim Menschen. MJ = Millionen Jahre.

so daß sich die repetitive Struktur heute vielfach nur durch statistische Analysen nachweisen läßt. In manchen Genen findet man aber zwischen den sich wiederholenden codierenden Abschnitten auch eine sehr starke Sequenzhomologie (Tabelle 2.2). Ein außergewöhnliches Beispiel sind die Gene für Ubiquitin. Dieses entwicklungsgeschichtlich stark konservierte Polypeptid aus 76 Aminosäuren ist an mehreren unterschiedlichen Zellfunktionen beteiligt, bei denen sich sein Carboxylende immer an freie Aminogruppen anderer Proteine anheftet. Beim Menschen gibt es drei funktionsfähige Ubiquitingene; die codierende DNA der Gene *UbB* und *UbC* ist nicht von Introns unterbrochen und umfaßt mehrere Tandemwiederholungen der Ubiquitin-Codierungseinheit aus 228 bp (Abb. 2.7). Das ursprüngliche Polypeptidprodukt, das diese Gene codieren, ist ein Polyubiquitin-Vorläuferpolypeptid, das eine einzige nicht verwandte C-terminale Aminosäure (Cystein oder Valin) enthält und vermutlich nach der Translation in die Ubiquitinmonomere gespalten wird. Die dritte Kategorie sind die *UbA*-Gene: Sie codieren anfangs ein Fusionsprotein aus Ubiquitin und einem ganz anderen Protein; beim *UbA*52-Gen ist das zum Beispiel ein Schwanz aus 52 Aminosäuren, der zur großen Ribosomenuntereinheit gehört.

Tabelle 2.2:   Beispiele für repetitive codierende DNA innerhalb der Gene

Gen(e)	Länge der Einheit in Nucleotiden (Aminosäuren)	Kopienzahl	Nucleotidsequenzhomologie zwischen den Kopien
Ubiquitin (Gene UbB und UbC)	228 (76)	3 (UbB) 9 (UbC)	starke Homologie
Involucrin	30 (10)	59	starke Homologie bei den mittleren 39 Einheiten
Apolipoprotein A	342 (114) = Kringel-Wiederholungseinheit[a]	37	starke Homologie; 24 Einheiten haben identische Sequenzen
Kollagen	54 (18)	57	geringe Homologie, aber konserviertes Aminosäuremotiv $(Gly-X-Y)_6$
Serumalbumin	585 (195)	3	geringe Homologie
Plasminogen	etwa 230 (75–80)	5	geringe Homologie, aber konservierte Proteindomänen (Kringel[a])
Gene für prolinreiche Proteine	etwa 60 (16–21)	5	geringe Homologie
Tropomyosin, α-Kette	126 (42)	7	geringe Homologie
Immunglobulin, ε-Kette, C-Region	324 (108)	4	geringe Homologie

[a] Ein Kringel ist eine cysteinreiche Sequenz mit drei internen Disulfidbrücken, die eine brezelförmige Struktur bildet.

Wenn abgegrenzte Codierungseinheiten durch Introns getrennt sind, hat das den Vorteil, daß die codierenden Abschnitte durch Hin- und Herschieben von Exons (*exon shuffling*) in neuen Kombinationen zusammengefügt werden können, zum Beispiel durch ungleiches Crossing-over innerhalb der Introns (Abschnitt 2.7.2). Die so entstehenden Mosaikgene codieren dann möglicherweise Polypeptide mit neuer Funktion oder verbesserten Eigenschaften, die in der Evolution einen Vorteil bieten. Zum Beispiel ist das Gen

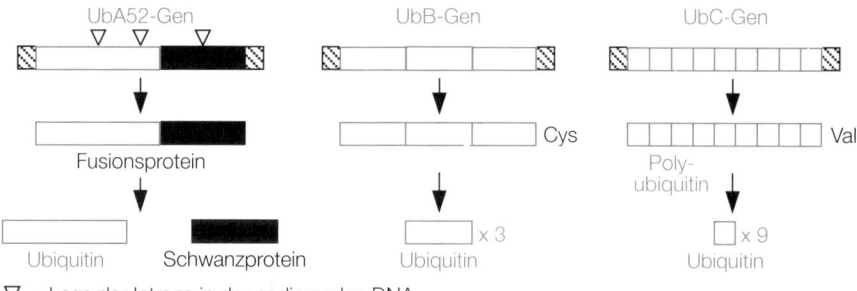

∇ = Lage der Introns in der codierenden DNA
▨ = nichttranslatierte Sequenzen

2.7 Aufbau und Expression der menschlichen Ubiquitingene.

für den Rezeptor des Lipoproteins niedriger Dichte (LDL, *low density lipo-protein*) anscheinend ein solches Mosaikgen: Es enthält abgegrenzte Exons, die starke Sequenzhomologie mit Exons aus verschiedenen anderen Genen aufweisen (Abb. 2.8).

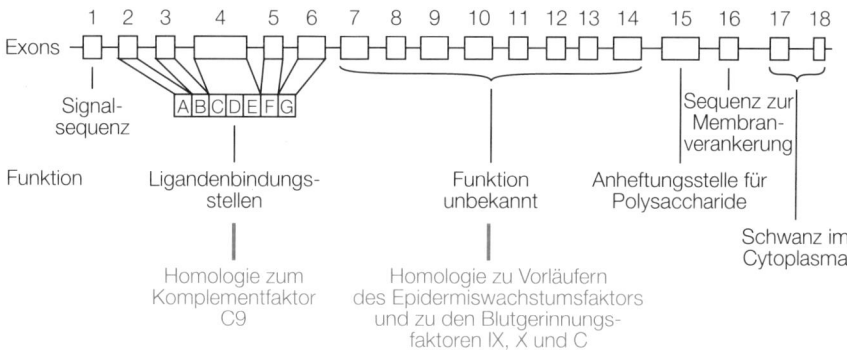

2.8 Funktionsverteilung und Sequenzhomologie zwischen den Exons im Gen für den LDL-Rezeptor.

Man sollte erwarten, daß sich das Leseraster durch das *exon shuffling* während der Evolution nicht ändert. Tatsächlich sind auch Introns des Typs 0, welche die codierende DNA-Sequenz zwischen zwei Codons unterbrechen (Abbildung 2.9 zeigt ein Beispiel), viel zahlreicher als solche des Typs 1 oder 2, welche in der DNA nach dem ersten beziehungsweise zweiten Nucleotid eines Codons liegen. Die Introns des Typs 1 entsprechen wahrscheinlich dem ursprünglichen Zustand.

Diese Vorstellung von den Introns enthält unausgesprochen die Vermutung, daß Exons auch Struktur- oder Funktionseinheiten der Proteine darstellen. Dies trifft aber für die Exons der heutigen menschlichen Gene nicht immer zu. In manchen Fällen enthalten die Exons nicht einmal codierende DNA, zum Beispiel beim Insulingen, wo das erste Exon zwei Abschnitte einer einzigen, nicht translatierten Region trennt (Abb. 2.9). Dennoch könnte die derzeitige Beziehung zwischen Exons und Proteinstruktur in degenerierter Form einen früheren Zusammenhang zwischen Exons und Struktur- oder Funktionseinheiten der Proteine widerspiegeln. Keine Theorie über die Funktion der Introns kann jedoch allgemeingültig sein, denn eine kleine Minderheit menschlicher Gene besitzt überhaupt keine Introns, darunter alle Mitochondriengene, die meisten RNA-Gene und die Gene für α- und β-Interferone, Histone, verschiedene Hormon- und Zellrezeptoren sowie für manche Proteine der Ribonuclease-Überfamilie.

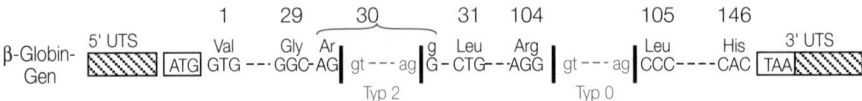

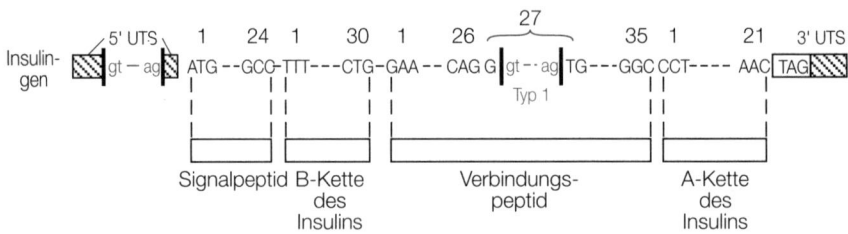

2.9 Die Lage der Introns in den menschlichen Genen für β-Globin und Insulin (UTS = *untranslated sequence*).

Auch über die Herkunft der Introns herrscht Unklarheit. Sie sind zwar bei Eukaryoten sehr verbreitet, aber bei Eubakterien fehlen sie; in mehreren Genen der Archaebakterien hat man ebenfalls Introns gefunden. In vielen menschlichen Genen gibt es Introns, die man für sehr alt hält, weil ihre Lage in den Genen in der Evolution bemerkenswert konstant geblieben ist (Abb. 2.6). In anderen Fällen allerdings, zum Beispiel bei den Genen für Aktin und Tubulin, hat sich die Lage der Introns über entwicklungsgeschichtliche Zeiträume hinweg verändert; diese Introns sind vielleicht erst vor relativ kurzer Zeit durch Transposition an ihre heutige Position gelangt.

2.5 Entstehung von Sequenzabweichungen und Polymorphismen

Sequenzvarianten menschlicher Genprodukte spiegeln einerseits Veränderungen der Sequenz im Genom des Zellkerns wider, andererseits aber auch solche auf der Ebene der Genexpression, insbesondere bei der Weiterverarbeitung der RNA. Auf der Ebene des Genoms können sowohl Unterschiede zwischen allelen Sequenzen an einem einzigen Chromosomenlocus als auch Unterschiede zwischen ähnlichen, nichtallelen Sequenzen an unterschiedlichen Loci zur Diversität beitragen. Abweichungen bei allelen Sequenzen bezeichnet man herkömmlicherweise als Polymorphismen, wenn in einer menschlichen Population mehrere Varianten (Allele) mit einer Häufigkeit von mehr als 0,01 an demselben Locus vorkommen. Jeder einzelne besitzt zwar an einem Locus höchstens zwei Allele, aber in einer Population aus vielen Einzelpersonen können sich an einem solchen Locus durchaus mehrere Allele zeigen, insbesondere wenn es sich um einen hochpolymorphen Locus handelt. Die wenigen DNA-Polymorphismen, die zu Aminosäureabwandlungen führen, tragen auch auf Proteinebene zum Polymorphismus bei, genau wie differentielle Transkriptions- und RNA-Weiterverarbeitungsvorgänge (Abschnitt 2.8).

Neben der allelen Sequenzvariation gibt es bei bestimmten DNA- oder Proteinsequenzen auch eine beträchtliche Vielfalt innerhalb eines einzelnen Individuums aufgrund von Sequenzabweichungen zwischen sehr ähnlichen, nichtallelen Genen, die zu bestimmten Sequenzfamilien gehören. So sind beispielsweise die Loci *C4A* und *C4B*, die den Komplementfaktor C4 codieren, stark polymorph. An jedem dieser beiden Loci kommt es durch Sequenzabweichungen zur allotypischen Variation (am *C4A*-Locus beispielsweise *C4A1*, *C4A2*, *C4A3* und so weiter), und durch die beiden verschiedenen C4-Loci ergibt sich außerdem eine isotypische Variation (das heißt, *C4A* und *C4B* sind Isotypen). Am ausgeprägtesten ist die Vielfalt aufgrund der Expression nichtalleler Gene bei den verschiedenen Ketten der Immunglobuline und T-Zell-Rezeptoren, die durch einzigartige, zellspezifische DNA-Umordnung zustande kommen (Abschnitt 2.7.3). Darüber hinaus kennt man viele Beispiele für Strukturproteine und Enzyme, die jeweils von mehreren verschiedenen, aber sehr ähnlichen Loci codiert werden. Von diesen Proteinen und Enzymen besitzt jeder einzelne mehrere Isoformen (oder Isozyme), und bei manchen davon beschränkt sich die Expression auf bestimmte Gewebe oder Zellkompartimente.

Die Variationsbreite im menschlichen Genom spiegelt verschiedene chromosomale und genetische Mechanismen wider. Spontane Abweichungen bei Meiose, Mitose oder Befruchtung können Zellen entstehen lassen, die in

Zahl oder Art ihrer Chromosomen vom Normalen abweichen. Unterschiede, die durch genetische Mechanismen entstehen, sind weniger offensichtlich. Zu diesen Mechanismen gehören Mutationen aufgrund von Umwelteinflüssen wie ionisierende Strahlung und chemische Mutagene, spontane Fehler bei DNA-Replikation oder -Reparatur, spontane oder programmierte Basenabwandlungen sowie spontane oder programmierte DNA-Sequenzumordnungen innerhalb des Genoms. Zu den Sequenzumordnungen tragen verschiedene genetische Vorgänge bei, die besonders an repetitiven Sequenzen wirksam sind (Abschnitt 2.7).

Die gleichen Mechanismen, die für Abweichungen und Polymorphismen der DNA sorgen, sind auch verantwortlich für das Phänomen der konzertierten Evolution. Dabei weisen Einzelsequenzen einer repetitiven DNA-Familie des Menschen mehr Ähnlichkeiten miteinander auf als mit den Sequenzen der gleichen Familie bei einer anderen, eng verwandten biologischen Art. Am wirksamsten ist diese Angleichung gewöhnlich bei tandemförmig wiederholten Sequenzen. Die Sequenzhomologie ist beispielsweise im allgemeinen zwischen zwei menschlichen rRNA-Genen größer als zwischen rRNA-Genen von Menschen und Primaten. Dagegen ist die Sequenzhomologie zwischen den Einzelsequenzen einer Genfamilie oft geringer als zwischen homologen Genen verschiedener Säugetierarten. Es gibt mehr Unterschiede zwischen der Sequenz des menschlichen β-Globin-Gens und dem des menschlichen ε-Globin-Gens als zwischen ihnen und ihren homologen Sequenzen bei Schimpanse, Kaninchen und Maus (Tabelle 2.3).

Tabelle 2.3:   Sequenzunterschiede in den Globingenen

	Sequenzhomologie (Prozent)			
	codierende DNA	UTS (5′ + 3′)	Introns	Aminosäuresequenz
β-Globin (Mensch) β-Globin (Schimpanse)	100	100[a]	98,4	100
β-Globin (Mensch) β-Globin (Kaninchen)	89,3	<79[b]	<67[b]	90,4
β-Globin (Mensch) β-Globin (Maus)[c]	82,1	<66[b]	<61[b]	80,1
β-Globin (Mensch) ε-Globin (Mensch)	79,1	62	50	75,3

[a] Nur 5′-UTS.
[b] Maximale Homologie bei Bewertung von Insertionen und Deletionen von drei oder mehr Nucleotiden als Einzelmutation.
[c] Entweder β^{maj} oder β^{min}.

2.6 Polymorphismen aufgrund von Punktmutationen

Der häufigste Mutationstyp in codierenden DNA-Sequenzen ist der Austausch von Nucleotiden. Transitionen, bei denen ein Pyrimidin (C oder T) gegen ein Pyrimidin beziehungsweise ein Purin (A oder G) durch ein Purin ersetzt wird, sind dabei häufiger als Transversionen (Austausch eines Purins gegen ein Pyrimidin oder umgekehrt). Das Übergewicht der Transitionen erklärt sich unter anderem durch die evolutionäre Instabilität methylierter Cytosinreste. Cytosin ist in dem Dinucleotid CpG bei Menschen und Wirbeltieren häufig zu 5-Methylcytosin methyliert. In entwicklungsgeschichtlichen Zeiträumen kommt es zur spontanen Desaminierung des 5-Methylcytosins, und dabei entsteht Thymin [8], eine natürliche DNA-Base, die von Reparatursystemen nicht als Produkt eines anormalen Vorgangs erkannt wird. Die CpG-Sequenz wird also durch TpG ersetzt (und nach der nächsten DNA-Replikation steht im Komplementärstrang CpA). Infolgedessen kommt CpG im Genom des Menschen nur mit 20 Prozent der erwarteten Häufigkeit vor; das CpG-Dinucleotid ist offenbar ein Ort mit besonders hoher Mutationshäufigkeit und trägt erheblich zur Entstehung vieler Krankheiten bei (Abschnitt 5.3).

Insertionen und Deletionen, selbst von wenigen Nucleotiden, sind dagegen in codierenden DNA-Sequenzen vergleichsweise selten; der Selektionsdruck richtet sich gegen Mutationen, die das Leseraster bei der Translation verändern, denn solche Veränderungen führen zu anormaler Genexpression und verringern den Fortpflanzungserfolg. Wegen dieses natürlichen Selektionsdrucks, der Polypeptidsequenzen und biologische Funktionen aufrecht erhält, ist die Mutationshäufigkeit in codierender DNA beträchtlich geringer als in nichtcodierenden Sequenzen innerhalb oder außerhalb der Gene. Infolgedessen erkennt man an den codierenden DNA-Abschnitten eines Gens und der zugehörigen Aminosäuresequenz eine relativ starke entwicklungsgeschichtliche Konstanz, und das gleiche gilt für wichtige Regulationssequenzen wie die mehrfach vorhandenen Elemente der Promotoren und Enhancer. Wie sich durch Vergleich verschiedener biologischer Arten gezeigt hat, sind nicht translatierte Sequenzen im allgemeinen weniger stark konserviert als codierende DNA, und die Genbestandteile, die sich am raschesten wandeln, sind die Introns (Tabelle 2.3). Bei den Introns wird der Vergleich noch dadurch erschwert, daß relativ leicht Deletions- und Insertionsmutationen entstehen, und deshalb sind Schätzungen der Sequenzhomologie bei verschiedenen Arten oft recht ungenau.

Bei den beobachteten Mutationen in codierenden Sequenzen handelt es sich auch überproportional oft um synonyme („stumme") Codonveränderungen, das heißt, das veränderte Codon legt die gleiche Aminosäure fest wie das ursprüngliche, häufig weil die dritte Base des Codons ausgetauscht wurde, oder die Mutation ist zwar nicht synonym, aber konservativ – das veränderte Codon bezeichnet eine andere Aminosäure, die aber in ihrer Funktion der urspünglichen ähnelt. Vergleiche zwischen verschiedenen Primatenarten ergaben eine durchschnittliche Häufigkeit synonymer Codonveränderungen im Genom des Zellkerns von $1–2 \times 10^{-9}$ pro Nucleotidposition und Jahr (das heißt 0,1 bis 0,2 Prozent in einer Million Jahren). Das ist etwas schneller als bei der nichtsynonymen Codonveränderung in codierender DNA, aber deutlich weniger als die Austauschhäufigkeit, die man in funktionslosen Pseudogenen und DNA-Abschnitten außerhalb der Gene beobachtet. Stumme Codonveränderungen im Genom des Menschen und anderer Säugetiere sind also vermutlich in ihrer Selektionswirkung neutral und stellen ein gutes Maß für die natürliche Mutationshäufigkeit dar.

Geschwindigkeit und Art des Austausches sind bei einzelnen Genen unterschiedlich und hängen mit der Basenzusammensetzung der Gene und ihrer flankierenden DNA zusammen. Die am stärksten konservierten Proteine sind das Ubiquitin und das Histon H4; bei ihren Genen kommt es nur sehr selten zu einer nichtsynonymen Codonveränderung. Bei den sich schnell verändernden Fibrinopeptidgenen und den sehr polymorphen HLA-Antigenen sind solche Abwandlungen dagegen relativ häufig. Die mittlere Heterozygotie hat man für die DNA des menschlichen Genoms mit 0,0037 berechnet, das heißt, in allelen Sequenzen ist etwa eine von 250 bis 300 Basen unterschiedlich [9], aber dieser Wert liegt für codierende DNA wesentlich niedriger als für nichtcodierende Abschnitte. Die HLA-Gene sind allerdings außergewöhnlich polymorph, ihre Allele können sich in bis zu fünf Prozent der Nucleotidsequenz unterscheiden. Die allgemeine Sequenzabweichung zwischen Menschen und eng verwandten Primaten liegt dagegen bei etwas unter zwei Prozent. Beim Vergleich von über 4 000 bp aus der DNA-Sequenz neben dem 5′-Ende des β-Globin-Gens aus Menschen und Schimpansen zeigten sich zum Beispiel nur 67 Abweichungen, das entspricht einer durchschnittlichen Divergenz von 1,6 Prozent [10]. Trotz dieser sehr engen allgemeinen Verwandtschaft sind manche DNA-Sequenzen ausschließlich für den Menschen charakteristisch, das heißt, es gibt zu ihnen anscheinend bei anderen Arten keine homologen Abschnitte; solche DNA-Regionen dürften zur reproduktiven Isolierung des Menschen von den eng verwandten Primaten beitragen.

Die Mutationsrate ist auch in verschiedenen Genombereichen unterschiedlich. Man hat vermutet, diese Unterschiede könnten mit dem zeitlichen Ablauf der Replikation verschiedener Chromosomenabschnitte in der Keimbahn zu tun haben. So ließe sich möglicherweise die Entstehung der Isochoren erklären (Abschnitt 1.2.1). Außerdem verändern sich die Sequenzen der Mitochondrien-DNA im Durchschnitt mehr als zehnmal so schnell wie die im Zellkern (etwa zwei bis vier Prozent Sequenzdivergenz in einer Million Jahren).

2.7 DNA-Veränderungen durch Sequenzaustausch und Umordnungen innerhalb des Genoms

2.7.1 DNA-Veränderungen durch Genkonversion

Die Sequenzen mancher Allele an bestimmten Genloci lassen vermuten, daß sie durch Austausch der normalen Gensequenz oder eines Teils davon gegen eine Sequenz ähnlicher Größe aus einem verwandten, nichtallelen Gen entstanden sind. Solche Beobachtungen deuten darauf hin, daß im menschlichen Genom ein ähnlicher Prozeß abläuft wie bei der Genkonversion, der nichtreziproken Übertragung von Sequenzinformation zwischen nichtallelen oder allelen Genen. Wahrscheinlich wird eine Heteroduplex zwischen einem DNA-Strang des Donorgens und dem Komplementärstrang aus dem Akzeptorgen gebildet (Abb. 2.10). Anschließend kann auf einem Abschnitt

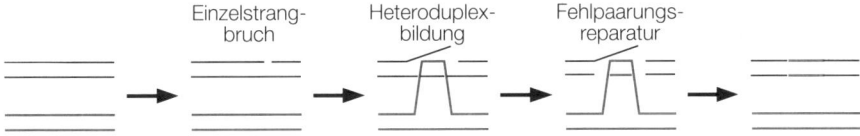

Einzelstrang-   Heteroduplex-   Fehlpaarungs-
bruch   bildung   reparatur

2.10 Genkonversion durch Fehlpaarungsreparatur einer Heteroduplex.

des Akzeptorgens durch Fehlpaarungsreparatur die Konversion stattfinden: DNA-Reparaturenzyme erkennen, daß die Komplementärstränge der Heteroduplex nicht fehlerlos gepaart sind, und „korrigieren" die DNA-Sequenz des Akzeptorstranges so, daß sie zu der entsprechenden Sequenz des Donorstranges vollständig komplementär ist. Durch Konversion eines Abschnittes im Inneren eines Gens kann Diversität entstehen, weil dabei ein Mosaikgen mit Sequenzen aus verschiedenen Allelen oder Loci entsteht. Umfaßt der veränderte Abschnitt jedoch ein ganzes Gen, reduziert der gleiche Vorgang die Sequenzvielfalt (Polymorphismus) an dem betreffenden Locus und führt zur Angleichung der Sequenzen an verschiedenen, ähnlichen Loci. Die wenigen verfügbaren Indizien lassen bei Menschen und

Säugetieren darauf schließen, daß von der Genkonversion häufig kleine Abschnitte betroffen sind, die oft nur ein paar hundert Basenpaare oder noch weniger umfassen. Bei einfachen Eukaryoten wie der Hefe hat man die Genkonversion eingehend untersucht, aber beim Menschen läßt sie sich in der Meiose nicht eindeutig nachweisen, weil nicht alle Produkte eines einzelnen Meiosevorgangs zur Verfügung stehen; es wären auch andere Erklärungen denkbar, beispielsweise mehrfache Rekombination.

2.7.2 DNA-Veränderungen durch Rekombination

Als Rekombination (Crossing-over) bezeichnet man das Brechen eines doppelsträngigen DNA-Moleküls (Chromatids) in jedem der beiden Chromosomen und das anschließende Wiederverbinden der Fragmente zu neuen, rekombinierten Strängen. Als homolog bezeichnet man die Rekombination, wenn sie sich in Meiose oder Mitose zwischen gleichen oder sehr ähnlichen DNA-Sequenzen abspielt – normalerweise in Nicht-Schwester-Chromatiden homologer Chromosomen. Nichthomologe oder illegitime Rekombination ist dagegen selten: Sie ereignet sich zwischen Abschnitten, die wenig oder gar keine Homologie aufweisen und möglicherweise auf zwei verschiedenen Chromosomen oder auf demselben Chromosom liegen.

Bei der homologen symmetrischen Rekombination finden Bruch und Vereinigung bei beiden Chromatiden an der gleichen Stelle statt, das heißt, die Rekombination erfolgt zwischen allelen Sequenzen, und die Bruchstellen liegen in den beiden Allelen an vergleichbaren Positionen. Findet eine solche allele Rekombination innerhalb eines Gens statt, entstehen Fusionsgene, deren 5'- und 3'-Anteile aus unterschiedlichen Allelen stammen (Abb. 2.11). Auf diese Weise können neue Allele entstehen, und bei manchen Genen (zum Beispiel den HLA-Genen) weiß man, daß sich so Polymorphismen gebildet haben. Bei der homologen ungleichen Rekombination (ungleiches Crossing-over) werden Chromatiden, die keine Schwesterchromatiden sind, an homologen, aber nichtallelen Stellen gebrochen und wieder verbunden; dabei entstehen stets Deletionen und Sequenzverdoppelungen, so daß sich Längenabweichungen ergeben (Abb. 2.11). Bei ungleichem Crossing-over innerhalb eines Gens entstehen Fusionsgene, und damit nimmt die Sequenzvielfalt weiter zu. Ungleiches Crossing-over in Abschnitten zwischen den Genen kann dagegen zur Angleichung der Sequenzen an verschiedenen Loci führen.

Ungleiches Crossing-over kann sich zwischen nichtallelen Mitgliedern einer normalen Familie tandenfömig wiederholter DNA-Sequenzen abspielen; dann entsteht ein Polymorphismus durch die unterschiedliche Zahl der

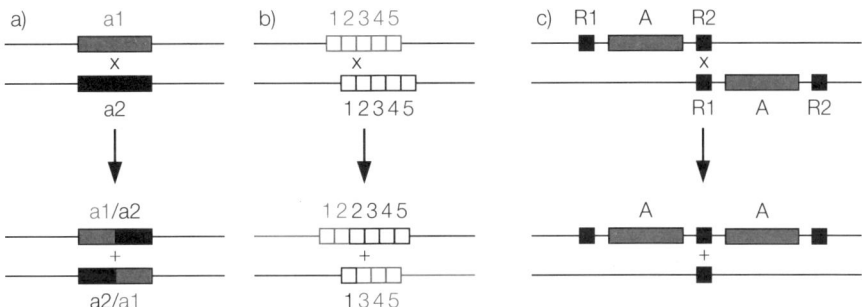

2.11 Entstehung von Sequenzabweichungen durch Rekombination zwischen Allelen (a), nichtallelen Tandemwiederholungen (b) und nichtallelen, verstreut liegenden Sequenzwiederholungen (c).

Tandemwiederholungen (*variable number of tandem repeats*, VNTR). Ein solcher VNTR-Polymorphismus ist stets durch Allele gekennzeichnet, deren Größe ein ganzzahliges Vielfaches der einfachen Wiederholungseinheit darstellt; derartiges hat man bei der herkömmlichen Satelliten-DNA beobachtet, wo es zu großen Unterschieden in der Heterochromatinmenge führen kann, sowie bei der Minisatelliten- und Mikrosatelliten-DNA. Auch bei manchen tandemförmig wiederholten Genfamilien und bei Tandemwiederholungen innerhalb von Genen gibt es Hinweise auf VNTR-Polymorphismen und Abweichungen in der Zahl der Genkopien beziehungsweise in der Genlänge (Tabelle 2.4). Im ersten Fall führt ungleiches Crossing-over, das innerhalb eines Gens stattfindet, zu Fusionsgenen mit 5′- und 3′-Sequenzelementen nichtalleler Gene. Bei der 21-Hydroxylase-/C4-Gengruppe (Abschnitt 5.3.1) ist der VNTR-Polymorphismus bekanntermaßen durch ungleiches Crossing-over entstanden, aber an anderen Loci ist er wahrscheinlich auf weitere Mechanismen zurückzuführen (Abschnitte 2.7.4 und 2.7.5).

Ungleiches Crossing-over diente auch als Erklärung für unterschiedliche Kopienzahlen von Genen und für die Entstehung von Fusionsgenen in vielen gehäuft liegenden Genfamilien, ohne die regelmäßigen Tandemwiederholungen des VNTR-Systems. Auch Längenunterschiede innerhalb von Genen hat man auf ungleiches Crossing-over und die dadurch entstehenden Deletionen und Sequenzverdoppelungen zurückgeführt, wenn regelmäßige Tandemwiederholungen fehlten. In diesen Fällen, so die Vorstellung, spielt sich das ungleiche Crossing-over zwischen Sequenzelementen ab, die nicht unmittelbar hintereinander liegen (Abb. 2.11). Zum Beispiel liegen die Endpunkte langer Deletionen und Sequenzverdoppelungen in nichtallelen *Alu*-Sequenzen, die mehrere Kilobasen voneinander entfernt sein können (Abschnitt 5.3.1). Solche Beobachtungen führten zu der Vermutung, daß *Alu*-

Tabelle 2.4: Unterschiede in der Kopienzahl bei menschlichen Genen und bei Wiederholungseinheiten innerhalb von Genen

Locus	Art der Wiederholung	Größe der Einheit	Kopienzahl	genetischer Mechanismus[a]
FMR-1 (geistige Behinderung beim Fragilen-X-Syndrom)	$(CCG)_n$, d.h. Polyarginin	3 bp	15–65 in normalen Chromosomen	SR + UEC/UESCE?
Androgen-rezeptorgen	$(CAG)_n$, d.h. Polyglutamin	3 bp	17–26	SR + UEC/UESCE?
Involucrin	in der Mitte Tandemwiederholungen von 10-Codon-Einheiten	30 bp	37–40	UEC? UESCE?
UbC (Ubiquitin)	Codierungseinheit für Polyubiquitin	218 bp	7–9	UEC (UESCE?)
CYP21/C4-Gengruppe	Gengruppe aus Tandemwiederholungen	30 kb (CYP21+C4)	1–4	UEC (UESCE?)
rDNA	Gengruppe aus Tandemwiederholungen	43 kb (28S + 5,8S + 18S)	?	UESCE (UEC?)
Amylase-Gengruppe	Gengruppe	100 kb (3 Gene)	1–3 (3–9 Gene)	UEC? UESCE?

[a] SR (*slippage replication*) = Verschiebung bei der Replikation; UEC (*unequal cross-over*) = ungleiches Crossing-over; UESCE (*unequal sister chromatid exchange*) = asymmetrischer Schwesterchromatidenaustausch.

Sequenzen ganz allgemein die Rekombination begünstigen. Bei der Evolution gehäuft liegender Genfamilien ereignete sich die anfängliche Genverdoppelung wahrscheinlich häufig durch ungleiches Crossing-over zwischen *Alu*-Wiederholungseinheiten oder anderen verstreut liegenden repetitiven Elementen [11].

2.7.3 DNA-Umordnungen in den Genen für Immunglobuline und T-Zell-Rezeptoren

Die Lymphocytenpopulation jedes einzelnen Menschen besitzt eine einzigartige Zusammenstellung von B-Zell-Immunglobulinen und T-Zell-Rezeptoren. Diese Vielfalt entsteht durch programmierte DNA-Umordnungen in den Chromosomen der betreffenden Zellen, durch die codierende DNA-Elemente jeweils in ganz bestimmten Kombinationen zusammengestellt werden. In der Keimbahn findet man bei den Genen, welche die schweren und leichten Ketten der Immunglobuline und T-Zell-Rezeptoren codieren, einen ungewöhnlichen Aufbau: Elemente, die einzelne, ähnliche Bestandteile (beispielsweise die variablen Regionen) der fertigen Polypeptidprodukte codieren, liegen gehäuft hintereinander. Wenn ein einzelner B- oder T-Lymphocyt heranreift, kommt es zwischen diesen Gengruppen zur somatischen Rekombination, so daß sich codierende Sequenzelemente in einer zellspezifischen Zufallskombination zusammenfinden.

Um zu gewährleisten, daß bestimmte Typen codierender Sequenzelemente zusammengefügt werden, sind wahrscheinlich mehrere Umordnungsvorgänge wirksam. An der Entstehung der leichten κ-Kette beispielsweise sind bekanntermaßen sowohl Deletionen als auch Inversionen von Abschnitten mit mehreren Megabasen beteiligt. So entstehen neue Kombinationen von Exons, die variable (V_κ) und konstante (C_κ) Regionen sowie die Verbindungsabschnitte (J_κ) codieren [12] (Abb. 2.12). Bei den schweren Ketten der

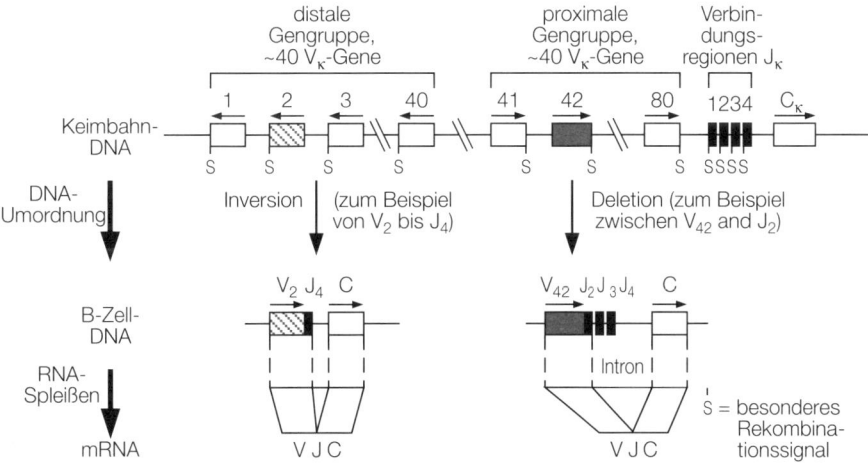

2.12 Durch Inversion oder Deletion werden die DNA-Abschnitte V und J zu funktionsfähigen Genen für die leichten Ketten von Immunglobulinen zusammengefügt.

Immunglobuline kommt die stadienspezifische Synthese der verschiedenen Immunglobulinklassen durch Umordnungsvorgänge zustande, an denen codierende Sequenzen für verschiedenartige konstante Regionen beteiligt sind (Klassenwechsel). Der Klassenwechsel geht auf den Sequenzaustausch innerhalb eines Chromatids zurück: Nichtallele Sequenzen werden in enge Nachbarschaft gebracht, wobei die dazwischenliegende DNA eine Schleife bildet [13]. Im Bereich der so gepaarten Sequenzen wird das Chromatid gespalten, und durch Wiederverbinden werden die jeweiligen Sequenzelemente zusammengefügt; die zwischen ihnen liegende DNA bildet einen Ring und wird später abgebaut (Abb. 2.13).

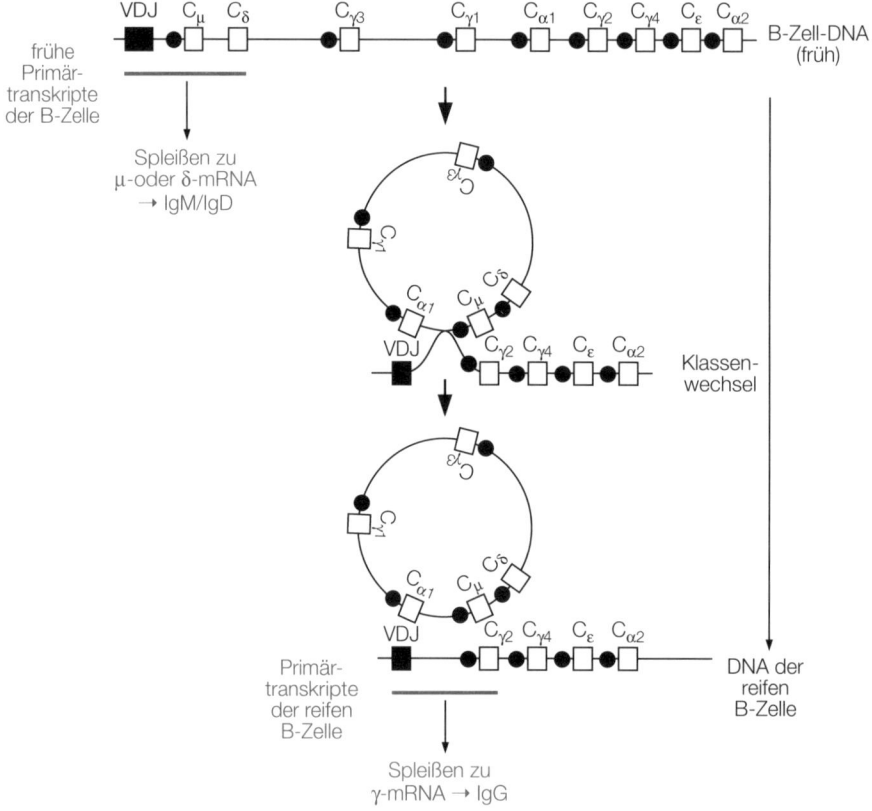

2.13 Der Klassenwechsel bei den schweren Ketten der Immunglobuline erfolgt durch Rekombination innerhalb des gleichen Chromatids.

2.7.4 DNA-Veränderungen durch asymmetrischen Schwesterchromatidenaustausch

Während bei der Rekombination stets Sequenzen zwischen Chromosomen ausgetauscht werden, kommt es beim Schwesterchromatidenaustausch, der ebenfalls in Meiose und Mitose stattfinden kann, zum Bruch und Wiederverbinden von Schwesterchromatiden innerhalb desselben Chromosoms. Homologer, symmetrischer Schwesterchromatidenaustausch findet zwischen gleichartigen Sequenzen der beiden Chromatiden statt und trägt deshalb nicht zur Sequenzveränderung bei. Durch asymmetrischen Schwesterchromatidenaustausch können jedoch VNTR-Polymorphismen sowie Unterschiede in der Kopienzahl tandemförmig wiederholter DNA und gehäuft liegender repetitiver Sequenzen entstehen (Abb. 2.14).

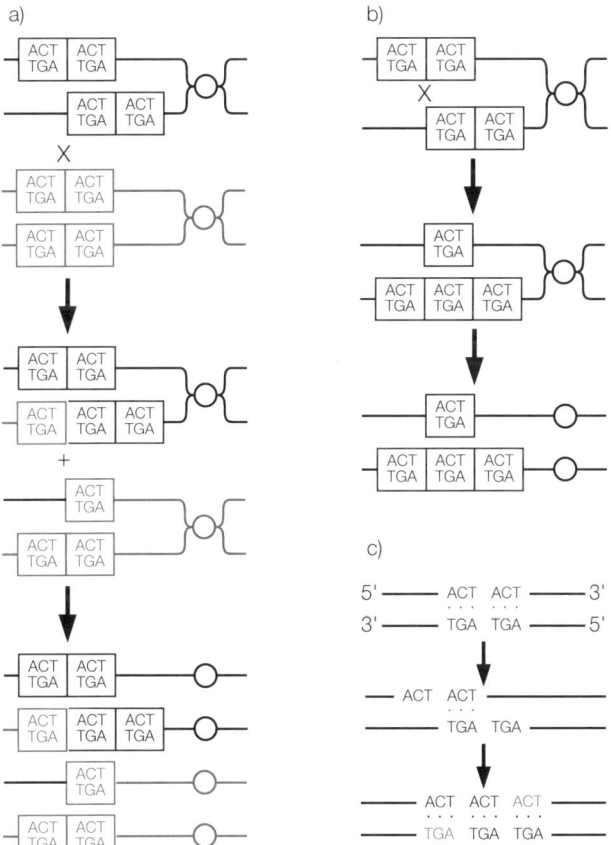

2.14 Die Entstehung von VNTR-Polymorphismen. a) Ungleiches Crossing-over. b) Asymmetrischer Schwesterchromatidenaustausch. c) Verschiebung bei der Replikation. ─○─ stellt das Centromer dar.

In der menschlichen Genfamilie für die rRNA scheint der asymmetrische Schwesterchromatidenaustausch wesentlich häufiger zu sein als das ungleiche Crossing-over zwischen Chromatiden, die keine Schwesterchromatiden sind. Auch der VNTR-Polymorphismus, der die sehr variablen Minisatellitensequenzen kennzeichnet, dürfte vor allem auf asymmetrischen Schwesterchromatidenaustausch innerhalb der Chromosomen zurückzuführen sein oder in manchen Fällen vielleicht auch auf Verschiebungen bei der Replikation.

2.7.5 DNA-Veränderungen durch Verschiebung bei der Replikation

Auch eine Verschiebung der Stränge bei der Replikation (*slippage replication* oder *slippage mispairing*) kann zum VNTR-Polymorphismus beitragen, weil die Länge natürlich entstandener Anordnungen von Tandemwiederholungen mit einfacher Sequenz (unter 10 bp) auf diese Weise zu- oder abnehmen kann. Anders als beim Schwesterchromatidenaustausch und beim ungleichen Crossing-over, wo es zur Fehlpaarung und anschließend zum Sequenzaustausch zwischen zwei getrennten Doppelsträngen kommen muß, findet die Fehlpaarung bei der *slippage replication* zwischen den beiden Strängen eines einzigen DNA-Moleküls statt (Abb. 2.14). Die spätere Längenzu- oder -abnahme der Tandemwiederholungen mit einfacher Sequenz kann aber auch hier durch ungleiches Crossing-over erfolgen.

Solche Fehlpaarungen kommen vermutlich nicht nur zwischen Tandemwiederholungen vor, sondern auch zwischen Wiederholungseinheiten, die nicht unmittelbar hintereinander liegen, und dann führen sie zu großen Deletionen oder Sequenzverdoppelungen; nach dieser Vorstellung könnten sie ein wichtiger Faktor für die Evolution von DNA-Sequenzen sein [14].

2.7.6 DNA-Veränderungen durch DNA-Amplifikation und saltatorische Replikation

In menschlichen Tumoren findet man häufig Hinweise auf DNA-Amplifikationsvorgänge, bei denen die Kopienzahl von Onkogenen (Abschnitt 5.4.2) ansteigt, manchmal bis auf das Tausendfache. Außerdem ist DNA-Amplifikation gewöhnlich die Ursache der Chemikalienresistenz, die man oft beobachtet, wenn menschliche Zellinien durch Behandlung mit Substanzen wie Methotrexat selektioniert werden. Den Mechanismus solcher Amplifikationsvorgänge kennt man nicht; eine Möglichkeit wären mehrere aufeinanderfolgende Crossing-over-Ereignisse. In normalen menschlichen Zellen ist die DNA-Amplifikation selten, aber bei Personen, die über längere Zeit giftigen Chemikalien ausgesetzt waren, hat man die *de novo*-Amplifikation bestimmter Gene beobachtet.

Die Satelliten-DNA-Sequenzen normaler Zellen machen nicht nur Längenveränderungen aufgrund ungleichen Crossing-overs durch, sondern sie werden wahrscheinlich auch in regelmäßigen Abständen durch einen nicht genauer bekannten Vorgang der saltatorischen Replikation amplifiziert. Die amplifizierte Einheit enthält dabei eine große Zahl der Tandem-Wiederholungseinheiten, die für die Satelliten-DNA charakteristisch sind. Eine dieser Einheiten enthält vielleicht durch eine Zufallsmutation eine kennzeichnende Restriktionsstelle; dann kann man man den größeren amplifizierten Abschnitt, der diese Wiederholungseinheit enthält, durch Restriktionskartierung als Wiederholungseinheit höherer Ordnung identifizieren (Abschnitt 1.8.1).

2.7.7 DNA-Veränderungen durch Transposition

Polymorphismen, die durch DNA-Transposition entstehen, sind nicht so umfangreich wie die ausgedehnten genetischen Abwandlungen, die sich in Bereichen mit Tandem-Sequenzwiederholungen abspielen. Man kennt beim Menschen ein Beispiel für einen DNA-Polymorphismus, der durch unmittelbare DNA-Übertragung zwischen Autosomen entsteht. In der großen Mehrzahl der Fälle erfolgt die DNA-Transposition jedoch offensichtlich über RNA-Zwischenstufen (Retroposition), und solche Vorgänge haben vermutlich auch zur Entstehung der weiterverarbeiteten Pseudogene geführt (Abb. 2.15). Hierher gehören unter anderem auch die aktiven Transpositionen eines kleinen Teiles der Sequenzen aus den verstreut liegenden, hochrepetitiven Familien *Alu* und *Kpn* (*L1*), die zur Entstehung genetisch bedingter Krankheiten beitragen können (Abschnitt 5.3.5). Insertionspolymorphismen, die durch ein vorhandenes beziehungsweise fehlendes mutmaßliches Transposon entstehen, hat man auch in mehreren anderen Fällen beobachtet. So ist zum Beispiel das weiterverarbeitete Dihydrofolatreductase-Pseudogen *DHFRP1* polymorph: Es kommt in der DNA des menschlichen Genoms manchmal vor (auf dem Chromosom 18), und manchmal fehlt es.

Genkopien, die durch Retroposition entstehen, besitzen keine Intronsequenzen, und ihnen fehlen auch wichtige Regulationsabschnitte am 5′-Ende, die bei dem ursprünglichen Gen vorhanden sind. Infolgedessen werden sie nicht transkribiert, es sei denn, sie werden an der Integrationsstelle der Transkriptionssteuerung einer anderen Sequenz unterworfen. Da kein Selektionsdruck ihre Funktion aufrecht erhält, verändert sich ihre Sequenz

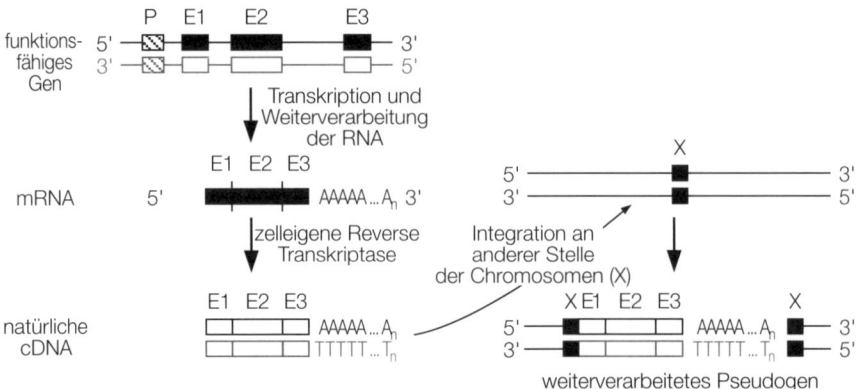

2.15 Die Entstehung eines weiterverarbeiteten Pseudogens durch DNA-Transposition über eine RNA-Zwischenstufe. P = Promotor; E1, E2 und E3 = codierende DNA-Sequenzen beziehungsweise Kopien davon.

schnell. Man kennt aber auch einige Gene ohne Introns, die alle Eigenschaften weiterverarbeiteter Pseudogene zeigen und dennoch eine aktive Funktion ausüben. So codiert zum Beispiel das Gen *PGK2* auf 19p, das keine Introns enthält, eine hodenspezifische Phosphoglyceratkinase aus 417 Aminosäuren [15]. Das Produkt von *PGK2* ist zu 87 Prozent homolog zu einer weiter verbreiteten Phosphoglyceratkinase, die in dem X-gekoppelten, intronhaltigen Gen *PGK1* codiert ist.

2.8 Sequenzveränderungen durch differentielle Transkription und RNA-Weiterverarbeitung

An vielen menschlichen Genen erkennt man Hinweise, daß unterschiedlich große RNA-Transkripte entstehen können, weil verschiedene Promotorsequenzen, Polyadenylierungsstellen oder Spleißsignale benutzt werden. Das menschliche Dystrophingen besitzt zum Beispiel zwei verschiedene Promotoren, die in unterschiedlichen Geweben aktiviert werden: Ein gehirnspezifischer Promotor aktiviert die Transkription an einer Stelle, die über 90 kb stromaufwärts von dem muskelspezifischen Promotor liegt (Abb. 2.16). Entsprechend ist das erste Exon der Dystrophin-mRNA in Gehirn und Muskel unterschiedlich, und das führt zu einer anderen N-terminalen Aminosäuresequenz. Außerdem gibt es bei vielen menschlichen Genen differentielles Spleißen; die dabei entstehenden mRNAs codieren Proteinisoformen, die

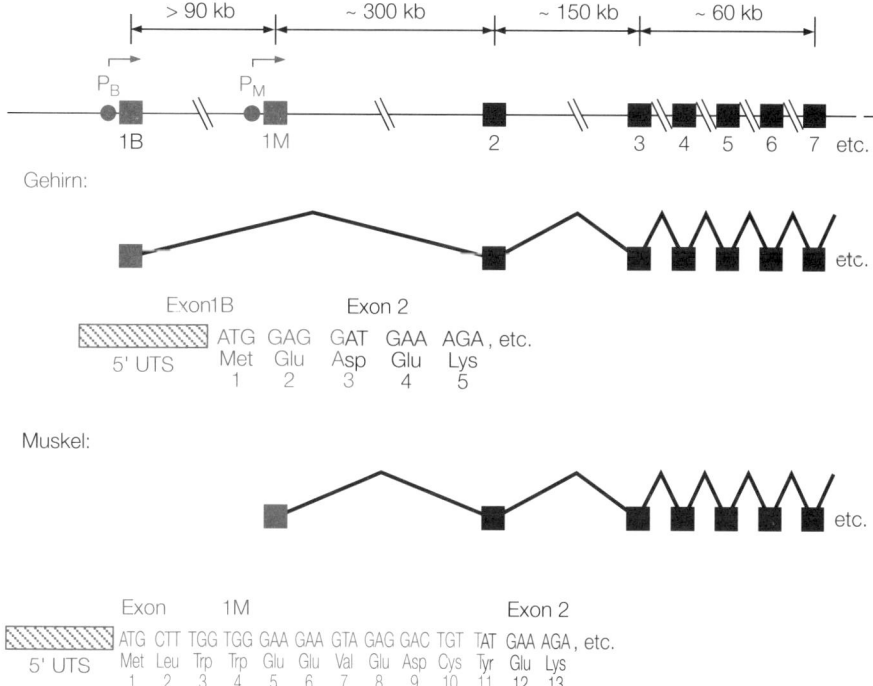

2.16 Das Dystrophingen wird in Gehirn und Muskeln von unterschiedlichen Promotoren aus transkribiert. P_B = gehirnspezifischer Promotor, P_M = muskelspezifischer Promotor.

zum Teil gewebespezifisch sind [16]. In manchen Fällen können auch gewebespezifische Produkte mit unterschiedlicher Funktion von einem einzigen Gen stammen. Durch alternatives Spleißen und alternative Polyadenylierung des Calcitoningens entsteht beispielsweise in der Schilddrüse das Calcitonin, ein Hormon, das für die Ca^{2+}-Homöostase sorgt, und im Hypothalamus das calcitoningenverwandte Peptid (CGRP, *calcitonin gene-related peptide*), das vermutlich neuromodulatorisch und trophisch wirkt (Abb. 2.17). Alternatives Spleißen kann auch die räumliche Verteilung von Proteinen regulieren, indem es lösliche Formen von Membranproteinen entstehen läßt; das gilt beispielsweise für viele Mitglieder der Immunglobulin-Überfamilie, unter anderem für die HLA-Gene der Klasse I und II sowie für die IgM-Gene und das CD8-Gen.

Beim Gen für das ApoB-Lipoprotein kennt man außerdem eine einzigartige Form des Redigierens von RNA (*RNA editing*). In der Leber codiert das Gen ein mRNA-Transkript von 14,1 kb und ein Proteinprodukt von 4536 Aminosäuren mit der Bezeichnung ApoB100. Im Darm dagegen codiert das

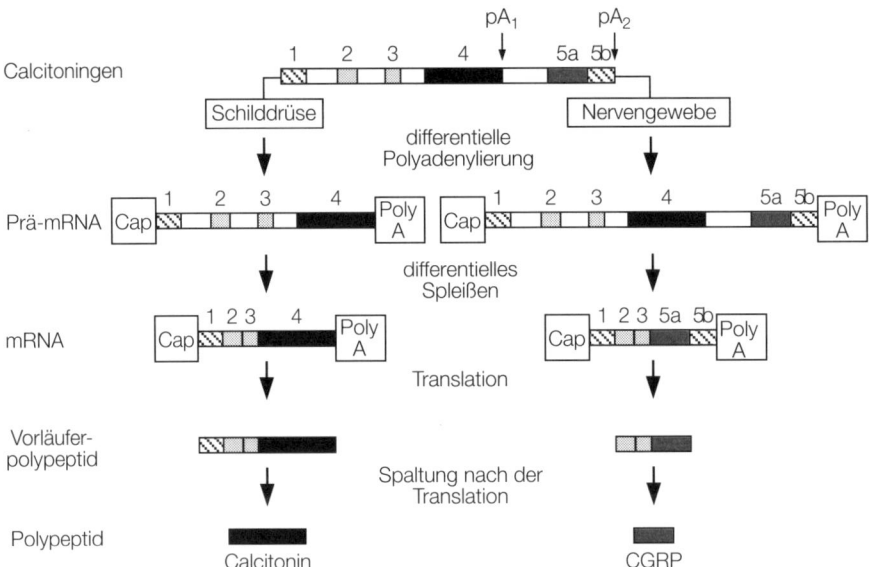

2.17 Durch differentielle Weiterverarbeitung der RNA entstehen gewebespezifische Produkte des Calcitoningens. pA1, pA2 = alternative Polyadenylierungsstellen. Schwarze und rote Kästen = codierende DNA. Weiße Kästen = Introns. Schraffierte Kästen = nicht translatierte Sequenzen.

gleiche Gen eine mRNA von 7 kb mit einem vorzeitigen Stopcodon, das im Gen nicht enthalten ist; das zugehörige Protein heißt ApoB48 und stimmt in seiner Sequenz mit den ersten 2 152 Aminosäuren von ApoB100 überein [17]. Das vorzeitige Stopcodon entsteht in der mRNA des Darms durch den Austausch eines einzigen C gegen ein U in der Nucleotidposition 6 666.

Zitierte Literatur

1. Yang, D. Y. et al. In: *Proc. Natl. Acad, Sci. USA* 82 (1985) S. 4443.
2. Cann, R. L. et al. In: *Nature* 325 (1987) S. 31.
3. Comings, D. E. In: *Nature* 238 (1972) S. 455.
4. Sinclair, A. H. et al. In: *Nature* 346 (1990) S. 240.
5. Oakey, R.; Tyler-Smith, C. In: *Genomics* 7 (1990) S. 325.
6. Brown, C. J. et al. In: *Nature* 349 (1991) S. 38.
7. Blake, C. C. F. In: *Int. Rev, Cytol.* 93 (1985) S. 149.
8. Bird, A. P. In: *Nature* 321 (1986) S. 209.
9. Cooper, D. N. et al. In: *Hum. Genet.* 69 (1985) S. 201.

10. Savatier, P. et al. In: *J. Mol. Biol.* 182 (1985) S. 21.

11. Kudo, S.; Fukuda, M. In: *Proc. Natl. Acad. Sci. USA* 86 (1989) S. 4619.

12. Weichhold, G. M. et al. In: *Nature* 347 (1990) S. 90.

13. von Schwedler, U. et al. In: *Nature* 345 (1990) S. 452.

14. Levinson, G.; Gutmann, G. A. In: *Mol. Biol. Evol.* 4 (1987) S. 203.

15. McCarrey, J. R.; Thomas, K. In: *Nature* 362 (1987) S. 501.

16. Smith, C. W. J. et al. In: *Ann. Rev. Genet.* 23 (1989) S. 527.

17. Powell, L. M. et al. In: *Cell* 50 (1987) S. 831.

Weiterführende Literatur

Darnell, J.; Lodish, H.; Baltimore, D. *Molekulare Zellbiologie.* Berlin (de Gruyter) 1993.

Lewin, B. *Gene.* 2. Aufl. Weinheim (VCH) 1991.

Li, W.-H.; Graur, D. *Fundamentals of Molecular Evolution.* Sunderland, Mass. (Sinauer) 1991.

3. Die Analyse menschlicher DNA

Da das Genom des Menschen so komplex ist, stellt ein einzelnes Gen oder DNA-Fragment, für das man sich interessiert, im Normalfall nur einen winzigen Anteil der gesamten DNA einer Zelle dar; das β-Globin-Gen hat beispielsweise am Gesamtgenom einen Anteil von 0,00005 Prozent. Zur Untersuchung einzelner DNA-Abschnitte gibt es zwei wichtige Verfahren.

Selektive Vermehrung (Klonierung) des jeweils gewünschten DNA-Fragments.   Diese kann *in vivo* oder *in vitro* durchgeführt werden. Bei der *in vivo*-Vermehrung trennt man ein komplexes Gemisch aus DNA-Fragmenten auf, indem man die einzelnen Fragmente in Empfängerzellen (oft Bakterien- oder Hefezellen) bringt und dann für die selektive Vermehrung derjenigen Zellen sorgt, die den gewünschten DNA-Abschnitt enthalten. Das ist das herkömmliche Verfahren der DNA-Klonierung. Bei der *in vitro*-Vermehrung wendet man die Polymerasekettenreaktion an, eine zellfreie Methode der DNA-Klonierung (Abschnitt 3.3).

Spezifischer Nachweis des gesuchten DNA-Fragments.   Dies kann erreicht werden, wenn man zuvor bereits ein anderes Fragment von dem gleichen Locus isoliert und gereinigt hat, beispielsweise durch die gerade beschriebenen Vermehrungsmethoden. Das gereinigte DNA-Fragment muß eine gewisse Sequenzhomologie mit dem Abschnitt besitzen, den man untersuchen möchte; dann kann man es markieren und als Sonde einsetzen, um das gewünschte Fragment in einem komplexen Gemisch von DNA-Abschnitten (beispielsweise der gesamten DNA des Genoms) nachzuweisen.

3.1 Herkunft und Wirkungsweise der DNA-Sonden

Als DNA-Sonde kann jedes Stück DNA dienen, das auf irgendeine Weise markiert wurde und in einem Hybridisierungsexperiment (Abschnitt 3.1.4) zum Nachweis anderer, sehr ähnlicher DNA- oder RNA-Sequenzen benutzt wird. Man kann DNA-Sonden zunächst als einzel- oder doppelsträngige Moleküle herstellen, aber damit sie als Sonde wirken, müssen sie als Einzelstrang vorliegen. Doppelsträngige Sonden muß man deshalb vor Gebrauch denaturieren. Normalerweise wird die DNA zu diesem Zweck erhitzt; bei hoher Temperatur lösen sich die schwachen Wasserstoffbrücken zwischen den komplementären Basen auf, so daß die Stränge sich trennen. Ist die gesuchte Sequenz ursprünglich doppelsträngig, muß man sie vor der Hybridisierung ebenfalls denaturieren.

Man verwendet im wesentlichen zwei Typen von DNA-Sonden:

a) Herkömmliche DNA-Sonden werden durch DNA-Klonierung isoliert; ihre Größe kann zwischen 0,1 und 45 kb liegen, und meist (allerdings nicht immer) handelt es sich ursprünglich um Doppelstränge.

b) Oligonucleotidsonden sind kurze (im typischen Fall 15 bis 50 Nucleotide), einzelsträngige DNA-Stücke, die man chemisch synthetisiert hat (Abschnitt 3.1.2).

3.1.1 Zellabhängige DNA-Klonierung

Diese Methode wird in zwei Variationen oft angewendet, je nachdem, welche DNA das Ausgangsmaterial bildet.

a) Klonierung genomischer DNA. Die DNA, die man klonieren möchte, erhält man durch Spaltung großer DNA-Moleküle aus dem Genom in Stücke handhabbarer Größe (meist zwischen 0,1 und 45 kb). Gewöhnlich schneidet man die DNA des Genoms zu diesem Zweck mit einer spezifischen Restriktionsendonuclease (Abschnitt 3.2.1).

b) cDNA-Klonierung. Bei dieser Methode kloniert man DNA-Kopien von mRNA: Die isolierte mRNA dient als Matrize, an der das Enzym Reverse Transkriptase zunächst einen 0,1 bis 10 kb langen, komplementären DNA-Einzelstrang synthetisiert. Diese einzelsträngige DNA wird dann für die Klonierung in die doppelsträngige Form überführt.

Die DNA-Moleküle, die man klonieren möchte, werden in einem als Ligation bezeichneten Vorgang kovalent mit besonderen Klonierungsvektoren verbunden, DNA-Molekülen, die sich in Zellen vermehren können. Klonierungsvektoren sind häufig abgewandelte Plasmide (kleine, ringförmige DNA-Doppelstränge, die in Bakterienzellen vorkommen und sich unabhängig von der Hauptmenge der DNA replizieren) oder abgewandelte Bakteriophagen. Mit den Produkten der Ligationsreaktion, unter denen sich auch die rekombinierten Moleküle aus Vektor und menschlicher DNA befinden, transformiert man dann Zellen. Das sind meist Bakterien wie *E.coli*, die man zuvor so behandelt hat, daß ein Teil von ihnen kompetent ist, das heißt, sie können fremde DNA aus der Umgebung aufnehmen. Nur ein kleiner Anteil der Zellen nimmt die menschliche DNA auf, aber normalerweise erhalten diejenigen, bei denen das geschieht, jeweils nur ein einziges Molekül. Das ist der entscheidende Trennungsvorgang bei der DNA-Klonierung in Zellen: Man kann sich die Zellpopulation als Sortiereinrichtung vorstellen, in der einzelne DNA-Moleküle aus einem komplexen Gemisch in getrennten Empfängerzellen abgelegt werden.

Nun wartet man ab, bis sich die transformierten Zellen vermehren; plasmidhaltige Bakterien bilden dabei Kolonien, die jeweils aus einem Klon mit den gleichartigen Nachkommen einer einzigen Zelle bestehen. Jetzt kann man mit verschiedenen Selektionsmethoden diejenigen Kolonien heraussuchen, die rekombinierte DNA enthalten. Eine so entstandene Sammlung von Zellklonen mit rekombinierten DNA-Molekülen bezeichnet man als DNA-Bibliothek. Genomische DNA-Bibliotheken enthalten im wesentlichen immer die gleichen klonierten DNA-Fragmente, unabhängig davon, aus welchem Gewebe die DNA ursprünglich stammte. Bei cDNA-(komplementäre DNA)Bibliotheken dagegen wird das Spektrum der vertretenen Klone entscheidend vom Ausgangsgewebe bestimmt, weil die einzelnen Gewebe- und Zelltypen unterschiedlich zusammengesetzte mRNA-Populationen enthalten.

Die Bakterienkolonien kann man trennen, indem man die Zellpopulation auf einer Agarplatte ausstreicht. Die selektionierten Kolonien kann man dann in großvolumigen Kulturen weiter vermehren und so eine einzelne DNA-Sequenz des Menschen, verbunden mit einem Vektormolekül, in sehr reiner Form herstellen. In den meisten Fällen enthalten solche Klone anonyme DNA, das heißt, es handelt sich um nicht identifizierte Sequenzen der menschlichen DNA. Man kann eine DNA-Bibliothek jedoch auf bestimmte Sequenzen hin untersuchen, wenn man zuvor schon Erkenntnisse über diese Sequenz besitzt, die ihre Identifizierung ermöglichen.

3.1.2 Oligonucleotidsynthese

Zur Herstellung von Oligonucleotidsonden fügt man an ein Starter-Mononucleotid (gewöhnlich das Nucleotid am 3'-Ende), das an eine feste Matrix gebunden ist, nacheinander weitere Mononucleotide an. Im allgemeinen entwirft man die Sequenz einer solchen Oligonucleotidsonde nach den Kenntnissen, die man bereits über die gesuchte DNA besitzt. Manchmal verwendet man jedoch auch Sonden mit degenerierter Sequenz: Man synthetisiert einen ganzen Satz von Oligonucleotiden, die an einigen Nucleotidpositionen übereinstimmen und sich an anderen unterscheiden.

3.1.3 Markierung von DNA-Sonden

Damit eine DNA-Sequenz als Sonde dienen kann, muß man sie markieren. Bei herkömmlichen DNA-Sonden tut man das durch *in vitro*-Synthese: Einzelstränge der Sonde dienen als Matrizen, an denen DNA-Polymerase aus den vier Desoxynucleotiden (dATP, dCTP, dGTP und dTTP) die Komplementärstränge aufbaut, wobei mindestens eines der Nucleotide eine besondere, markierte Gruppe trägt. Zur Markierung von Oligonucleotidsonden fügt man an das eine Ende des Moleküls enzymatisch markierte Nucleotide an (Endmarkierung). Herkömmlicherweise handelt es sich bei den Markierungen um Radioisotope wie ^{32}P, ^{35}S oder ^{3}H, die man durch den Kontakt mit einem Röntgenfilm nachweisen kann (Autoradiographie). In jüngerer Zeit verwendet man auch nichtradioaktive Markierungen, bei denen ein abgewandeltes Molekül (meist Biotin) an den Nucleotidvorläufer gebunden wird. Zum Nachweis der Sonde dient dann ein Protein wie beispielsweise Avidin, das die Markierungsgruppe bindet und sich in einem fluorimetrischen, colorimetrischen oder enzymatischen Verfahren erfassen läßt.

3.1.4 Molekulare Hybridisierung

Zur molekularen Hybridisierung mischt man die einzelsträngige DNA (oder RNA) der markierten Sonde mit der zu untersuchenden DNA- (oder RNA-) Probe, damit komplementäre Stränge sich zusammenlagern können. Die Sonde umfaßt dabei meist nur eine kurze Sequenz, während die zu untersuchende DNA ein Gemisch vieler Sequenzen ist. Mit der Methode verfolgt man also das Ziel, in der zu untersuchenden DNA diejenigen DNA-Fragmente nachzuweisen, die in ihrer Sequenz der Sonde ähneln oder gleichen. Sind solche Fragmente in dem Gemisch vorhanden, bilden sich Hybridmoleküle zwischen den Einzelsträngen der Sonde und der untersuchten DNA (Abb. 3.1). Solche Hybridmoleküle sind thermodynamisch um so stabiler, je größer der Anteil komplementärer Basen ist (Abschnitt 1.1).

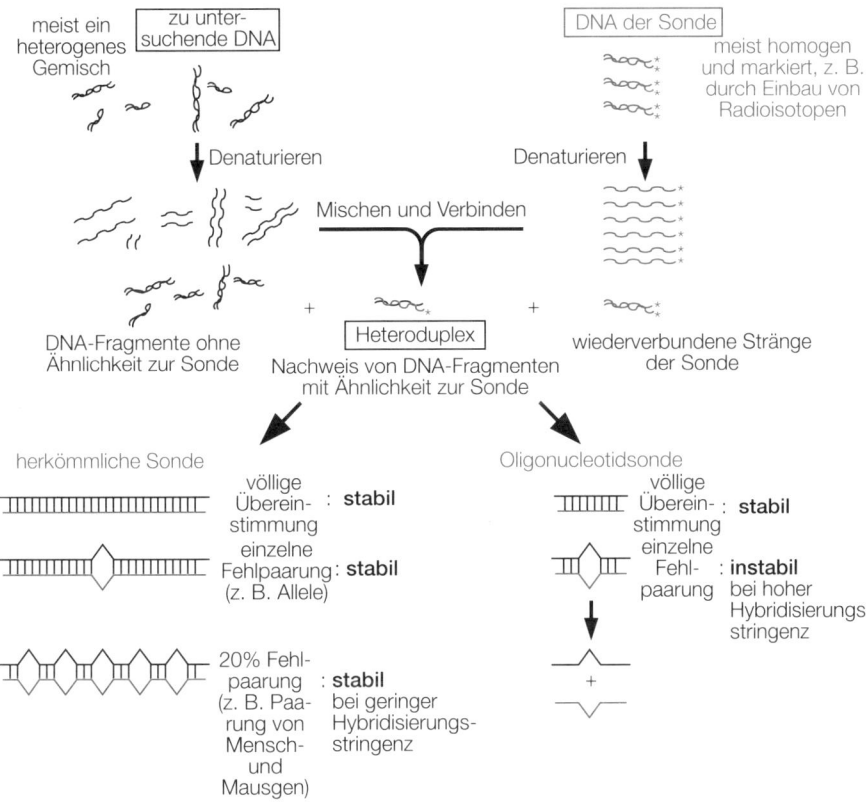

3.1 Eine DNA-Hybridisierungsreaktion.

Normalerweise setzt man die zu untersuchende DNA in größerer Menge zu als die Sonde, damit sich die Hybridmoleküle möglichst zwischen Sequenzen des Gemisches und der Sonde bilden. Heteroduplices (das heißt Moleküle mit nur teilweise komplementärer Sequenz) sind zwar nicht so stabil wie Homoduplices mit perfekt gepaarten Basen, aber wenn der gesamte komplementäre Abschnitt lang ist (über 100 bp), werden Fehlpaarungen in beträchtlichem Umfang toleriert. Steigert man die NaCl-Konzentration in dem Reaktionsgemisch, sinkt die Stringenz der Hybridisierung, so daß die Heteroduplices trotz der Fehlpaarungen stabilisiert werden. Erhöht man dagegen umgekehrt die Temperatur, bei der die Zusammenlagerung der Einzelstränge stattfindet, so steigt die Stringenz der Reaktion, und die Trennung (Denaturierung oder „Schmelzen") der Heteroduplices wird begünstigt. Ist der komplementäre Abschnitt kurz, beispielsweise bei Oligonucleotidsonden (meist 15 bis 20 Nucleotide), so kann man die Reaktionsbedingungen bei der Hybridisierung so wählen, daß die Heteroduplex schon durch eine einzige Fehlpaarung instabil wird (Abb. 3.1).

3.1.5 Southern-Blot-Hybridisierung

Bei diesem Verfahren wird die zu untersuchende DNA mit einer oder mehreren Restriktionsendonucleasen behandelt, durch Agarosegelelektrophorese nach der Größe aufgetrennt, denaturiert und zur Hybridisierung auf eine Nitrocellulose- oder Nylonmembran übertragen (Abb. 3.2). Bei der Elektrophorese werden die DNA-Fragmente, die wegen der Phosphatgruppen negativ geladen sind, von der Kathode abgestoßen und von der Anode angezogen, wobei das poröse Gel als Molekularsieb wirkt. Kleinere DNA-Fragmente wandern schneller. Für Fragmente mit einer Länge zwischen 0,1 und 20 kb hängt die Wanderungsgeschwindigkeit fast nur von der Fragmentlänge und kaum von der Basenzusammensetzung ab: Fragmente in diesem Größenbereich werden also nach der Länge getrennt. Im Anschluß an die Elektrophorese werden die DNA-Fragmente durch Alkalibehandlung denaturiert.

Agarosegele sind sehr empfindlich, und außerdem kann die DNA innerhalb des Gels diffundieren; deshalb überträgt man die denaturierten Fragmente gewöhnlich auf eine widerstandsfähige Nitrocellulose- oder Nylonmembran, an die sich die Einzelstränge leicht anheften. Auf diese Weise werden die DNA-Fragmente auf der Membran immobilisiert, und zwar genau in den Positionen, die sie nach der Größentrennung im Agarosegel erreicht hatten. Anschließend läßt man die immobilisierten, einzelsträngigen DNA-Sequenzen mit der ebenfalls einzelsträngigen, markierten DNA-Sonde hybridisieren. Die Sonde heftet sich nur an ähnliche Sequenzen in der zu untersuchenden DNA, und anhand ihrer Lage auf der Membran kann man auf die Größe des betreffenden Fragments im ursprünglichen Gel schließen. Als Northern-Blot-Hybridisierung bezeichnet man eine Abwandlung dieses Verfahrens, bei der nicht DNA, sondern RNA das Untersuchungsmaterial ist.

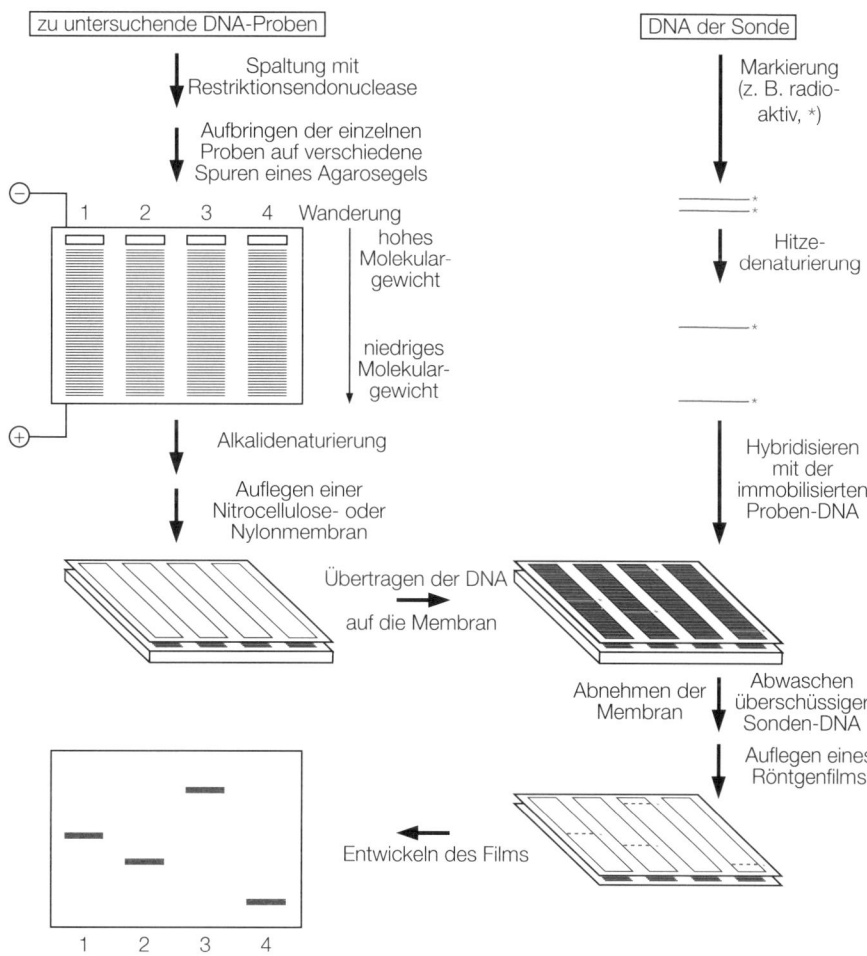

3.2 Die Southern-Blot-Hybridisierung.

3.1.6 Punkt-Blot-Hybridisierung

Bei dieser Methode wird die DNA oder RNA ohne vorherige Größenfraktionierung auf einer Membran immobilisiert. Man tropft einfach eine wäßrige Lösung der denaturierten DNA, die man untersuchen möchte (zum Beispiel die gesamte DNA des Genoms) auf eine Nitrocellulose- oder Nylonmembran, an die sich die DNA dann anheften kann.

3.2 Untersuchung kleiner DNA-Abschnitte mit DNA-Sonden

Durch Hybridisierungsstudien mit herkömmlichen DNA-Sonden konnte man hochauflösende Restriktionskarten bestimmter Genloci erstellen und dort verschiedenartige Polymorphismen nachweisen.

3.2.1 Restriktionskartierung

In diesem sehr verbreiteten Verfahren schneidet man ein Stück DNA mit einer oder mehreren bakteriellen Restriktionsendonucleasen und trennt die dabei entstehenden Fragmente durch Agarosegelelektrophorese nach der Größe auf. Man verwendet dazu die Restriktionsendonucleasen des Typs II, die in DNA-Doppelsträngen spezifisch bestimmte kurze Sequenzen erkennen und das Molekül dann innerhalb dieser Erkennungsstelle oder in ihrer Nähe schneiden. Eine solche Erkennungsstelle, auch Restriktionsschnittstelle genannt, ist eine kurze, doppelsträngige DNA-Sequenz, meist aus vier bis acht Basenpaaren und gewöhnlich mit Palindromstruktur, das heißt, die Sequenz der Basen innerhalb der Erkennungsstelle ist auf beiden Strängen, in $5' \rightarrow 3'$-Richtung gelesen, die gleiche. Da G und C im menschlichen Genom ganz allgemein seltener vorkommen und da insbesondere CpG-Dinucleotide auffällig selten sind, findet man auch GC-reiche Restriktionsstellen nicht so oft, wie man es eigentlich erwarten würde (Tabelle 3.1).

Wenn man die räumlichen Beziehungen zwischen den einzelnen Restriktionsfragmenten ermitteln will, sind insbesondere Doppelspaltungen mit zwei Enzymen und partielle Spaltungen, bei denen aufgrund der Reaktionsbedingungen nicht jede Erkennungsstelle geschnitten wird, höchst hilfreiche Kunstgriffe. Auf der Grundlage der so gewonnenen Informationen kann man eine Restriktionskarte aufstellen, in der die Reihenfolge und Abstände der Erkennungsstellen für mehrere Restriktionsendonucleasen eingetragen sind. Zeigen die Restriktionskarten zweier unabhängig gewonnener menschlicher DNA-Fragmente umfangreiche Übereinstimmungen, dann handelt es sich höchstwahrscheinlich um überlappende Abschnitte oder um eng verwandte Mitglieder einer Familie repetitiver Sequenzen.

Tabelle 3.1: Restriktionsendonucleasen

Enzym	Quelle	geschnittene Sequenz	erwartete durchschnittliche Fragmentgröße bei menschlicher DNA (kb)[a]
*Alu*I	*Arthrobacter luteus*	AGCT	0,3
*Hae*III	*Haemophilus aegyptus*	GGCC	0,6
*Taq*I	*Thermus aquaticus*	T<u>CG</u>A	1,4
*Hpa*I	*Haemophilus parainfluenzae*	C<u>CG</u>G	3,1
*Mnl*I	*Moraxella nonliquefaciens*	CCTC/GAGG	
*Hind*III	*Haemophilus influenzae* Rd	AAGCTT	3,1
*Eco*RI	*Escherichia coli* (R-Faktor)	GAATTC	3,1
*Bam*HI	*Bacillus amyloliquefaciens* H	GGATCC	7
*Pst*I	*Providencia stuartii*	CTGCAG	7
*Mst*I	*Microcoleus* species	CCTNAGG[c]	7
*Sma*I	*Serratia marescens*	CC<u>CG</u>GG	78
*Eag*I	*Enterobacter agglomerans*	<u>CG</u>GC<u>CG</u>	390[b]
*Sac*I	*Streptomyces achromogenes*	CC<u>GCGC</u>	390[b]
*Bss*HII	*Bacillus stearothermophilus*	G<u>CGCGC</u>	390[b]
*Not*I	*Nocardia otitidis-caviarum*	G<u>CG</u>GC<u>CG</u>C	9 766[b]

[a] Bei Annahme von 40% G+C und einer CpG-Häufigkeit von 20% des erwarteten Wertes.
[b] Die beobachteten Durchschnittsgrößen liegen offenbar niedriger: bei 100 bis 200 kb für *Eag*I, *Sac*I, *Bss*HII und bei 1 000 bis 1 500 kb für *Not*I.
[c] N = A, C, G oder T.

3.2.2 Unmittelbarer Nachweis pathologischer Punktmutationen durch Restriktionskartierung

Wenn man ein bestimmtes Gen kloniert hat, kann man es als Sonde einsetzen und so Anomalien in dem gleichen Gen jedes anderen Menschen aufspüren. Manchmal geht durch eine pathologische Punktmutation eine Erkennungsstelle für eine bestimmte Restriktionsendonuclease verloren (oder eine solche Stelle entsteht neu). In solchen Fällen kann man zwischen dem normalen und dem krankheitsauslösenden Allel unterscheiden, indem man Proben der DNA aus dem Genom mit der betreffenden Restriktionsendonuclease spaltet und mit einer Sonde die unterschiedlich großen Fragmente nachweist, die für das normale und pathologische Allel charakteristisch sind. Die Sichelzellanämie entsteht beispielsweise durch eine einzige Punktmutation, bei der im Codon 6 des β-Globin-Gens ein A gegen ein T ausgetauscht ist; dadurch steht statt des Codons G<u>A</u>G, das Glutaminsäure signalisiert, nun das Codon G<u>T</u>G, das Valin bedeutet. Zufällig verschwindet durch diese Abweichung auch eine Erkennungsstelle für das Restriktionsenzym *Mst*II (CCTGAGG), die vom Codon 5 bis zum Codon 7 reicht; diese Sequenz ist zu CCTG<u>T</u>GG verändert, die von *Mst*II nicht erkannt wird. (Allgemein lautet die Erkennungssequenz für dieses Enzym CCTN<u>A</u>GG, wobei N jedes der vier Nucleotide sein kann.) Die nächsten benachbarten *Mst*II-Erkennungsstellen (eine CCTTAGG-Sequenz 1,2 kb stromaufwärts in der flankierenden Region am 5′-Ende und eine CCTTAGG-Stelle 0,2 kb stromabwärts am 3′-Ende des ersten Introns) sind dagegen nach wie vor vorhanden. Infolgedessen kann man durch Spaltung der DNA mit *Mst*II zwischen dem normalen Allel für β^A-Globin des Erwachsenen (*zwei Mst*II-Fragmente von 0,2 und 1,2 kb) von dem Sichelzellallel (ein *Mst*II-Fragment von 1,4 kb) unterscheiden. Hybridisiert man also eine Sonde aus β-Globin-DNA mit einem Southern Blot der mit *Mst*II gespaltenen DNA aus dem Genom, so kann man die Sichelzellmutation unmittelbar nachweisen und normale Homozygote ($\beta^A\beta^A$), heterozygote Merkmalsträger ($\beta^A\beta^S$) und Sichelzellpatienten ($\beta^S\beta^S$) unterscheiden (Abb. 3.3).

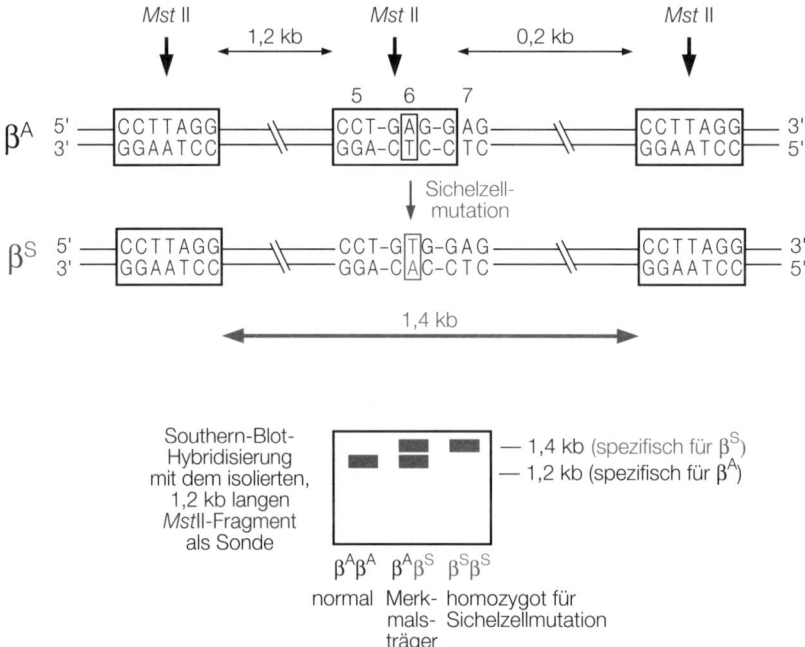

3.3 Die Sichelzellmutation läßt eine *Mst*II-Erkennungsstelle verschwinden, so daß ein krankheitsspezifisches Restriktionsfragment entsteht.

3.2.3 Nachweis herkömmlicher RFLPs

Wie in Kapitel 2 genauer erläutert wurde, sind Mutationen in ihrer großen Mehrzahl nicht mit Krankheiten gekoppelt, sondern es handelt sich oft um neutrale Mutationen in nichtcodierenden DNA-Sequenzen. Man kennt jedoch für die Restriktionsendonucleasen des Typs II zahlreiche Erkennungsstellen, und deshalb sind auch viele durch Punktmutationen entstandene Polymorphismen (Abschnitt 2.6) durch Allele gekennzeichnet, die eine Erkennungsstelle für eine bestimmte Restriktionsendonuclease entweder besitzen oder nicht, das heißt, sie weisen einen Restriktionsstellen-Polymorphismus (RSP) auf. Bei RSPs lassen sich normalerweise zwei Allele nachweisen, eines mit der Restriktionsstelle und eines ohne sie. In einem Verfahren analog zu dem, das im vorangegangenen Abschnitt beschrieben wurde, kann man auch RSPs nachweisen: Man spaltet die DNA des Genoms mit der betreffenden Restriktionsendonuclease und sucht nach denjenigen Fragmenten, deren Länge für die beiden Allele charakteristisch ist (Restriktionsfragment-Längenpolymorphismus oder RFLP, Abb. 3.4).

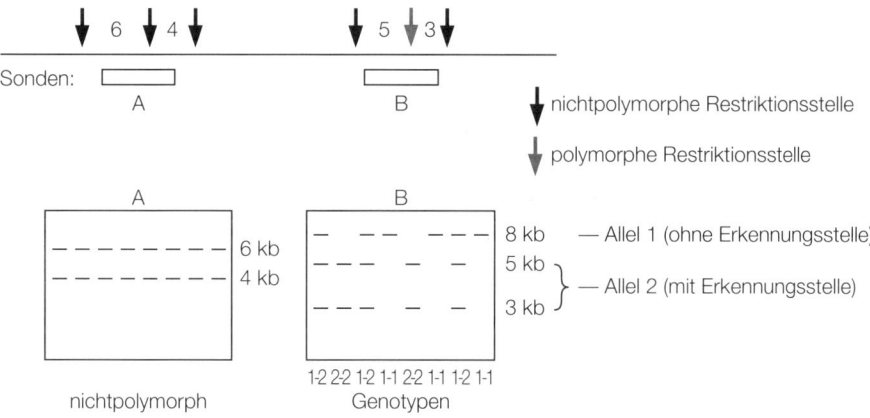

3.4 Der Nachweis herkömmlicher, auf RSPs beruhender RFLPs.

3.2.4 Nachweis von Punktmutationen mit allelspezifischen Oligonucleotidsonden

Auch eine Punktmutation, die keine Restriktionsstelle beeinflußt, läßt sich nachweisen, und zwar mit allelspezifischen Oligonucleotid-(ASO-)Sonden. Eine solche Sonde ist im typischen Fall 15 bis 20 Nucleotide lang, und die

Hybridisierungsbedingungen bei ihrer Verwendung wählt man so, daß sich nur bei vollständig komplementärer Basensequenz ein Doppelstrang zwischen Sonde und untersuchter DNA bildet. Dann reicht eine einzige Fehlpaarung aus, damit die Heteroduplex auseinanderfällt (Abb. 3.1). Mit entsprechend gestalteten Oligonucleotidsonden kann man also Allele eines Gens auseinanderhalten, die sich nur an einer einzigen Nucleotidposition unterscheiden (Abb. 3.5). Man kann allelspezifische Oligonucleotidsonden in der herkömmlichen Southern-Blot-Hybridisierung verwenden, geeigneter ist jedoch die Punkt-Blot-Hybridisierung.

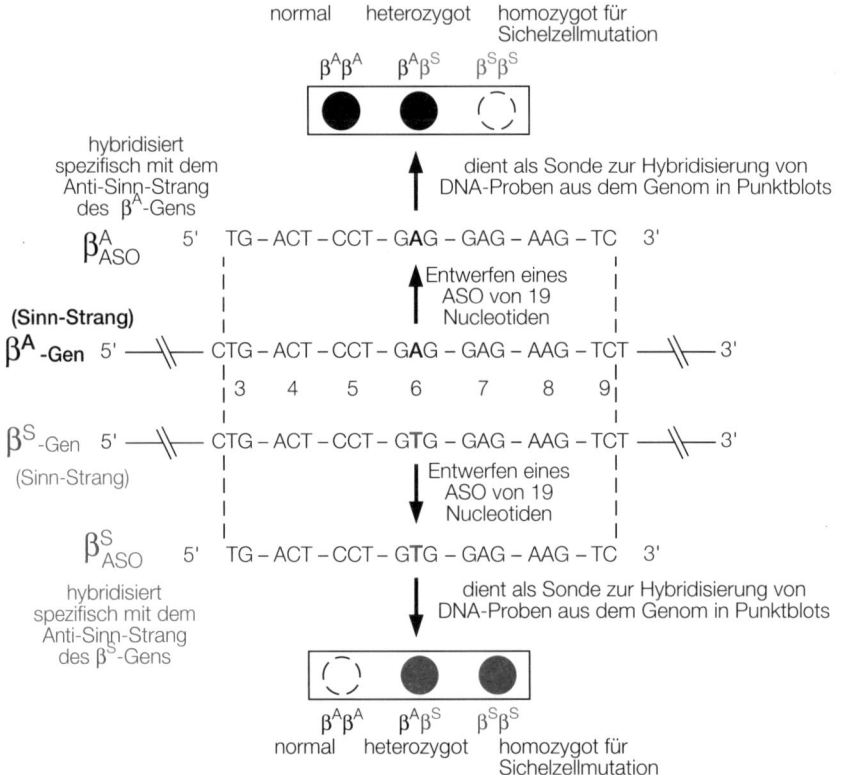

3.5 Der Nachweis der Sichelzellmutation durch Punkt-Blot-Hybridisierung mit einer allelspezifischen Oligonucleotid-(ASO-)Sonde.

3.2.5 RFLPs auf der Grundlage von VNTRs und DNA-Fingerabdrücke

Mit DNA-Sonden kann man in der DNA des Menschen auch VNTR-Poly-morphismen aufspüren (Abschnitt 2.7.2), indem man die von den VNTRs verursachten RFLPs nachweist. Man schneidet die DNA des Genoms mit einer Restriktionsendonuclease, welche die noch vorhandenen Restriktions-stellen beiderseits eines VNTR-Locus erkennt; auf diese Weise entstehen allele Fragmente, die sich in ihrer Länge um ganzzahlige Vielfache der Wiederholungseinheit unterscheiden. Nachweisen lassen sich die so entste-henden RFLPs in der Southern-Blot-Hybridisierung mit einer geeigneten, für den jeweiligen Locus spezifischen Sonde, die oft aus einem DNA-Abschnitt neben der VNTR-Wiederholung stammt (Abb. 3.6).

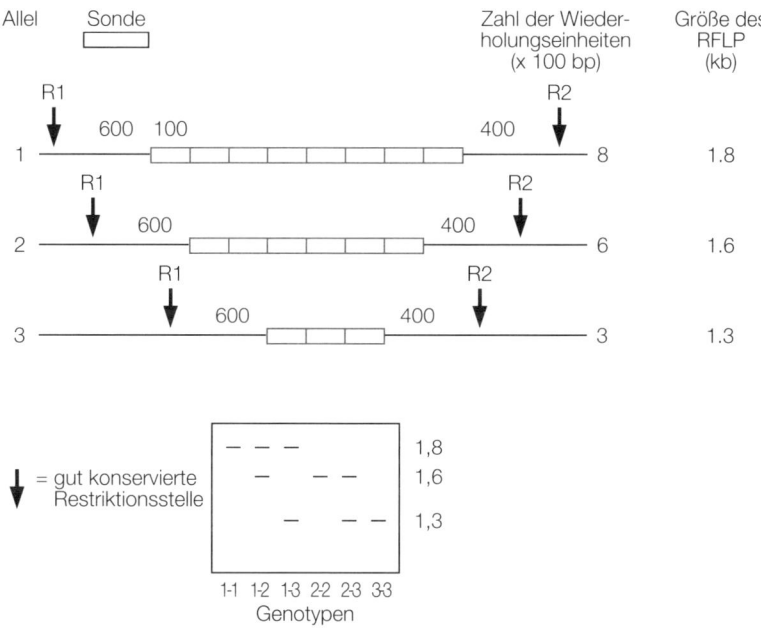

3.6 Der Nachweis von RFLPs, die auf VNTRs beruhen.

Gehört der VNTR-Locus zu einer repetitiven DNA-Familie, erhält man ein kompliziertes polymorphes Muster, wenn man statt einer Sonde aus der einzigartigen flankierenden Sequenz eine solche mit der VNTR-Wiederho-lungseinheit verwendet. So hat man beispielsweise klonierte hypervariable

Minisatelliten-DNA (Abschnitt 1.8.2) als Sonde für Southern Blots mit geeignet gespaltener DNA aus dem Genom eingesetzt. Durch Kreuzhybridisierung mit anderen Sequenzen der gleichen Familie entsteht ein Hybridisierungsmuster, zu dem die beiden Allele an vielen hypervariablen Loci überall im Genom beitragen. Der Gesamtpolymorphismus bei dieser Hybridisierung mit mehreren Loci ist deshalb sehr groß [1]. Er erlaubt, von eineiigen Zwillingen abgesehen, eine Unterscheidung zwischen zwei beliebigen Personen, und deshalb hat man die Hybridisierung mit hypervariablen Minisatelliten auch als „DNA-Fingerabdruck" bezeichnet. Sie wird in der Gerichtsmedizin und zur Vaterschaftsbestimmung verbreitet eingesetzt. Den letztgenannten Anwendungsbereich verdeutlicht Abbildung 3.7. Hybridisierungsbanden, die man beim Kind, aber nicht bei der Mutter findet, sind in der Probe F_1 nicht in allen Fällen vorhanden; man findet sie aber ausnahmslos in der Probe F_2, und demnach ist F_2 der Vater.

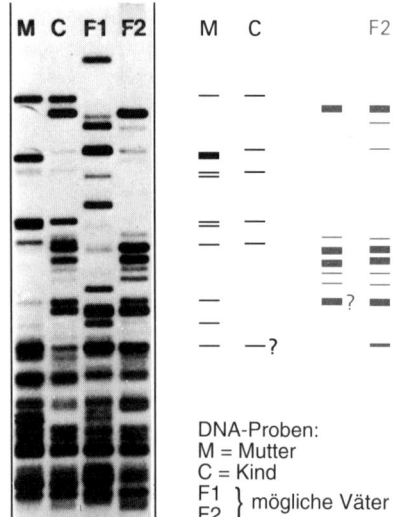

DNA-Proben:
M = Mutter
C = Kind
F1 } mögliche Väter
F2 }

3.7 DNA-Fingerabdrücke beim Vaterschaftsnachweis; M = Mutter; C = Kind; F1 und F2 = mögliche Väter. Aufnahme mit freundlicher Genehmigung von Cellmark Diagnostics, Abingdon, Oxfordshire, Großbritannien.

3.2.6 Nachweis von Deletionen durch Restriktionskartierung

Bei manchen Krankheiten findet man sehr häufig Deletionen eines ganzen Gens oder eines Genabschnitts (Abschnitt 5.3.1). Verfügt man für das betreffende Gen über eine teilweise ausgearbeitete Restriktionskarte, kann man die Deletionen mit einer geeigneten DNA-Sonde aus dem Inneren des Gens durch Southern-Blot-Hybridisierung kartieren. Handelt es sich um eine kleine Deletion, die beispielsweise nur ein paar hundert Basenpaare umfaßt, zeigt sie sich oft als immer wieder auftretende Größenverringerung der Restriktionsfragmente aus diesem Gen. Personen, die für die Mutation homozygot sind, aber auch Heterozygote mit einem normalen und einem durch eine kleine Deletion verkürzten Allel, sind durch Nachweis der veränderten Restriktionsfragmentlängen leicht zu erkennen.

Große Deletionen haben zur Folge, daß manche Restriktionsfragmente völlig verschwinden. Das homozygote Fehlen langer DNA-Abschnitte läßt sich leicht nachweisen, weil die entsprechenden, mit dem Gen gekoppelten Restriktionsfragmente nicht mehr vorhanden sind. Ist jemand jedoch für eine relativ große Deletion heterozygot, läßt sie sich unter Umständen anhand der geringeren Menge des betreffenden DNA-Fragments erkennen. Patienten mit 21-Hydroxylase-Mangel haben beispielsweise oft eine Deletion von etwa 30 kb in der 21-Hydroxylase/C4-Gengruppe. Durch solche krankheitsauslösenden Deletionen verschwinden das funktionsfähige Gen *CYP21* für die 21-Hydroxylase und das benachbarte Gen *C4B*, so daß nur das Pseudogen *CYP21P* und ein *C4A*-Gen zurückbleiben. Bei Patienten mit homozygoten Deletionen fehlen die kennzeichnenden Restriktionsfragmente, die mit *CYP21* und *C4B* gekoppelt sind; heterozygote Merkmalsträger zeigen dagegen ein Verhältnis von 2:1 für *CYP21P*:*CYP21* und für *C4A*:*C4B* (Abb. 3.8).

3.3 Die Untersuchung kurzer DNA-Abschnitte mit der Polymerasekettenreaktion

3.3.1 Das Prinzip der Polymerasekettenreaktion

Die Polymerasekettenreaktion (*polymerase chain reaction*, PCR) ist eine schnelle, vielseitige zellfreie Methode, mit der man in einem heterogenen Gemisch von DNA-Sequenzen (zum Beispiel der Gesamt-DNA des Genoms) selektiv einzelne Abschnitte vermehren kann [2,3]. Um einen gewünschten DNA-Abschnitt mit der PCR zu vervielfältigen, benötigt man normalerweise einige Informationen über die Sequenz an dem fraglichen Locus. Die Sequenzinfomation ist erforderlich, damit man die Oligonucleotidprimer (meist aus 20 bis 30 Nucleotiden) herstellen kann; diese kurzen Einzelstränge binden in der denaturierten DNA des Genoms spezifisch an komplementäre Sequenzen, die beiderseits des fraglichen Abschnitts liegen (Abb. 3.9). Die Primer gestaltet man so, daß sie in Gegenwart einer geeigneten hitzestabilen DNA-Polymerase (meist Taq-Polymerase) und der DNA-

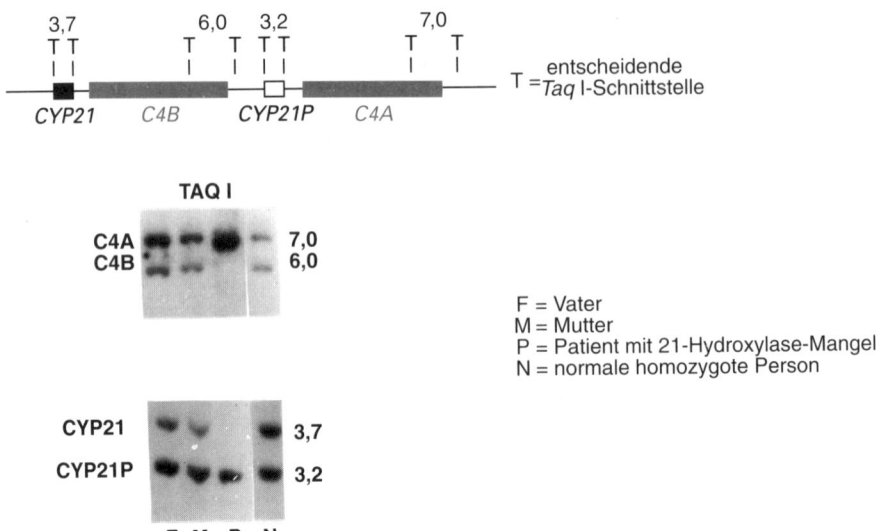

3.8 Der Nachweis hetero- und homozygoter Gendeletionen im Zusammenhang mit dem 21-Hydroxylase-Mangel. F = Vater; M = Mutter; P = Patient mit 21-Hydroxylase-Mangel; N = gesunde homozygote Person.

Bausteine (das heißt der Desoxyribonucleotide dATP, dCTP, dGTP und dTTP) die Synthese neuer DNA-Stränge in Gang setzen. Diese Stränge sind dann komplementär zu den Einzelsträngen des gewünschten DNA-Abschnitts und überlappen einander.

Eine Kettenreaktion ist die PCR, weil die neu synthetisierten DNA-Stränge im nächsten Vermehrungszyklus wiederum als Matrizen für die DNA-Synthese dienen. Nach etwa 30 Zyklen mit Denaturierung, Anlagerung der Primer und DNA-Synthese enthält das Reaktionsgemisch neben der ursprünglichen DNA etwa 10^5 bis 10^6 Kopien der gewünschten Sequenz, und eine solche Menge ist in der Agarosegelelektrophorese leicht als eigene Bande zu erkennen. Als Klonierungsmethode hat die PCR aber ihre Grenzen unter anderem deshalb, weil die Vermehrung mit zunehmender Länge der DNA-Sequenz immer schwieriger wird; deshalb eignet sich das Verfahren vor allem zur Vervielfältigung relativ kurzer DNA-Abschnitte (meist unter 5 kb).

Die PCR ist eine vielseitige Methode, mit der man DNA-Sequenzen auch dann schnell vermehren kann, wenn das Ausgangsmaterial sehr stark geschädigte DNA ist. Deshalb hat man sie in jüngerer Zeit in der molekularen Anthropologie eingesetzt, zum Beispiel zur Analyse von DNA aus Mumien,

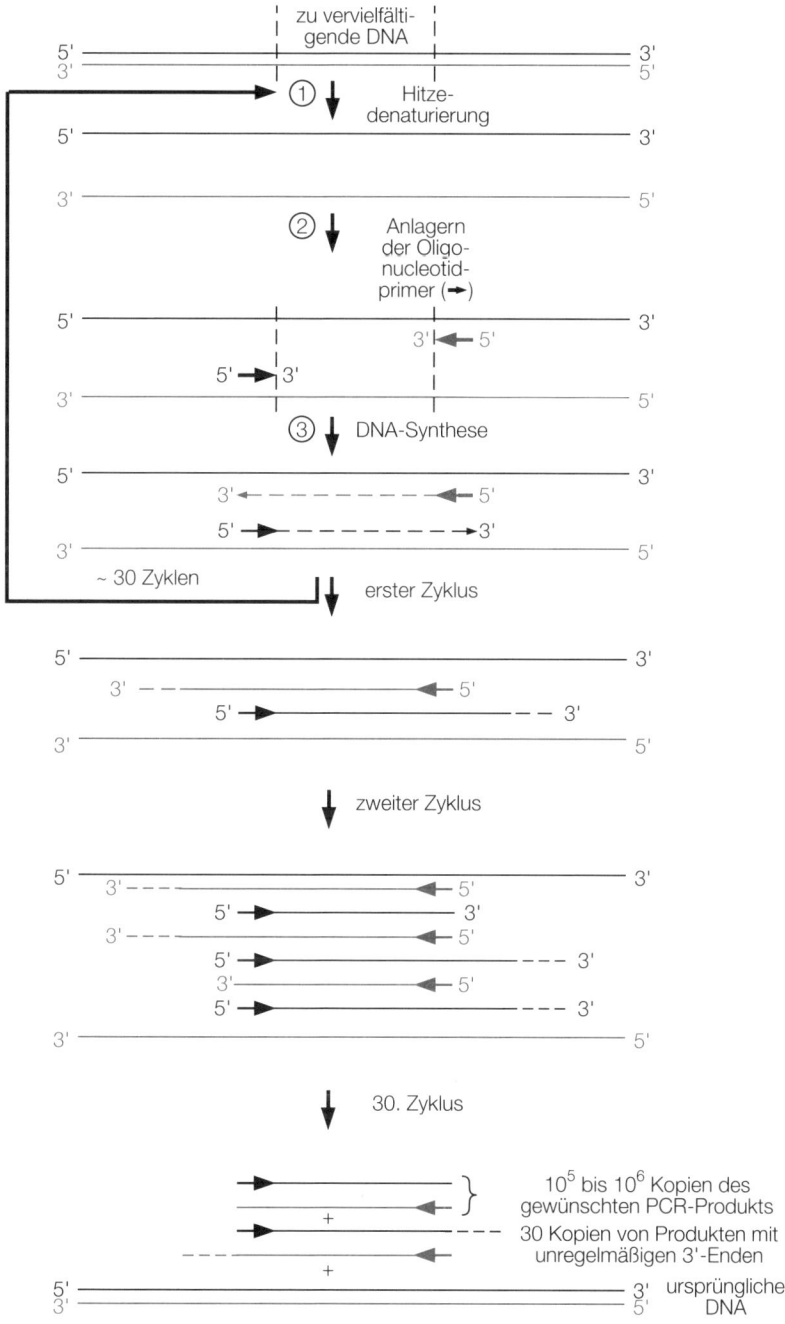

3.9 Die Polymerasekettenreaktion.

und auch DNA aus formalinfixierten Gewebeproben konnte man auf diese Weise studieren. Außerdem ist sie außerordentlich empfindlich: Man kann damit sogar ein einziges DNA-Molekül aus einer einzigen Zelle vervielfältigen und untersuchen. Daher gibt es viele Anwendungsmöglichkeiten, zum Beispiel in der Gerichtsmedizin, in der Diagnose (Abschnitt 6.3) sowie in der genetischen Kopplungsanalyse durch Spermientypisierung (Abschnitt 4.1.5).

Auch für die molekulare Pathologie hat sich die Empfindlichkeit der PCR als äußerst nützlich erwiesen. In großen Genen wie zum Beispiel dem für Dystrophin kann man nämlich kaum auf DNA-Ebene nach Punktmutationen suchen, und die Dystrophin-mRNA ist zwar erheblich kleiner, aber sie wird vorwiegend in recht unzugänglichem Gewebe wie Muskeln und Gehirn exprimiert. Wegen der illegitimen Transkription, die in den Zellen aller Gewebe wenigstens ein paar Moleküle jeder mRNA entstehen läßt [4], enthalten aber auch Blutzellen in geringen Mengen die Dystrophin-mRNA. Die gesamte mRNA dieser Zellen kann man in cDNA umschreiben, und dann vermehrt man die Sequenzen für Dystrophin selektiv mit der PCR.

3.3.2 Untersuchung von RSP- und VNTR-Polymorphismen mit der PCR

Für den Nachweis von Punktmutationen, die RSPs oder VNTR-Polymorphismen entstehen lassen, ist die PCR eine Alternative zur Southern-Blot-Hybridisierung. Für die PCR braucht man in beiden Fällen Kenntnisse über die DNA-Sequenz, damit man Oligonucleotidprimer konstruieren kann, welche die Bereiche beiderseits der polymorphen Stelle abdecken und für die Vermehrung des dazwischenliegenden Abschnitts sorgen. Zum Nachweis von RSPs spaltet man die vervielfältigte DNA mit der betreffenden Restriktionsendonuclease; die Produkte trennt man dann durch Agarosegelelektrophorese auf, um herauszufinden, ob die Restriktionsstelle in der vermehrten DNA vorhanden ist.

Bei VNTR-Polymorphismen kann man mit Hilfe der beiderseits angelagerten Primer die Allele vermehren, die sich in ihrer Größe durch ganzzahlige Vielfache der Wiederholungseinheit unterscheiden (Abb. 3.10). Ist der VNTR-Locus nicht besonders groß, wie zum Beispiel bei den einzelnen $(CA)_n/(TG)_n$-Mikrosatellitenloci, kann man die Produkte der PCR anschließend einfach durch Polyacrylamidgelelektrophorese nach der Größe auftrennen. Normalerweise setzt man bei der PCR ein radioaktives Nucleotid zu, das in die Reaktionsprodukte eingebaut wird, so daß man sie leicht durch Autoradiographie nachweisen kann. Um eine geeignete Größentren-

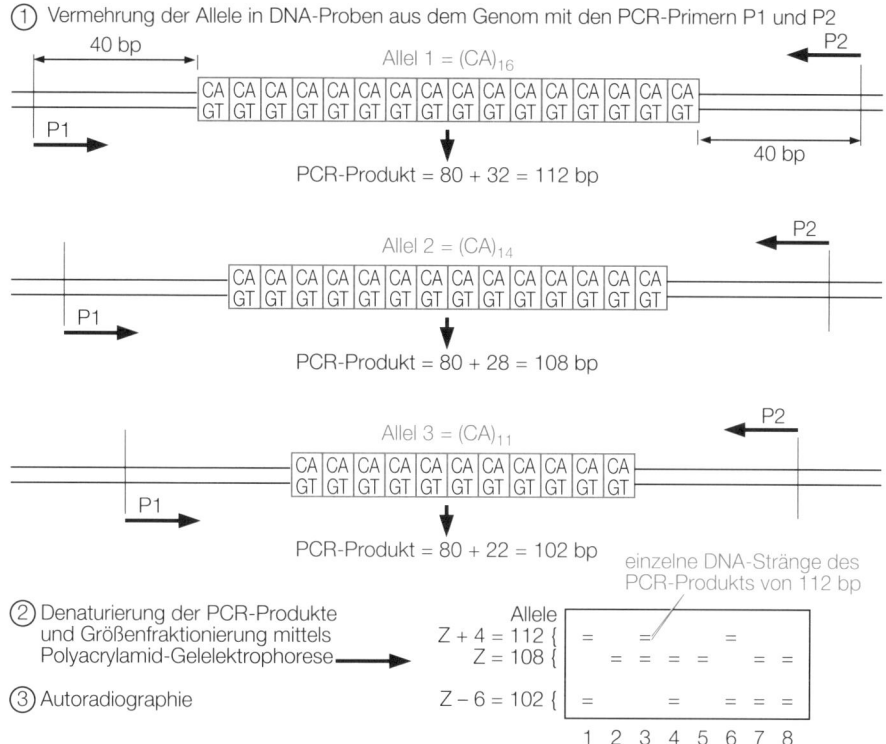

3.10 Analyse von $(CA)_n$-Sequenzwiederholungen. Das am häufigsten vorkommende Allel wird gewöhnlich „z" genannt und dient als Bezugsgröße für alle anderen Allele.

nung der Allele zu erreichen, denaturiert man die PCR-Produkte vor der Elektrophorese. Da die beiden Stränge einzelner Allele eine sehr unterschiedliche Basenzusammensetzung aufweisen, erkennt man meist zwei Banden pro Allel, weil die beiden Komplementärstränge unterschiedlich beweglich sind.

3.3.3 Andere Anwendungsmöglichkeiten der PCR bei kleinen DNA-Abschnitten

Die PCR ermöglicht auch das schnelle Sequenzieren von DNA (Abschnitt 3.4). Außerdem kann man mit ihrer Hilfe die Veränderung einzelner Basen in DNA-Sequenzen nachweisen. Nach einem solchen Einzelbasenaustausch kann man zum Beispiel mit dem mutationsgebremsten Amplifikationssystem (*amplification refractory mutation system*, ARMS) suchen. Dazu gestaltet man die PCR so, daß ein Primer genau an der Stelle der Basenveränderung an die DNA des Genoms bindet, wobei sein 3'-Ende sich genau mit der gesuchten Base paaren muß [5]. Die PCR läuft nur dann ab, wenn sich am Ende des Primers keine Fehlpaarung befindet (ein Beispiel zeigt Abbildung 6.8).

3.4 DNA-Sequenzierung

Bei der DNA-Sequenzierung bestimmt man die Reihenfolge der Basen in der DNA mit chemischen oder – inzwischen häufiger – mit enzymatischen Methoden, bei denen Didesoxynucleotide verwendet werden. Das sind Nucleotidanaloga, die bei der DNA-Synthese für den Abbruch der Kettenverlängerung sorgen. Für das Didesoxyverfahren stellt man die zu sequenzierende DNA zunächst in einzelsträngiger Form her, häufig durch Klonierung in einen speziellen Vektor, der Einzelstränge liefert. An die so synthetisierte DNA-Matrize lagert man einen Oligonucleotidprimer an, und zwar an den Bereich unmittelbar neben dem Abschnitt, den man sequenzieren möchte (Abb. 3.11). Der Primer sorgt dann zusammen mit DNA-Polymerase in vier Parallelreaktionen für die Synthese neuer DNA-Stränge.

Jeder der vier Reaktionsansätze enthält dabei alle vier Nucleotide (dATP, dCTP, dGTP und dTTP), eines davon mit einem radioaktiven Isotop markiert, und außerdem eines der vier Didesoxy-Analoga (ddATP, ddCTP, ddGTP oder ddTTP). Auf diese Weise konkurriert ein Baustein, der die Ketten abbrechen läßt, mit dem entsprechenden normalen Nucleotid um den Einbau in die wachsende DNA-Kette. Als Produkte erhält man jeweils eine Sammlung unterschiedlich langer DNA-Ketten, die alle mit einem ddNTP enden. In Abbildung 3.11 sind beispielsweise die Produkte der Reaktion C 22, 25 und 31 Nucleotide lang (20 Nucleotide des Primers plus zwei, fünf und elf Nucleotide vor dem ddC-Baustein). Man bringt die vier Reaktionsansätze in nebeneinanderliegende Schlitze eines Polyacrylamidgels und trennt sie durch Elektrophorese nach der Länge auf. Auf einem herkömmlichen Sequenzgel kann man mit einer DNA-Probe eine Sequenz von etwa 200 bis 400 Nucleotiden ablesen.

In neuerer Zeit hat man verschiedene Methoden entwickelt, mit denen man DNA-Sequenzen sehr einfach unmittelbar aus den Produkten der PCR ermitteln kann. Da die PCR-Sequenzierung vergleichsweise schnell vonstatten geht, ist sie ein ideales Verfahren zum unmittelbaren Nachweis von DNA-Polymorphismen.

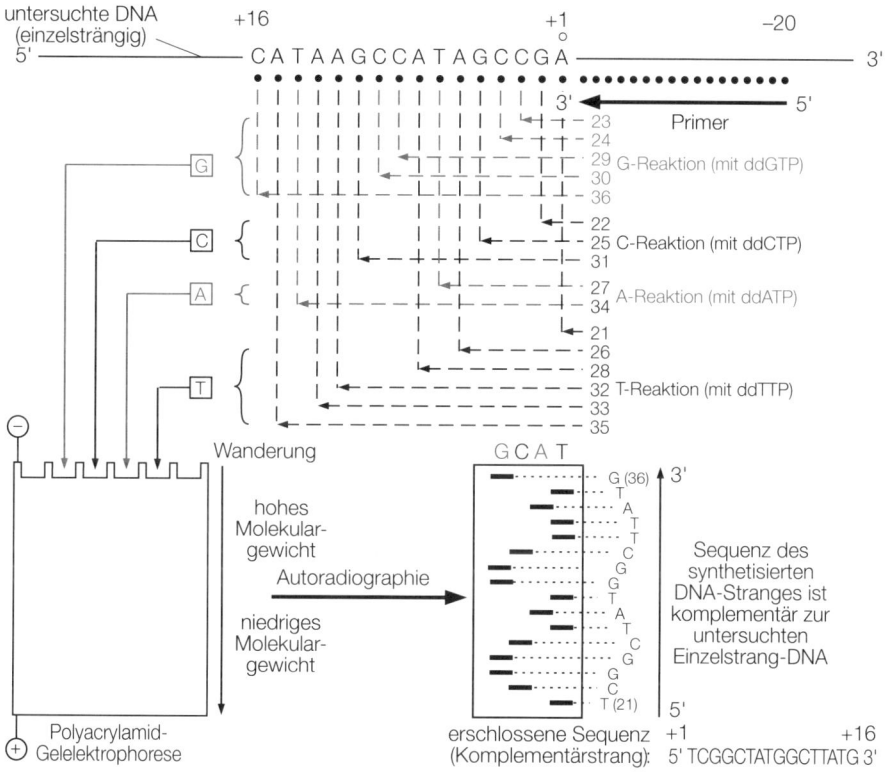

3.11 DNA-Sequenzierung mit der Didesoxymethode.

3.5 Andere Methoden zum Nachweis einzelner Basenveränderungen

Welche Methode man zum Nachweis einzelner Basenveränderungen anwendet, hängt davon ab, was man zuvor bereits über die betreffende Mutation weiß. Ist darüber noch nichts bekannt, kann man den fraglichen Abschnitt unmittelbar sequenzieren und so nach einzelnen ausgetauschten Basen suchen. Je nachdem, wie groß der betreffende Abschnitt ist, kann das sehr mühsam und zeitaufwendig sein. Deshalb hat man mehrere Methoden entwickelt, mit denen einzelne Basenveränderungen in der DNA und ihre ungefähre Lage bestimmt werden können [6]. Anschließend werden sie durch Sequenzieren genau lokalisiert.

3.5.1 Spaltung mit Ribonuclease A

Bei diesem Verfahren verwendet man eine RNA-Sonde, die spezifisch mit dem zu untersuchenden DNA-Abschnitt hybridisiert. Zur Herstellung einer solchen Sonde kann man ein in gewohnter Weise kloniertes menschliches DNA-Fragment in einem besonderen Vektor subklonieren. Die markierte RNA-Sonde hybridisiert man dann mit einer Probe der fraglichen DNA oder mRNA, und anschließend setzt man dem Gemisch das Enzym Ribonuclease A (RNase A) zu. Enthält das Hybridmolekül aus Sonde und untersuchter Sequenz Fehlpaarungen, erscheint der RNA-Strang an dieser Stelle einzelsträngig, und dann ist er empfindlich für die Spaltung durch RNase A.

3.5.2 Denaturierende Gradienten-Gelelektrophorese

Bei dieser Methode (abgekürzt DGGE) läßt man die DNA-Doppelstränge durch ein Elektrophoresegel laufen, das in ansteigender Konzentration eine denaturierende Substanz enthält. Die Doppelstränge wandern so lange durch das Gel, bis sie sich in Einzelstränge auflösen; die derart denaturierte DNA wandert nicht mehr weiter. Eine Abweichung von einer einzigen Base reicht dabei aus, damit die betreffenden Moleküle in dem Gel an unterschiedlichen Stellen liegen.

3.5.3 Chemische Spaltung von Fehlpaarungen

Grundlage dieses Verfahrens ist die Beobachtung, daß manche Chemikalien mit ungepaarten Basen in der DNA reagieren und sie für die Spaltung mit Piperidin zugänglich machen. Die zu untersuchende DNA und eine markierte doppelsträngige DNA-Sonde für den fraglichen Abschnitt werden denaturiert, und wenn man sie dann hybridisieren läßt, entstehen Heteroduplices aus einem Strang der Sonde und einem Komplementärstrang der untersuchten DNA. Enthält dieses Hybrid eine einzige Fehlpaarung, kann man diese mit Hydroxylamin (das bevorzugt mit ungepaarten C-Basen reagiert) oder Osmiumtetroxid (das auf ungepaarte T-Basen anspricht) nachweisen. Für ungepaarte A- oder G-Basen verwendet man eine Sonde mit der Komplementärsequenz, so daß man sie im anderen Strang als falsch gepaartes T beziehungsweise C nachweisen kann. Nach der Chemikalienbehandlung läßt man die Heteroduplices mit Piperidin reagieren, und anschließend unterwirft man sie der Elektrophorese auf einem denaturierenden Polyacrylamidgel.

3.5.4 Einzelstrang-Konformationspolymorphismen

Einzelsträngige DNA hat das Bestreben, sich zusammenzufalten und komplexe Strukturen zu bilden, die durch schwache intramolekulare Wechselwirkungen stabilisiert werden, insbesondere durch Basenpaarungen über Wasserstoffbrücken. Wie beweglich solche Strukturen in nicht denaturierenden Elektrophoresegelen sind, hängt nicht nur von ihrer Kettenlänge ab, sondern auch von der Konformation, die ihrerseits durch die Sequenz vorgegeben ist. Die Analyse von Einzelstrang-Konformationspolymorphismen (*single strand conformation polymorphism*, SSCP) erfolgt am einfachsten durch PCR-Vermehrung des gewünschten DNA-Abschnitts aus dem Genom; damit ein markiertes Produkt entsteht, verwendet man entweder endmarkierte PCR-Primer oder man setzt dem Reaktionsgemisch markierte Nucleotide zu. Die vervielfältigte DNA wird dann denaturiert und auf ein nicht denaturierendes Polyacrylamidgel gebracht. Auch wenn sich die zu untersuchende DNA nur in einer einzigen Base von einer bekannten DNA unterscheidet, kann man sie anhand der abweichenden elektrophoretischen Beweglichkeit unterscheiden, falls die ausgetauschte Base eine Konformationsänderung bewirkt.

3.6 Untersuchung von DNA im Megabasenbereich

3.6.1 Isolierung großer DNA-Fragmente

Um beim Menschen große Gene und Gengruppen zu untersuchen oder lange DNA-Abschnitte zu kartieren, möchte man gerne große DNA-Fragmente klonieren. Die Vektoren aus abgewandelten Plasmiden und dem Bakteriophagen Lambda (λ) sind zwar allgemein beim Klonieren sehr beliebt, aber ihre Kapazität zur Aufnahme großer DNA-Abschnitte ist begrenzt. Solche langen DNA-Moleküle kloniert man deshalb vorwiegend in Cosmidvektoren oder in künstlichen Hefechromosomen (*yeast artificial chromosomes*, YACs).

Cosmidvektoren sind besondere Plasmide, welche die kurzen *cos*-Sequenzen des Bakteriophagen Lambda enthalten. Die Größenbegrenzung liegt bei 37 bis 52 kb, denn das ist die größte DNA-Menge, die in die Lambda-Proteinhülle verpackt werden kann. Die *in vitro*-Verpackung der rekombinierten Cosmide in Lambda-Partikel ist ein sehr wirksames Verfahren, um fremde DNA in *E. coli*-Zellen zu bringen; dieses Klonierungsverfahren eignet sich für Fragmente von 30 bis 46 kb, und in diesem Größenbereich liegt die Mehrzahl der menschlichen Gene. Dennoch haben die Cosmide für die Klonierung von Genen des Menschen zwei wichtige Nachteile. Zum ersten liegt die obere Größenbegrenzung für die Fragmente, die sie aufnehmen können, für manche großen menschlichen Gene und Gengruppen immer noch zu niedrig. Und zweitens müssen sie sich in Bakterienzellen vermehren, aber manche DNA-Fragmente des Menschen enthalten Sequenzelemente (direkte Sequenzwiederholungen und ähnliches), durch die sie in Prokaryotenzellen instabil werden.

Deshalb hat man in jüngster Zeit ein System entwickelt, mit dem man große eukaryotische DNA-Fragmente in der Hefe, einem einfachen eukaryotischen Wirt, klonieren kann. Die YAC-Vektoren sind Plasmide mit eingebauten Sequenzelementen, die in Hefezellen wichtige Funktionen der Chromosomen ausführen [7]. Im einzelnen handelt es sich dabei um Centromere, Telomere und ein autonom replizierendes Sequenzelement (ARS), das eine selbständige Replikation des Moleküls ermöglicht. Man kann nun YAC-Vektormoleküle in geeigneter Weise spalten und *in vitro* mit großen Restriktionsfragmenten aus der menschlichen DNA verbinden (Abschnitt 3.6.2); die so entstehenden künstlichen Hefechromosomen können menschliche DNA mit einer Länge bis zu 1 Mb enthalten.

3.6.2 Restriktionskartierung langer Abschnitte

Mit dieser Methode kann man den Aufbau von DNA-Sequenzen analysieren, die sich über mehr als 1 Mb erstrecken. Um ausreichend lange Fragmente zu gewinnen, isoliert man die DNA so, daß ihre großen Moleküle möglichst wenig zerbrechen, und diese hochmolekulare DNA spaltet man mit besonderen Restriktionsendonucleasen, den sogenannten „Seltenschneidern". Zur Herstellung hochmolekularer DNA mischt man Zellen, beispielsweise weiße Blutzellen, mit geschmolzener Agarose, und das Ganze bringt man in eine Gußform, wo die Zellen in festen Agaroseblöcken eingeschlossen werden (Abb. 3.12). Diese Agaroseblöcke behandelt man mit hydrolytischen Enzymen, die durch die kleinen Poren in die Agarose eindringen und die Zellbestandteile abbauen; die hochmolekulare DNA der Chromosomen bleibt dabei weitgehend unversehrt. Anschließend kann man die Blöcke mit der gereinigten hochmolekularen DNA in einen Puffer mit einer selten schneidenden Restriktionsendonuclease bringen; die Erkennungsstellen solcher Enzyme bestehen meist aus sechs bis acht Basenpaaren und enthalten eines oder zwei der seltenen CpG-Dinucleotide. Die so entstehenden Restriktionsfragmente sind im typischen Fall mehrere hundert Kilobasen lang (Tabelle 3.1).

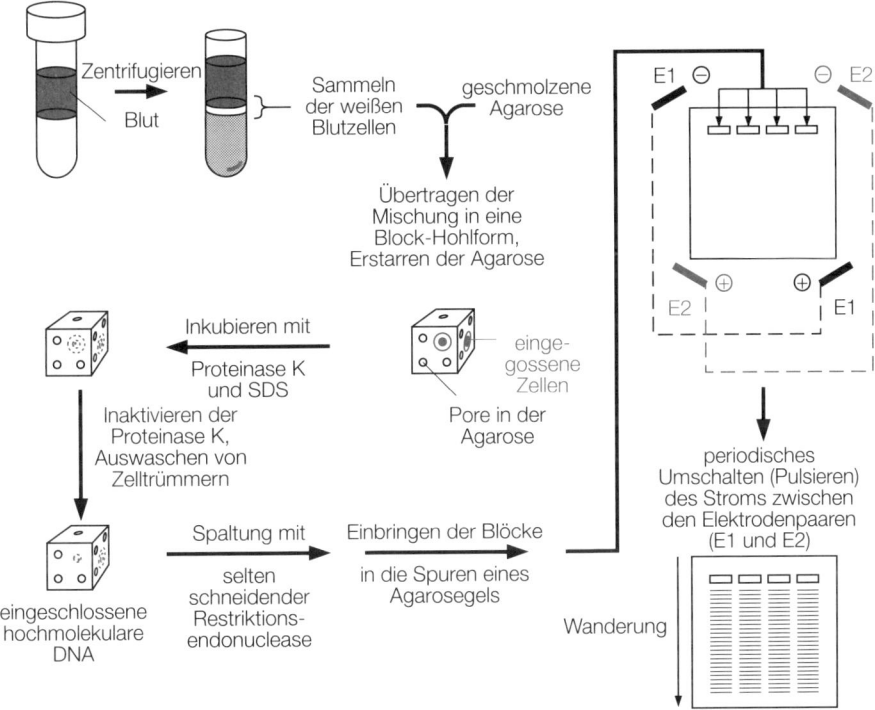

3.12 Größenfraktionierung hochmolekularer DNA aus Blutzellen durch Pulsfeld-Gelelektrophorese.

Solche Restriktionsfragmente sind so lang, daß sie sich in der herkömmlichen Agarosegelelektrophorese nicht trennen, aber durch Pulsfeld-Gelelektrophorese (PFGE) kann man sie nach der Größe fraktionieren. Bei diesem Verfahren müssen die großen DNA-Moleküle während der Wanderung durch ein Agarosegel immer wieder ihre Wanderungsrichtung und Konformation ändern [8]. Man bringt die Agaroseblöcke mit den großen Fragmenten in Vertiefungen an einem Ende eines Agarosegels und läßt die DNA im elektrischen Feld wandern. Dabei ändert sich jedoch in regelmäßigen Abständen die Orientierung des Feldes relativ zum Gel, meist indem ein Wechselschalter abwechselnd zwei unterschiedlich orientierte Felder einschaltet (Abb. 3.12). Andere Techniken verwenden ein einziges Feld, dessen Polarität aber regelmäßig wechselt, oder ein Gel oder Elektroden, die sich regelmäßig drehen.

Mit Hilfe der PFGE konnte man Restriktionskarten langer, in YAC-Vektoren klonierter menschlicher DNA-Fragmente konstruieren. Auch nicht-klonierte DNA aus dem Genom kann man kartieren, indem man sie (häufig als Doppelspaltung) mit mehreren selten schneidenden Restriktionsendonucleasen behandelt und die Fragmente auf PFGE-Gelen auftrennt. Den dabei entstehenden, ununterbrochenen „Schmier" aus Restriktionsfragmenten kann man dann durch Southern Blotting auf eine Nitrocellulose- oder Nylonmembran übertragen und mit einer markierten DNA-Sonde hybridisieren. Mit einer kleinen, markierten Sonde aus der menschlichen DNA kann man auf diese Weise eine Restriktionskarte erstellen, die an dem fraglichen Locus bis zu 1000 kb umfaßt.

3.7 Untersuchung von Genexpression und Genfunktion

Um die Expression eines isolierten menschlichen Gens zu untersuchen, kann man es in eine Gewebekulturzellinie bringen oder man führt es in die Keimbahn eines Tieres ein. Solche Systeme ermöglichen die Expression normaler Gene, mutierter Gene von Patienten mit genetischen Anomalien und auch solcher Gene, die vor dem Einbringen in das Expressionssystem künstlich verändert wurden. Häufig wandelt man isolierte Gene des Menschen *in vitro* durch Oligonucleotidmutagenese ab; mit dieser Methode kann man bestimmte Stellen des Gens und sogar einzelne Nucleotide gezielt verändern und dann untersuchen, wie sich diese Veränderung auf die Genexpression auswirkt. So ist es möglich, einzelnen Abschnitten des Gens bestimmte Funktionen zuzuordnen und sich mit der Konstruktion ganz neuer Gene zu beschäftigen; die Produkte solcher „Designergene" können vielleicht eines Tages in ihren Eigenschaften die Produkte der natürlichen menschlichen Gene übertreffen.

Die Expression menschlicher Gene läßt sich mit verschiedenen Expressionssystemen studieren. Häufig kloniert man das Gen in einem Expressionsvektor, den man dann in Gewebekulturzellen bringt. Die Empfängerzellen stammen dabei oft von einer anderen biologischen Art (meist aus Mäusen), so daß man das menschliche Genprodukt erkennen und im Unterschied zu den Produkten der Wirtszelle untersuchen kann. Häufig bestimmt die Größe des menschlichen Gens darüber, welches Expressionssystem man verwenden kann. Kleine Gene kloniert man in Plasmid- oder Virusexpressionsvektoren, große Gene oder Gengruppen baut man in YAC-Vektoren ein (Abschnitt 3.6.1), bevor man sie in die Empfängerzellen bringt. Sehr lange Gene oder Gengruppen lassen sich durch chromosomenvermittelten Gentransfer in fremde Zellen einschleusen [9], eine Methode, bei der ganze menschliche Chromosomen durch Zellfusion in eine andere Zelle gelangen; Teile dieser

Chromosomen können dann in das Genom der fremden Zelle eingebaut werden.

Manche Vektoren, insbesondere abgewandelte Retroviren, erleichtern den Einbau (Integration) des übertragenen Gens in die DNA der Wirtszellchromosomen und ermöglichen so die stabile Expression des integrierten Gens. Übertragene Gene, die nicht integriert wurden (zum Beispiel weil sie sich in Vektoren befinden, die sich unabhängig von den Chromosomen replizieren), werden dagegen nur vorübergehend exprimiert. Mit solchen Systemen zur vorübergehenden Expression untersucht man häufig Transkriptionsabläufe und die Funktion von Promotoren und Enhancern.

Durch die Übertragung menschlicher DNA in die Keimbahn von Tieren entstehen transgene Tiere, welche die menschlichen Gene stabil in ihre Chromosomen integriert haben. An transgenen Tieren kann man viele Aspekte der Genexpression und Genregulation untersuchen. Außerdem kann der Einbau der fremden DNA in das transgene Tier so gestaltet werden, daß Tiermodelle für Krankheiten des Menschen entstehen (Abschnitt 6.4).

Zitierte Literatur

1. Jeffreys, A. J. In: *Biochem. Soc. Trans.* 15 (1987) S. 309.
2. White, T. J. et al. In: *Trends Genetics* 5 (1989) S. 185.
3. Eisenstein, B. I. In: *New Engl. J. Med.* 322 (1990) S. 178.
4. Chelly, J. et al. In: *Proc. Natl. Acad. Sci. USA* 86 (1989) S. 2617.
5. Newton, C. R. et al. In: *Nucl. Acid Res.* 17 (1989) S. 2503.
6. Forrest, S.; Cotton, R. G. H. In: *Mol. Biol. Med.* 7 (1990) S. 451.
7. Burke, D. T. et al. In: *Science* 236 (1987) S. 806.
8. Olson, M. V. In: Setlow, J. K. (Hrsg.) *Genetic Engineering* Bd. 11. New York (Plenum Press) 1989. S. 183.
9. Porteous, D. J. In: *Trends Genetics* 3 (1987) S. 177.

Weiterführende Literatur

Davies, K. *Genome Analysis: A Practical Approach.* Oxford (IRL Press) 1988.
Old, R. W.; Primrose, S. B. *Gentechnologie. Eine Einführung.* Stuttgart (Thieme) 1992.

Sambrook, J.; Fritsch, E. T.; Maniatis, F. *Molecular Cloning: A Laboratory Manual.* Cold Spring Harbor (Cold Spring Harbor Press) 1989.
Williams, J. G.; Ceccarelli, A. *Genetic Engineering*, Oxford (BIOS Scientific Publishers) 1992.

4. Kartierung des menschlichen Genoms

4.1 Genetische Kartierung

Für die genetische Kartierungsmethode wird die Segregation von Allelen an zwei oder mehr Loci in der Meiose verfolgt. Zwei Loci A und B sind genetisch gekoppelt, wenn die an diesen Loci vorhandenen Allele auf einem bestimmten Chromosom liegen und in der Meiose im allgemeinen gemeinsam weitergegeben werden. Wenn zwei Loci gekoppelt sind, müssen sie syntän sein, das heißt, sie müssen auf demselben Chromosom (beispielsweise Nr. 17) liegen, dies allein reicht jedoch nicht aus. Die Allelkombination an gekoppelten Loci nennt man Haplotyp: Der Haplotyp A1B1 bezeichnet zum Beispiel ein einzelnes Chromosom, auf dem am Locus A das Allel A1 und am Locus B das Allel B1 liegt. In der Meiose macht jedes Paar homologer Chromosomen mindestens einen Rekombinationsvorgang (Crossing-over) zwischen Chromatiden durch, die keine Schwesterchromatiden sind. Damit man genetische Kopplung erkennen kann, müssen die Loci auf dem Chromosom eng benachbart sein. Man stelle sich beispielsweise ein Chromosom vor, auf dem die dicht nebeneinanderliegenden Loci A und B weit von einem dritten Locus C entfernt sind (Abb. 4.1). Zum Crossing-over kann es an jeder beliebigen Stelle der gepaarten homologen Chromosomen kommen, aber auf dem Stück zwischen B und C ist ein solches Ereignis viel wahrscheinlicher als auf der Strecke zwischen A und B.

Spielt sich zwischen B und C ein einzelnes Crossing-over ab, behalten die nicht rekombinierten Produkte die ursprünglichen Haplotypen A1B1C1 oder A2B2C2. Bei den beiden rekombinierten Chromosomen finden sich dagegen neue A-C- und B-C-Haplotypen (A2C1, B2C1, A1C2, B1C2). Der ursprüngliche A-B-Haplotyp bleibt jedoch auf allen vier Chromosomen erhalten (A1B1 oder A2B2). Die Meioseprodukte besitzen in ihrer großen Mehrheit nicht rekombinierte A-B-Haplotypen, entsprechend der genetischen Kopplung von A und B.

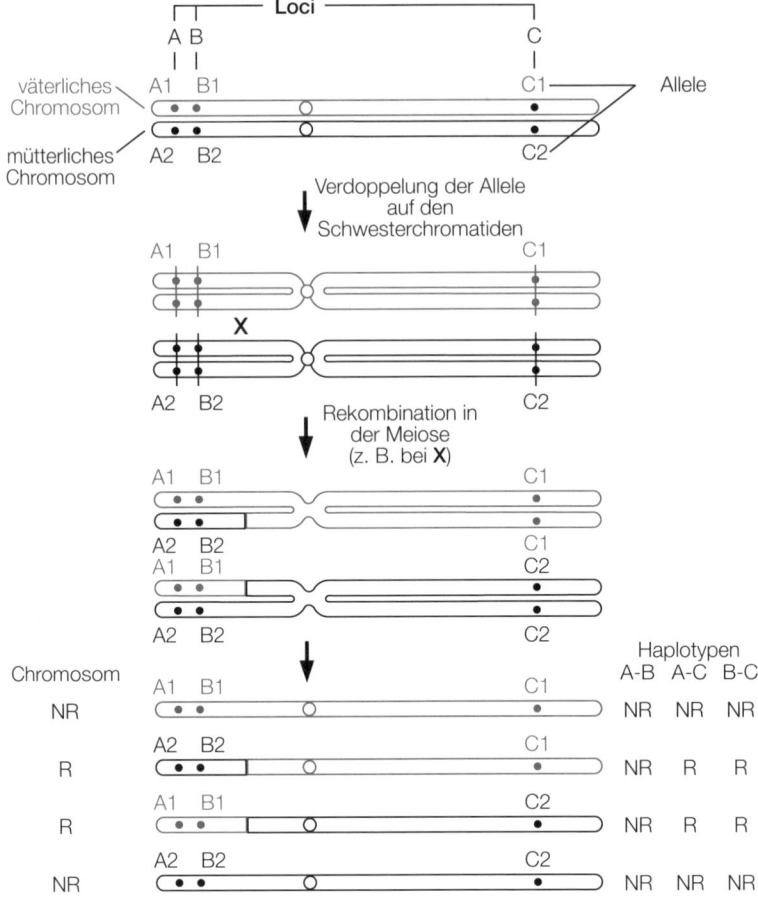

4.1 Genetisch gekoppelte Loci liegen auch physisch auf dem Chromosom eng benachbart.

4.1.1 Rekombination in der Meiose und genetischer Kartenabstand

In der Meiose kann man die Rekombination cytologisch als Chiasma sichtbar machen. In der Meiose des Mannes findet man im Durchschnitt 52 Chiasmata, verteilt auf die 23 Chromosomenpaare [1] (Tabelle 4.1). In jedem Paar homologer Chromosomen (Bivalent) befindet sich mindestens ein Chiasma, und die Zahl der Chiasmata je Bivalent ist ungefähr der Chromosomengröße proportional; sie variiert zwischen durchschnittlich vier beim Chromosom 1 und durchschnittlich einem beim Chromosom 21. Die Lage der Crossing-overs wird jedoch nicht vom Zufall bestimmt: Man-

Tabelle 4.1:   Mittlere Chiasmahäufigkeit bei einzelnen Bivalenten in der Meiose des Mannes (verändert nach [1])

Nummer des Chromosoms im Bivalent	mittlere Zahl der Chiasmata	Nummer des Chromosoms im Bivalent	mittlere Zahl der Chiasmata
1	3,9	12	2,7
2	3,6	13	1,9
3	2,9	14	1,9
4	2,8	15	2,1
5	2,9	16	2,2
6	2,7	17	2,1
7	2,7	18	1,9
8	2,6	19	1,9
9	2,4	20	1,9
10	2,5	21	1,1
11	2,2	22	1,2

che Chromosomenabschnitte sind bevorzugte Stellen für ein Crossing-over (Rekombinations-Hotspots), während andere eine deutlich unterdurchschnittliche Rekombinationshäufigkeit zeigen (Abschnitt 4.4.2). In der Meiose der Frau lassen sich Chiasmata nur schwer zählen, aber aufgrund der genetischen Kartierung einzelner Chromosomen kann man vermuten, daß das Crossing-over hier häufiger ist als beim Mann (siehe unten).

An jedem einzelnen Chiasma sind nur zwei der vier Chromatiden eines Bivalents beteiligt. An einem doppelten Crossing-over können dagegen zwei, drei oder alle vier Chromatiden beteiligt sein (Abb. 4.2). Da in einem Chromosom jedes der beiden Schwesterchromatiden nur mit einer Wahrscheinlichkeit von 50 Prozent an einem bestimmten Chiasma beteiligt ist, liegt die größte mögliche Rekombinationshäufigkeit zwischen zwei Loci bei 50 Prozent. Das Morgan, die Einheit des Kartenabstandes, ist definiert als die Länge des Chromosomenabschnitts, der im Durchschnitt einen Austausch pro *einzelnen* Chromatidenstrang durchmacht. Beim Mann mit einer durchschnittlichen Zahl von 52 Chiasmata beträgt die gesamte Kartenlänge also etwa 26 Morgan. Für die weibliche Meiose läßt sich die Zahl der Chiasmata nicht so einfach abschätzen, aber aufgrund von Kopplungsanalysen kann man annehmen, daß die Kartenabstände etwa um 85 Prozent länger sind als beim Mann (Abschnitt 4.4.2). Durch Extrapolation kann man die weibliche meiotische Gesamtkartenlänge also auf 49 Morgan schätzen,

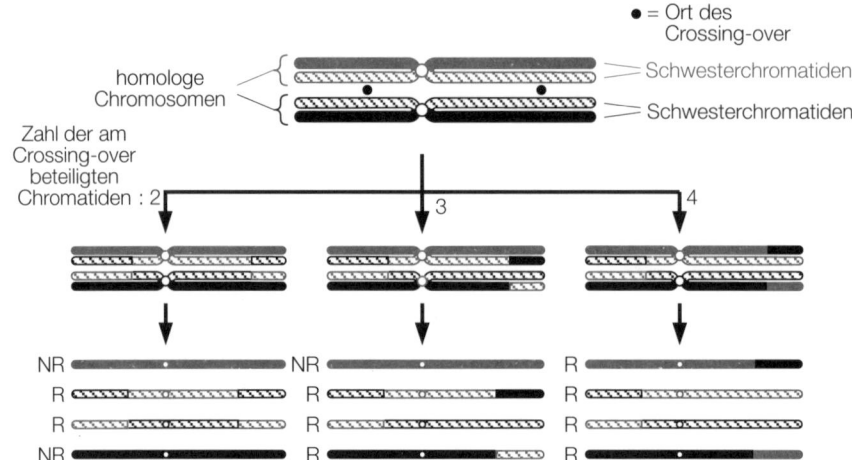

4.2 Mögliche Ergebnisse eines doppelten Crossing-overs. NR = nicht rekombiniertes Chromosom; R = rekombiniertes Chromosom.

und die durchschnittliche Gesamtlänge für beide Geschlechter liegt demnach bei 37 Morgan oder 3 700 centiMorgan (cM).

Auf kurzen Chromosomenabschnitten ist die Rekombinationshäufigkeit dem genetischen Kartenabstand direkt proportional, so daß ein Rekombinationsanteil von 0,01 einem Kartenabstand von 1 cM entspricht. Betrachtet man jedoch größere Abstände, so gilt diese lineare Beziehung nicht mehr, vor allem weil sich zwischen den beiden Loci auch mehrere Crossing-over ereignen können. Wenn zwei Loci nicht syntän sind (das heißt, wenn sie auf verschiedenen Chromosomen liegen), zeigen sie eine Rekombinationshäufigkeit von 0,5: Sie sind weder physisch noch genetisch gekoppelt. Aber der gleiche Wert von 0,5 für die Rekombinationshäufigkeit kann sich auch zwischen syntänen Loci ergeben, wenn sie auf dem Chromosom weit voneinander entfernt liegen und genetisch nicht gekoppelt sind. Ein weiterer Faktor, der zu der nichtlinearen Beziehung zwischen Rekombinationshäufigkeit und genetischem Kartenabstand beiträgt, ist die Interferenz. Als positive Interferenz bezeichnet man die Wirkung eines Crossing-overs, das die Wahrscheinlichkeit eines zweiten Crossing-overs in seiner Nachbarschaft vermindert. Dieser Effekt beschränkt sich anscheinend auf Crossing-over, die sich auf demselben Chromosomenarm ereignen. Man hat verschiedene Formeln aufgestellt, um den Zusammenhang zwischen der Rekombinationshäufigkeit (θ) und dem genetischen Kartenabstand (ω) zu beschreiben. Eine davon, die für Kartierungsarbeiten beim Menschen besonders gern benutzt wird, ist die Kosambi-Funktion:

$$\omega(\text{in cM}) = 1/4 \log\left[(1+2\theta)/(1-2\theta)\right].$$

Unabhängig von der verwendeten Kartierungsformel steigt ω immer exponentiell an, wenn θ sich dem Wert 0,5 nähert (Abb. 4.3).

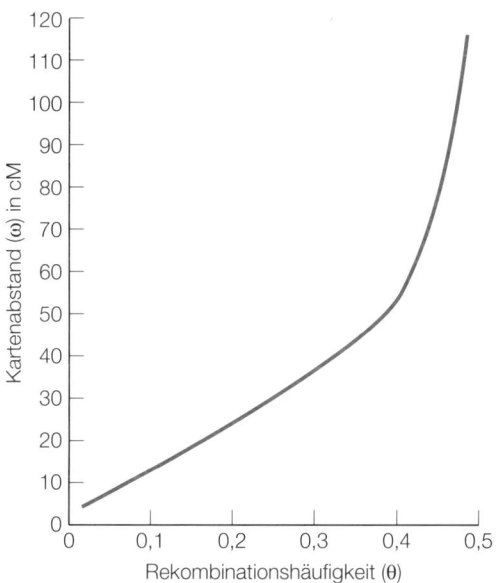

4.3 Der Zusammenhang zwischen genetischem Kartenabstand ω und Rekombinationshäufigkeit θ nach der Kosambi-Kartierungsfunktion.

4.1.2 Marker für die genetische Kopplungsanalyse

Bei der herkömmlichen genetischen Kopplungsanalyse bedient man sich der Befunde aus Stammbaumanalysen, um zu untersuchen, ob zwei Loci genetisch gekoppelt sind, und um die Rekombinationshäufigkeit zwischen ihnen abzuschätzen. Beim Menschen richten sich die Analysen meist auf eine der beiden folgenden Fragestellungen:

a) Kopplung zwischen einem nicht identifizierten krankheitsauslösenden Gen und einem bereits kartierten polymorphen Markerlocus oder einer Reihe gekoppelter Markerloci.
b) Kopplung zwischen zwei oder mehreren polymorphen Loci, die bekanntermaßen syntän sind.

Wenn sich herausstellt, daß ein untersuchter Locus mit einem bereits kartierten Marker gekoppelt ist, muß dieser Locus in beiden Fällen auf dem Chromosom nahe beim Marker liegen.

Damit ein Marker sich für die genetische Kartierung eignet, muß er zwei Bedingungen erfüllen:

1. Er muß als Polymorphismus nachweisbar sein.
2. Man muß seine Lage auf einem bestimmten Chromosom und am besten auch innerhalb dieses Chromosoms kennen.

Früher dienten in Kopplungsuntersuchungen vor allem Proteinpolymorphismen als Marker. Unter anderem bediente man sich der sehr polymorphen klassischen HLA-Antigene, der Blutgruppen und verschiedener Enzym- oder Strukturproteinpolymorphismen. Solche sehr polymorphen Proteinmarker sind aber zwangsläufig selten: Alle Proteine sind in einem sehr kleinen Anteil des Genoms codiert, der unter dem Selektionsdruck steht, die codierende Sequenz und damit die biologische Funktion konstant zu halten. Viel zahlreicher sind DNA-Polymorphismen, und nachdem es heute Verfahren zu ihrer Analyse gibt, ist die Chromosomenkartierung wesentlich einfacher geworden [2].

Bei den meisten DNA-Markern handelt es sich um neutrale Polymorphismen in dem großen nichtcodierenden Anteil des Genoms. Unter ihnen sind zahlreiche normale RSPs sowie VNTR-Polymorphismen der Mini- und Mikrosatelliten. Um nach RSPs zu suchen, die als Marker dienen können, testet man nacheinander einzelne DNA-Klone, um festzustellen, ob mit ihnen ein häufig vorkommender RFLP nachgewiesen werden kann (Abschnitt 3.2.3). Bei einem solchen Test hybridisiert man den DNA-Klon jeweils gegen eine Reihe von Southern Blots mit DNA aus dem menschlichen Genom, die zuvor jeweils mit einer anderen Restriktionsendonuclease gespalten wurde (Abschnitt 3.2.3). Da die Restriktionsstellen in ihrer großen Mehrzahl nicht polymorph sind, muß man zahlreiche Restriktionsendonucleasen ausprobieren. Manche Enzyme, insbesondere *Taq*I und *Msp*I, lassen jedoch relativ oft polymorphe Stellen erkennen, denn ihre Erkennungsstellen enthalten das Dinucleotid CpG, das besonders häufig mutiert (Abschnitt 2.6).

Um in den Mikrosatelliten nach VNTR-Polymorphismen zu suchen, hybridisiert man eine chemisch synthetisierte Mikrosatellitensonde mit DNA aus einzelnen DNA-Klonen. Die auf diese Weise identifizierten Mikrosatellitensequenzen untersucht man dann weiter, indem man die nichtrepetitiven Sequenzen beiderseits des Mikrosatellitenlocus sequenziert und dann mit Hilfe der PCR nach den VNTR-Polymorphismen sucht (Abschnitt 3.3.2).

Der Informationsgehalt eines Polymorphismus kann zwischen 0 (nie aufschlußreich) und 1 (immer aufschlußreich) schwanken. Er wird ausgedrückt
als *polymorphism information content* (PIC). Für einen Marker mit *n* Allelen gilt

$$\mathrm{PIC} = 1 - \sum_{i=1}^{n} p_i^2 - \sum_{i=1}^{n-1} \sum_{j=i+1}^{n} 2\,p_i^2 p_j^2$$

wobei p_i die Häufigkeit des i-ten Allels ist.

Am höchsten ist der PIC-Wert für Marker mit mehreren häufigen Allelen,
beispielsweise für VNTR-Marker. Der hypervariable VNTR-Locus in der
flankierenden Region am 3′-Ende des α-Globin-Gens besitzt zum Beispiel
etwa 30 Allele, und sein PIC-Wert liegt über 0,9. Für RSP-Marker (RFLPs)
mit zwei Allelen beträgt der höchstmögliche PIC-Wert dagegen 0,375.

4.1.3 Isolierung chromosomen- und chromosomenbandenspezifischer DNA-Marker

Wo einzelne DNA-Marker auf den Chromosomen lokalisiert sind, läßt sich
mit mehreren physischen Kartierungsmethoden ermitteln (Abschnitt 4.2).
Früher waren DNA-Marker meist zufällig ausgewählte DNA-Klone, die
man aus DNA-Bibliotheken isoliert und später einem bestimmten Chromosom zugeordnet hatte. Heute kann man durch systematischere Klonierungs-
methoden auch Marker von vorher ausgewählten Chromosomen oder Chromosomenabschnitten isolieren.

Chromosomenspezifische DNA-Marker isoliert man aus DNA-Bibliotheken einzelner Chromosomen, also aus DNA, die aus vielen Exemplaren des
gleichen Chromosoms stammt [3]. Durch Flow-Karyotypisierung kann man
die verschiedenen menschlichen Chromosomen trennen. Eine solche Chromosomenpräparation färbt man mit einem DNA-bindenden Farbstoff, meist
mit Ethidiumbromid, das im Laserlicht aufleuchtet. Die Fluoreszenzstärke
ist der Menge des gebundenen Farbstoffs proportional, und die wiederum ist
im wesentlichen abhängig von der DNA-Menge und damit von der Größe
des Chromosoms. Auf diese Weise kann man Chromosomen in einem fluo-
reszenzaktivierten Zellsorter nach der Größe trennen: Ein Strom aus Tröpfchen mit gefärbten Chromosomen fließt mit einer Geschwindigkeit von
etwa 2 000 Chromosomen je Sekunde durch einen Laserstrahl, und die
Fluoreszenz der einzelnen Chromosomen wird von einer Photozelle regi-
striert. Das so entstehende Flow-Karyogramm zeigt die Verteilung der einzelnen Chromosomen in der Probe (Abb. 4.4). Tröpfchen mit Chromoso-

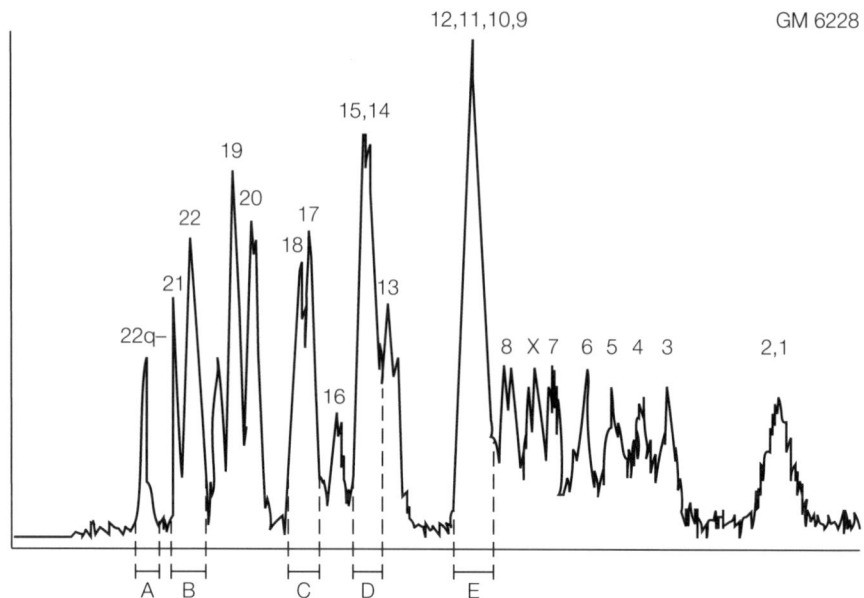

4.4 Flow-Karyogramm menschlicher Chromosomen. Die Zellinie GM6228 hat eine unbalancierte Konstitutionstranslokation t(11;22)(q23;q11). A bis E: Sortierfenster zum Sammeln einzelner Chromosomen oder Chromosomengruppen. Wiedergegeben nach [4] mit freundlicher Genehmigung von Academic Press.

men einer bestimmten Größe kann man so ablenken, daß sie an eine bestimmten Stelle einer Sammelvorrichtung gelangen. Aus den Proben mit einzelnen Chromosomen isoliert man dann die DNA, die anschließend in Zellen kloniert wird.

DNA-Marker aus einem bestimmten Chromosomenabschnitt, beispielsweise aus einer einzelnen Bande, kann man aus sogenannten Chromosomen-Mikrodissektionsbibliotheken gewinnen. Mit einem Mikromanipulator und sehr feinen Nadeln schneidet man unter dem Mikroskop aus einem Metaphasechromosom eine einzelne Bande heraus (Abb. 4.5). Hat man den gleichen Abschnitt aus mehreren Chromosomenpräparaten herausgeschnitten und auf diese Weise genügend Material gesammelt, isoliert und kloniert man die DNA mit einer PCR-Methode [5]. Die Ausgangsmenge an DNA ist dabei zwar winzig, aber für mehrere Chromosomenabschnitte konnte man dennoch ansehnliche Mikrodissektionsbibliotheken anlegen. Die kleinen DNA-Klone aus der Mikrodissektion kann man dann als Hybridisierungssonden benutzen und damit große DNA-Abschnitte in herkömmlichen genomischen DNA-Bibliotheken isolieren.

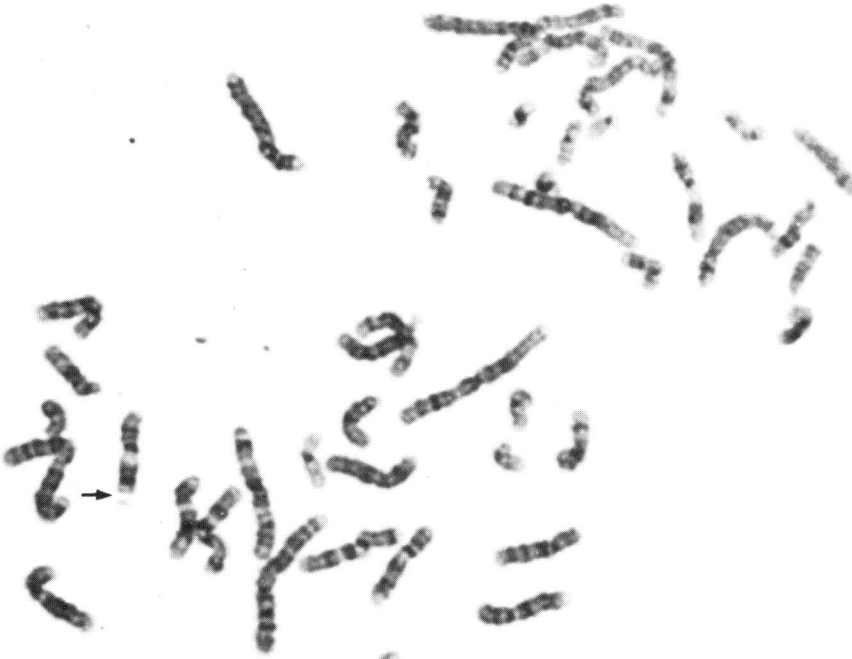

4.5 Mikrodissektion menschlicher Chromosomen. Die Lage der herausgeschnittenen Bande 11q24 ist durch einen Pfeil markiert. Aufnahme mit freundlicher Genehmigung von Debra Lillington, ICRF, Department of Medical Oncology, St Bartholomew's Hospital, London.

4.1.4 Genetische Kopplungsanalyse durch Stammbaumuntersuchung

Anders als bei Versuchstieren ist man für die Kopplungsanalyse beim Menschen auf natürlich vorkommende Stammbäume angewiesen. Bei solchen Verwandtschaftsverhältnissen fehlen meist die Informationen, mit denen sich der Ort eines Crossing-overs eindeutig belegen läßt. Um bei Menschen genetische Kopplung zu ermitteln, benutzt man deshalb ein indirektes statistisches Verfahren, das sich auf die Abschätzung der größten Wahrscheinlichkeit gründet. Man stellt ein Wahrscheinlichkeitsverhältnis auf:

$$\frac{\text{Wahrscheinlichkeit, daß die beiden Loci gekoppelt sind}}{\text{(Rekombinationshäufigkeit} = \theta)}$$
$$\frac{}{\begin{array}{c}\text{Wahrscheinlichkeit, daß die beiden Loci nicht gekoppelt sind}\\ \text{(Rekombinationshäufigkeit} = 0{,}5)\end{array}}$$

Zur Vereinfachung drückt man dieses Verhältnis meist als Logarithmus mit der Basis 10 aus: Das ist der Lod-Wert (*logarithm of the odds*). Die Wahrscheinlichkeit einer Kopplung betrachtet man als signifikant, wenn der Lod-Wert über 3,0 liegt, das heißt, wenn das Verhältnis der Wahrscheinlichkeiten den Wert 1000 übersteigt. Einen Lod-Wert von –2 oder weniger betrachtet man als Hinweis, daß keine Kopplung vorliegt. Hat man genügend Hinweise, die gegen eine Kopplung sprechen, kann man die Zugehörigkeit eines Locus zu ganzen Chromosomen oder sogar zu großen Teilen des Genoms ausschließen (Ausschlußkartierung). Anschließend kann sich die Suche auf die wenigen verbleibenden Stellen konzentrieren. Das scheinbar sehr hohe Wahrscheinlichkeitsverhältnis ist für den Nachweis der Kopplung erforderlich, weil die Chance, daß zwei beliebige Loci gekoppelt sind, von vornherein 1 zu 50 beträgt; die zusätzliche Wahrscheinlichkeit von 1 zu 20, die zum Erreichen eines Lod-Wertes von 3,0 gebraucht wird, bedeutet also, daß die Aussage, die beiden Loci seien gekoppelt, nur zu etwa 95 Prozent verläßlich ist.

Um einen nichtidentifizierten krankheitserzeugenden Locus anhand der Kopplung zu kartieren, untersucht man nacheinander eine Reihe von Markern daraufhin, ob sie in der Meiose gemeinsam mit dem Krankheitslocus segregieren. Abbildung 4.6 zeigt ein hypothetisches Beispiel: Die Krankheit wird dominant vererbt, so daß jeder Erkrankte an dem betreffenden Locus X ein krankheitserzeugendes Allel (X^D) und ein normales Allel (X^N) trägt. In allen informativen Meiosen geben die Erkrankten mit der Krankheit auch das Allel A2 (elfmal) oder mit dem normalen Allel das Allel A1 (siebenmal) weiter. Das Allel A1 wird niemals zusammen mit der Krankheit vererbt, ebensowenig wie das Allel A2 mit dem normalen Allel am Krankheitslocus. Die Haplotypen lauten also A2-X^D und A1-X^N. Zwischen den Loci X und A hat in 18 Meiosen keine Rekombination stattgefunden, was auf eine enge Kopplung schließen läßt. Dagegen segregiert von den beiden Allelen des Markers B keines bevorzugt mit der Krankheit.

Ein einzelner Stammbaum liefert nur in seltenen Fällen so viel informative Meiosen, daß sich daraus die Kopplung belegen läßt, denn meist sind die Familien klein, und die Marker liefern vielfach nicht genügend Hinweise. Meist muß man Lod-Werte aus mehreren Stammbäumen zusammenfassen, um statistisch signifikante Befunde zu erhalten. Es gibt Computerprogramme wie LIPED, mit denen man Lod-Werte für verschiedene Werte von θ berechnen kann. Ist ein signifikanter Hinweis auf Kopplung vorhanden, betrachtet man als Rekombinationshäufigkeit θ den Wert $\hat{\theta}$, bei dem der Lod-Wert (z) sein Maximum $\hat{z}$ erreicht (Abb. 4.7). Mittlerweile sind beim Menschen so viele Marker bekannt, daß man jede einzelne Genabweichung kartieren kann. Im Idealfall würde man dazu Marker benutzen, die in Ab-

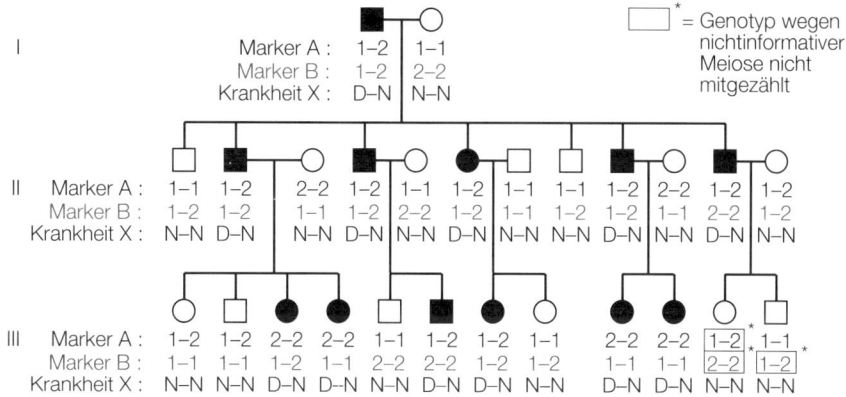

4.6 Nachweis genetischer Kopplung zwischen Markern und einem nichtidentifizierten, dominanten Krankheitslocus.

ständen von 20 cM über das ganze Genom verteilt sind. Das wären insgesamt etwa 200 Marker; in der Praxis benötigt man aber eine weit größere Zahl, weil die verfügbaren Marker ungleichmäßig verteilt sind.

Wenn man die Reihenfolge mehrerer gekoppelter Loci ermitteln will, ist die Kopplungsanalyse für mehrere Loci von besonderem Wert. Mit ihrer Hilfe kann man zudem die wahrscheinlichste Lage eines nicht identifizierten Locus X (Krankheitsgen oder nicht kartierter Markerlocus) relativ zu den gekoppelten Markern ermitteln. Der Lagewert ist dabei definiert als das Doppelte des natürlichen Logarithmus des Wahrscheinlichkeitsverhältnisses:

$$\frac{\text{Wahrscheinlichkeit, daß X innerhalb der Markerregion liegt}}{\text{Wahrscheinlichkeit, daß X außerhalb der Markerregion liegt}}$$

Die Geschwisterpaaranalyse ist eine Form der Kopplungsanalyse, mit der man autosomal-rezessive Krankheiten kartieren kann; außerdem kann man mit ihr nach Genen für die Veranlagung für Krankheiten suchen, die nicht nach den Mendelschen Regeln vererbt werden. Geschwister haben wegen ihrer gemeinsamen genetischen Herkunft im Durchschnitt etwa 50 Prozent

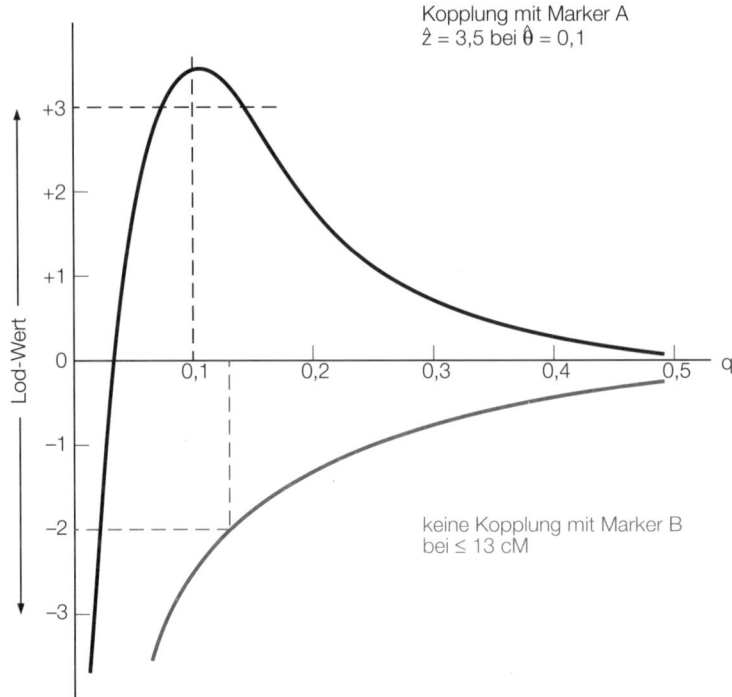

Kopplung mit Marker A
$\hat{z} = 3,5$ bei $\hat{\theta} = 0,1$

keine Kopplung mit Marker B
bei ≤ 13 cM

4.7 Lod-Werte für die vermutete Kopplung eines Locus mit zwei Markern.

ihrer Gene gemeinsam. Sind Geschwister von der gleichen genetisch bedingten Erkrankung betroffen, kann man jedoch annehmen, daß sie beide die gleichen Krankheitsallele von den Eltern geerbt haben. Wenn man nun mit einem Satz von DNA-Markern, die sich auf verschiedene Stellen des Genoms verteilen, zahlreiche betroffene Geschwisterpaare untersucht, kann man feststellen, ob sie einen Chromosomenabschnitt häufiger gemeinsam haben, als man es nach dem Zufallsprinzip erwartet. Ist das der Fall, liegt das Gen, das die Anfälligkeit für die Krankheit hervorruft, mit großer Wahrscheinlichkeit in diesem Abschnitt.

4.1.5 Ermittlung genetischer Kartenabstände durch Einzelspermientypisierung

Die Einzelspermientypisierung ist ein neues Verfahren zur Messung der Rekombinationshäufigkeit, mit dem man eine viel höher auflösende Kartierung errreichen kann als mit der herkömmlichen Stammbaumanalyse (im typischen Fall 0,01 cM im Vergleich zu 1 bis 2 cM bei der herkömmlichen Methode). Die Methode dürfte sich gut zur Einordnung eng gekoppelter Loci eignen; man analysiert dabei gleichzeitig drei Loci in den Samenzellen eines dreifach heterozygoten Mannes. Die DNA-Sequenz in einzelnen Meioseprodukten wird analysiert, das heißt, in einzelnen Samenzellen [6], die man durch Mikromanipulation oder Flüssigkeitscytometrie gewinnt. Man extrahiert die DNA aus den Einzelzellen und untersucht, welche Allele an den fraglichen Loci vorhanden sind. Zu diesem Zweck werden die ge wünschten Loci mit PCR vervielfacht und die Produkte mit geeigneten allelspezifischen Oligonucleotiden hybridisiert (Abschnitt 3.2.4).

4.2 Niedrig auflösende physische Kartierung

4.2.1 Hybridzellkartierung

Durch künstliche Fusion von Gewebekulturzellen verschiedener biologischer Arten entstehen somatische Zellhybride. Hybride, die man zur Genkartierung beim Menschen einsetzt, entstehen durch die Fusion menschlicher Zellen mit Nagerzellen, meist von Maus oder Hamster. Anfangs besitzen die fusionierten Zellen einen Hybridzellkern (Heterokaryon) mit den Chromosomen von Mensch und Nager. Solche Zellen sind jedoch instabil: In den folgenden Zellteilungszyklen vermehren sich die meisten menschlichen Chromosomen nicht – sie gehen verloren. Schließlich erhält man stabile Hybridzellinien, die einen vollständigen Nager-Chromosomensatz und zusätzlich wenige menschliche Chromosomen enthalten. Unterscheiden lassen sich die menschlichen Chromosomen anhand ihrer Morphologie und durch differentielle Färbung mit DNA-bindenden Farbstoffen; man kann sie aber auch identifizieren, indem nach menschlichen DNA-Sequenzen oder Genprodukten gesucht wird, von denen man weiß, daß sie auf bestimmten Chromosomen lokalisiert sind.

Gene, die menschliche Enzyme oder andere Proteine codieren, kann man bestimmten Chromosomen zuordnen, indem man die einzelnen Hybridzellklone auf die Gegenwart des betreffenden Genprodukts hin untersucht. Auch anonyme DNA-Klone lassen sich ganz allgemein durch DNA-Hybridisierung oder (wenn die Sequenz des Klons zumindest teilweise bekannt ist) durch Untersuchung einer Reihe von Hybridzellen mit Hilfe der PCR auf einem bestimmten Chromosom lokalisieren.

Mit herkömmlichen somatischen Zellhybriden kann man Syntäniekarten erstellen, das heißt, Serien von Markern werden bestimmten Chromosomen zugeordnet, aber Erkenntnisse über die Lage solcher Marker innerhalb der Chromosomen lassen sich auf diese Weise nicht gewinnen. Dazu braucht man besondere Hybride, die nur Teile bestimmter menschlicher Chromosomen enthalten. Aus Zellen mit Chromosomentranslokationen kann man beispielsweise Translokationshybride herstellen, und Zellen mit Deletionen im Innern oder am Ende der Chromosomen können zur Konstruktion von Deletionshybriden dienen; mit ihrer Hilfe kann man DNA-Sonden auch einzelnen Chromosomenbruchstücken zuordnen (Abb. 4.8).

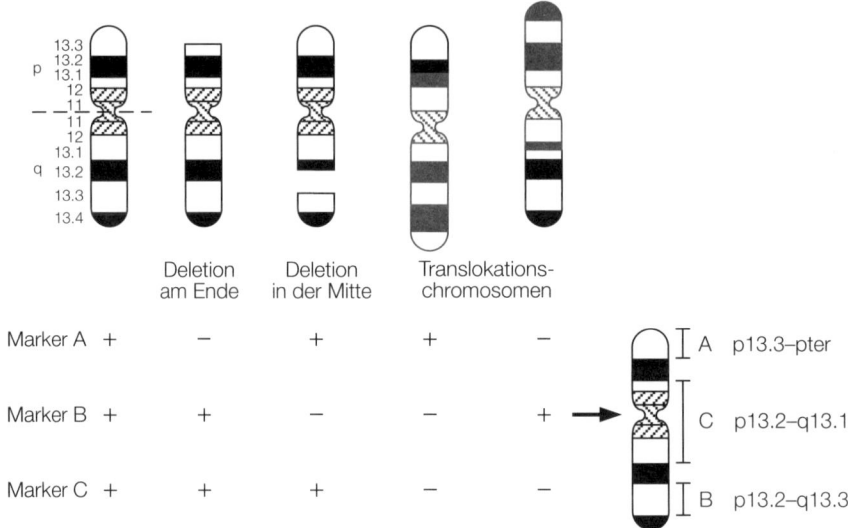

4.8 Lokalisierung von Markern in einzelnen Bereichen des Chromosoms 19 mit einer Serie von somatischen Deletions- und Translokations-Zellhybriden.

In einer Abwandlung der Deletionsmethode stellt man aus einem vorhandenen somatischen Zellhybrid, das ein einziges menschliches Chromosom enthält, eine Reihe von Deletionshybriden her, jedes mit einem anderen kleinen Fragment dieses Chromosoms. Durch genau kontrollierte Röntgenbestrahlung werden die Chromosomen praktisch nach dem Zufallsprinzip in kleine Bruchstücke gespalten. Die bestrahlte Hybridzelle fusioniert man mit einer Nagerzelle, und dann selektiert man Zellen mit menschlichen DNA-Sequenzen (zum Beispiel indem man nach der repetitiven *Alu*-Sequenz sucht). Auf diese Weise erhält man eine Serie sogenannter Strahlungshybride, bei denen das menschliche Chromosom kleiner geworden ist. Untersucht man die DNA solcher Strahlungshybride in Hybridisierungs-

oder PCR-Reaktionen mit einer Serie von DNA-Klonen, kann man das Muster positiver und negativer Reaktionen auswerten und daraus die lineare Anordnung der in den Klonen vertretenen Sequenzen ableiten [7].

4.2.2 *In situ*-Hybridisierung

Dic chromosomalc Lokalisierung einer beliebigen gereinigten DNA-Sequenz kann man ermitteln, indem man sie markiert und unmittelbar mit der DNA intakter Chromosomen hybridisiert. Dazu benutzt man ein luftgetrocknetes mikroskopisches Präparat mit Metaphasechromosomen, auf dem man die DNA durch Formamidbehandlung denaturiert hat. Bisher benutzte man für die *in situ*-Hybridisierung ^{3}H-markierte Sonden. Nach der Autoradiographie werden positive Signale durch Zählen der Silberkörner in der photographischen Emulsion erkannt, und ein statistischer Test ermöglicht die Unterscheidung des eigentlichen Signals vom unspezifischen Hintergrund.

In jüngster Zeit konnte man Empfindlichkeit und Auflösungsvermögen des Verfahrens durch die Entwicklung der Fluoreszenz-*in-situ*-Hybridisierung (FISH) erheblich steigern [8]. Dabei markiert man die DNA durch Anheften eines Indikatormoleküls. Nachdem man das Präparat hybridisiert und die überschüssige Sonde abgewaschen hat, inkubiert man es in einer Lösung mit einer fluoreszierenden Substanz, die sich an das Indikatormolekül der hybridisierten Sonde bindet. Zur Verstärkung des Hybridisierungssignals verwendet man lange Sonden, meist Cosmidklone mit eingebauten Sequenzen von etwa 40 kb. Da solche langen DNA-Abschnitte auch viele eingestreute repetitive Sequenzen enthalten, muß man die Konkurrenzunterdrückungs-Hybridisierung anwenden: Vor der eigentlichen Hybridisierungsreaktion mischt man die Sonde mit unmarkierter DNA des Gesamtgenoms. Dadurch werden die repetitiven Sequenzen in der Sonde abgesättigt, so daß sie die spezifische *in situ*-Hybridisierung der nur einmal vorhandenen Sequenzen nicht mehr stören.

Die FISH hat den Vorteil, daß sie schnell Ergebnisse liefert, die man durch einfaches Betrachten im Mikroskop bequem auswerten kann. Positive Signale zeigen sich in Metaphasepräparaten als doppelte Punkte, weil die Sonde mit beiden Schwesterchromatiden hybridisiert (Abb. 4.9). Mit hochentwickelten Geräten und Molekülen, die verschiedene Fluoreszenzfarbstoffe tragen, kann man sogar mehrere DNA-Klone parallel kartieren und zuordnen. Das Auflösungsvermögen der FISH liegt für Metaphasechromosomen derzeit bei etwa 10 Mb. Mit mehreren unterschiedlich markierten Sonden erreicht man aber an Interphasezellkernen eine wesentlich höhere

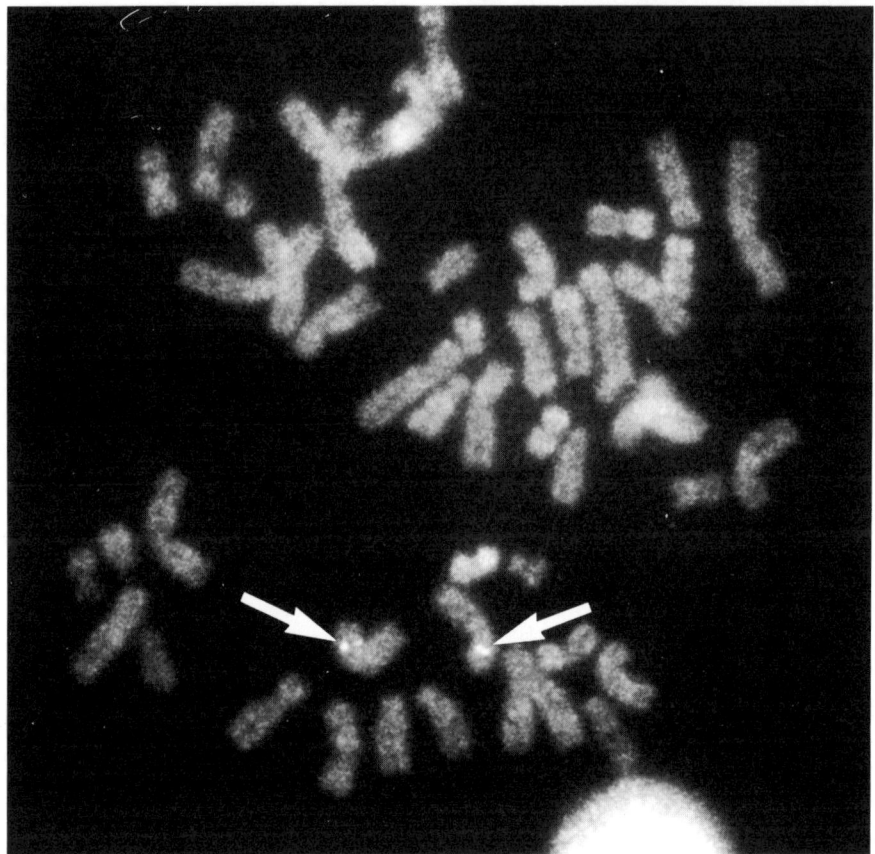

4.9 Fluoreszenz-*in-situ*-Hybridisierung. Kartierung eines Dystrophin-Cosmidklons in einem Präparat menschlicher Metaphasechromosomen. Das positive Hybridisierungssignal ist durch Pfeile gekennzeichnet.

Auflösung. Einzelne Stellen auf Chromosomen kann man in Interphasepräparaten nicht erkennen, aber die Reihenfolge und Abstände der in unterschiedlichen Farben fluoreszierenden Sonden lassen sich bis auf 50 kb genau bestimmen [9].

Eine besondere Abwandlung der FISH ergab sich durch die Verwendung von Sonden, die ganze Chromosomen repräsentierten, zum Beispiel durch Kombination aller Sequenzen aus einer chromosomenspezifischen DNA-Bibliothek. Auf diese Weise kann man erreichen, daß ganze Chromosomen aufleuchten (*chromosome painting*) [10]. Auch Chromosomenabschnitte kann man auf diese Weise „bemalen", wenn man Klone aus einer durch Mikrodissektion abgetrennten Chromosomenregion als Sonde verwendet;

Anwendungsbereiche für das Verfahren ergeben sich wahrscheinlich in der Untersuchung der Chromosomevolution und bei der Definition von Markerchromosomen in der klinischen und Tumor-Cytogenetik.

4.2.3 Hybridisierung mit DNA aus bestimmten Chromosomen oder Chromosomenabschnitten

Einzelne Chromosomen des Menschen kann man durch Flow-Karyotypisierung reinigen (Abschnitt 4.1.3). Anschließend kann man eine Sonde einfach kartieren, indem man sie markiert und mit Punktblots (Abschnitt 3.1.6) hybridisiert, bei denen jeder Punkt die denaturierte DNA aus einem der 24 verschiedenen menschlichen Chromosomen enthält. Kennt man einen Teil der DNA-Sequenz, kann man in einzelnen Chromosomen auch mit der PCR nach dieser Sequenz suchen (Abschnitt 3.3), indem man Oligonucleotidprimer aus dem Abschnitt verwendet, den man kartieren möchte.

Genauer läßt sich die chromosomale Lokalisierung mit analogen Methoden ermitteln, wenn man DNA aus bestimmten Chromosomenabschnitten benutzt, die man durch Mikrodissektion gewonnen hat (Abschnitt 4.1.3).

4.2.4 Genkartierung durch Gendosis

Wenn ein Gen auf einem Autosom nicht wie üblich in zwei, sondern in einer oder drei Kopien vorhanden ist, würde man erwarten, daß ein von diesem Gen codiertes Enzym 50 beziehungsweise 150 Prozent seiner normalen Aktivität besitzt. Deshalb kann man Zellen, die für ein bestimmtes Chromosom oder (aufgrund einer Translokation oder Deletion) für einen Chromosomenabschnitt mono- oder trisom sind, an Mengenunterschieden einzelner Enzyme erkennen. Die Beziehung zwischen der anormalen Enzymaktivität und einer anormalen Chromosomenzahl erlaubt deshalb die Zuordnung des Gens, das dieses Enzym codiert.

4.2.5 Genkartierung durch Eingrenzung zugehöriger Chromosomenaberrationen

Viele Krebsgene konnte man cytogenetisch bestimmten Chromosomen zuordnen, indem man in den Tumorzellen eine erhöhte Häufigkeit bestimmter Chromosomenaberrationen nachwies. Tumorspezifische Chromosomenbruchstellen liegen oft in der Nähe von Onkogenen (Abschnitt 5.4). Tumorspezifische Mutationen, die zur Inaktivierung von Tumorsuppressorgenen führen, sind oft mit größeren Veränderungen verbunden, beispielsweise mit dem Verlust ganzer Chromosomen oder mit Deletionen langer Chromosomenabschnitte, die das betreffende Gen enthalten. Auch Gene, die mit anderen genetisch bedingten Erkrankungen zu tun haben, lassen sich manchmal aufgrund ihrer Beziehung zu Deletionen, Translokationen und ähnlichen Veränderungen kartieren, die bei einer kleinen Minderheit der Patienten vorkommen.

4.2.6 Kartierung von Tumorsuppressorgenen aufgrund des Verlusts der konstitutiven Heterozygotie

Große tumorspezifische Mutationen, durch die Tumorsuppressorgene inaktiviert werden, kann man auf molekularer Ebene identifizieren, wenn man DNA aus dem Blut und dem Tumor desselben Patienten vergleicht. DNA-Marker in der Nähe des Tumorsuppressorgens, die konstitutiv (das heißt in der DNA aus dem Blut) heterozygot sind, liegen in der DNA des Tumors oft im hemizygoten Zustand vor (Abb. 4.10), weil ein Allel durch Monosomie (Fehlen eines Chromosoms im diploiden Chromosomenbestand), Deletion der Chromosomenenden oder andere genetische Vorgänge verlorengegangen ist (Abschnitt 5.4.3). Mit dieser Art der Kartierung kann man ein Tumorsuppressorgen sehr schnell lokalisieren (Tabelle 4.2).

4.3 Hochauflösende physische Kartierung

Bei den zuvor beschriebenen Methoden für die physische Kartierung liegt die Untergrenze des Auflösungsvermögens im typischen Fall bei einigen Megabasen; sie werden durch die molekularen Kartierungsmethoden ergänzt, mit denen man DNA in dem Bereich von einem Basenpaar bis zu mehreren Megabasen analysieren kann. Die genaueste physische Karte erhält man durch die DNA-Sequenzierung (Abschnitt 3.4), bei der man die Reihenfolge der einzelnen Nucleotide bestimmt, aber die Kartierung großer DNA-Bereiche allein durch Sequenzieren ist derzeit technisch noch schwierig (siehe unten). Eine gröbere Kartierung in Bereichen von etwa 0,1 kb bis über 1 Mb erreicht man durch Restriktionskartierung (Abschnitte 3.2.1 und 3.6.2).

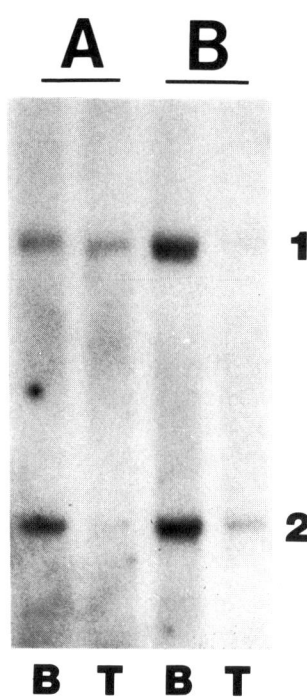

4.10 Verlust der konstitutionellen Heterozygotie für die Markersonde D22S15 in Neuromen zweier Patienten. B = DNA aus dem Blut; T = DNA aus dem Tumor (Akustikus-neurinom); 1 = *Sac*I-Allel mit 8,2 kb; 2 = *Sac*I-Allel mit 2,6 kb.

Tabelle 4.2: Beispiele für Allelverluste in Tumoren, nachgewiesen durch DNA-Untersuchungen

Tumor	Ort des Allelverlusts
Retinoblastom	13q
Osteosarkom	13q
Wilms-Tumor	11p
Nierenkarzinom	3p
Phäochromocytom	1p, 22
medulläres Schilddrüsenkarzinom	1p
Rhabdomyosarkom	11p
Meningiom	22
Akustikusneurinom	22
Brustkrebs	11p, 13q, 17p, 3p
Magenkrebs	13q
Darmkrebs	5q, 17p, 18q, 22 und andere
Lunge, kleinzellig	3p, 13q, 17p
Lunge, andere	besonders 3p

4.3.1 Zusammensetzen von Contigs, Chromosomenwanderung und Chromosomenspringen

Die größten zusammenhängenden DNA-Fragmente, die man derzeit mit molekularen Methoden kartieren kann, sind die mit YACs gewonnenen DNA-Klone (Abschnitt 3.6.1). Sie sind bis zu 1 Mb lang. Noch umfangreichere Karten kann man aber konstruieren, wenn man Klone mit überlappenden Sequenzen sucht. Dieses Verfahren hat das Ziel, große Chromosomenabschnitte zusammenzusetzen, die sogenannten Contigs, deren gesamte Sequenz als Serie überlappender Fragmente in genau bekannten Klonen enthalten ist. Solche Klone mit überlappenden Fragmenten findet man normalerweise in DNA-Bibliotheken, denn diese sind aus vielen Kopien der einzelnen Chromosomen entstanden, die praktisch nach dem Zufallsprinzip gespalten wurden (Abb. 4.11). Wenn man die DNA-Fragmente bei der Konstruktion der Bibliothek in Empfängerzellen bringt, befinden sich die überlappenden Abschnitte schließlich jeweils in einer eigenen Zelle.

Zum Nachweis von Klonen mit überlappenden Sequenzen in einer Bibliothek gibt es verschiedene Vorgehensweisen. Man kann beispielsweise kurze spezifische Oligonucleotidsonden mit einer Anordnung einzelner Klone hybridisieren und so feststellen, welchen davon die betreffende Sequenz gemeinsam ist. Weitere Verfahren sind die Restriktionskartierung, bei der man in verschiedenen Klonen nach Übereinstimmungen im Muster der Restriktionsfragmente sucht, der Nachweis der Verteilung repetitiver Elemente (zum Beispiel *Alu*- oder *Kpn*-Sequenzen) und die Vermehrung durch PCR. Für die letztgenannte Methode muß man zunächst einen kurzen Abschnitt sequenzieren und so eine charakteristische Sequenz finden (man spricht hier von *sequence-tagged sites*, kurz STS), damit man Primer konstruieren kann, mit denen nur die DNA in allen Klonen mit der betreffenden Sequenz vermehrt wird, nicht aber die in anderen Klonen.

Ein anderes häufig verwendetes Verfahren zur Erweiterung von Genkarten, das sich ebenfalls auf die Hybridisierung gründet, ist das Wandern auf dem Chromosom. Mit einem klonierten Fragment als Sonde sucht man nach überlappenden Klonen (Abb. 4.11). Das Spektrum der Methoden für solche Chromosomenwanderungen hat sich in jüngster Zeit durch die YAC-Klone beträchtlich erweitert, mit denen man in großen Schritten auf der DNA vorankommt. Da das Chromosomenwandern aber zuvor recht schwierig war, hat man auch dem „Chromosomenspringen" große Aufmerksamkeit gewidmet. Dabei werden mit Hilfe eines Klons nicht unmittelbar benachbarte Klone aus dem gleichen Chromosomenbereich isoliert. Um eine Bibliothek für das Chromosomenspringen zu konstruieren, sorgt man dafür, daß lange Abschnitte der DNA aus dem Genom Ringe bilden, in die jeweils

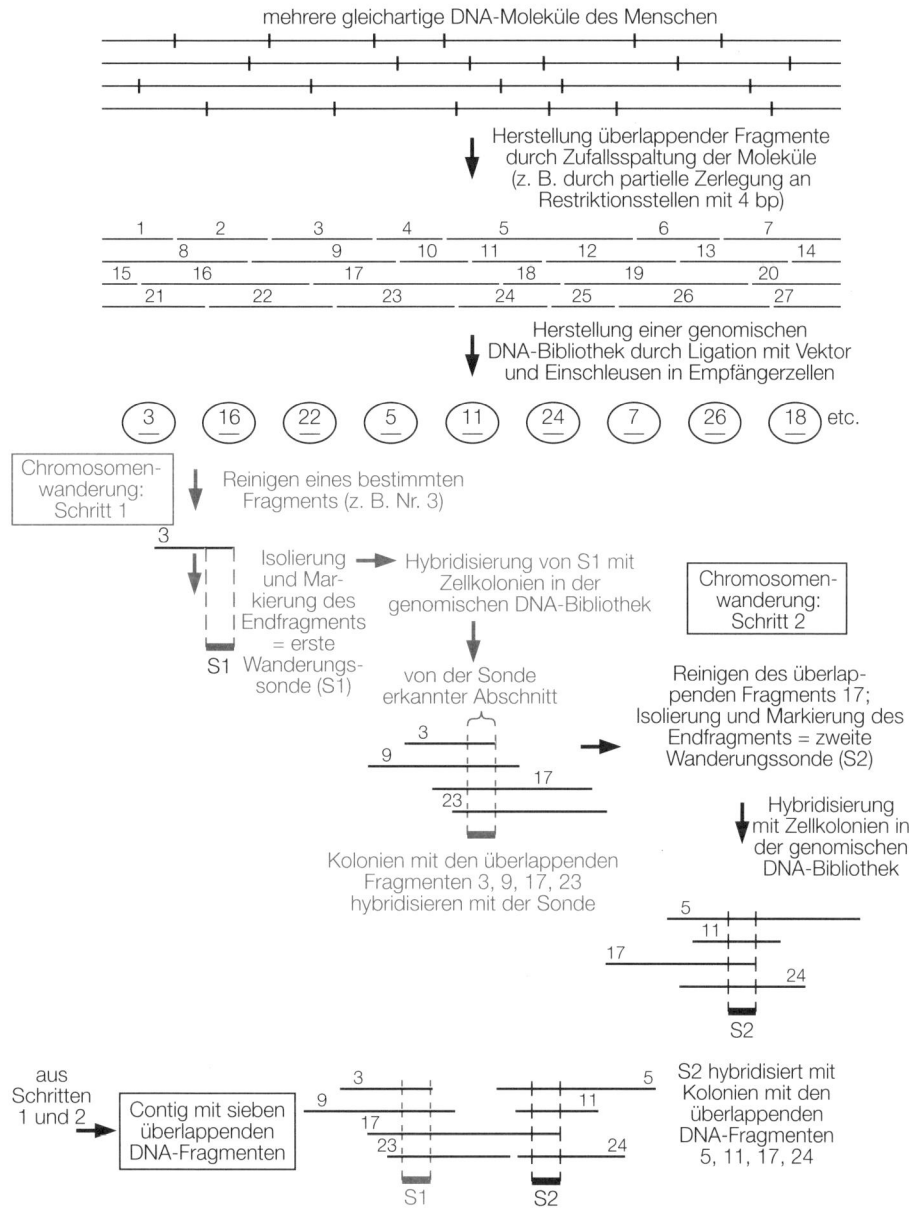

4.11 Wandern auf dem Chromosom und Zusammensetzen von Contigs.

eine fremde Sequenz als Marker mit eingebaut wird. Die ringförmige DNA spaltet man dann mit einer Restriktionsendonuclease, die in der Markersequenz nicht schneidet. Auf diese Weise erhält man kleine, klonierte Fragmente, und nun selektioniert man Klone mit der Markersequenz. Solche klonierten Fragmente in einer Bibliothek für das Chromosomenspringen enthalten zwei kurze menschliche DNA-Sequenzen, die beiderseits der Markersequenz liegen; diese Sequenzen lagen auf dem Chromosom ursprünglich weit voneinander entfernt und wurden erst durch die Ringbildung in unmittelbare Nachbarschaft gebracht. Deshalb kann man sich durch solche „Chromosomensprünge" mehrere hundert Kilobasen weit von einer Stelle des Chromosoms zur anderen bewegen.

4.3.2 Nachweis von Genen in klonierter DNA

Nachdem die DNA aus einem gewünschten Chromosomenabschnitt kloniert wurde, kann man mit verschiedenen Methoden die codierenden Sequenzen aufspüren.

Zoo-Blots. Dieses Verfahren gründet sich auf die Beobachtung, daß codierende Sequenzen in der Evolution meist erhalten bleiben, während nichtcodierende Sequenzen sich ändern (Tabelle 2.3). Man hybridisiert einen DNA-Klon, der möglicherweise ein Gen enthält, mit Southern Blots der DNA aus dem Genom verschiedener Tierarten und erhält so einen „Zoo-Blot". Bei geringerer Stringenz der Hybridisierungsreaktion zeigen Sonden mit menschlichen Genen starke Hybridisierung mit der DNA aus dem Genom der Tiere, Sonden mit nichtcodierenden Sequenzen hybridisieren dagegen nicht. Eine kleine Minderheit der Gene ist allerdings artspezifisch und läßt sich deshalb mit diesem Verfahren nicht nachweisen.

CpG-Inseln/HTF-Inseln. CpG-Inseln sind kurze DNA-Abschnitte, oft von 1 kb oder weniger, in denen unmethylierte CpG-Dinucleotide vorkommen, und zwar im Gegensatz zu den übrigen Teilen des Genoms (Abschnitt 2.6) in der erwarteten Häufigkeit [11]. Solche Inseln mit normaler CpG-Verteilung kennzeichnen wahrscheinlich transkriptionsaktive DNA-Sequenzen; man findet sie oft am 5'-Ende konstitutiver Gene. CpG-Inseln erkennt man in kurzen und langen Restriktionskarten an einem typischen Muster, wenn man bestimmte Restriktionsendonucleasen benutzt, deren Erkennungsstellen ein oder zwei CpG-Dinucleotide enthalten. So spaltet *Hpa*II beispielsweise an der Erkennungsstelle CCGG, aber CC^mGG schneidet das Enzym nicht. In Abschnitten mit methylierten CpG-Sequenzen kommen deshalb nur wenige

*Hpa*II-Erkennungsstellen vor. In den CpG-Inseln schneidet das gleiche Enzym dagegen wesentlich häufiger, und deshalb bezeichnet man solche Abschnitte aus als HTF-Inseln (für ***Hpa*II** *tiny fragments*, winzige *Hpa*-Fragmente). Selten schneidende Enzyme wie *Bss*HII (GCGCGC), *Sac*I (CCGCGG) und *Not*I (GCGGCCGC) spalten die DNA oft innerhalb der CpG-Inseln, weil diese Abschnitte relativ reich an G und C und an CpG-Dinucleotiden sind. Oft liegen solche Erkennungsstellen deshalb gehäuft in den CpG-Inseln.

Hybridisierungsmuster mit mRNA/cDNA.   Eine unmittelbare Methode zum Nachweis konstitutiver Gene ist die Hybridisierung der fraglichen DNA mit einem Northern Blot der mRNA aus Lymphocyten (oder einer geeigneten Laborzellinie) oder mit einer aus dieser mRNA hergestellten cDNA-Bibliothek. Gene, deren Gewebespezifität man nicht kennt, lassen sich auf diese Weise allerdings nicht immer nachweisen, selbst wenn man mRNA oder cDNA aus mehreren verschiedenen Geweben untersucht.

DNA-Sequenzierung.   Durch DNA-Sequenzierung eines fraglichen Abschnitts kann man vergleichsweise lange offene Leseraster aufspüren, DNA-Bereiche, die eine längere Polypeptidsequenz codieren könnten. Anders als die nichtcodierenden Abschnitte stehen polypeptidcodierende Sequenzen unter dem Selektionsdruck, daß Mutationen keine Stopcodons hervorbringen dürfen. Bei der Analyse bekannter DNA-Sequenzen stößt man manchmal auch auf Sequenzmotive, die auf eine exprimierte DNA-Sequenz hinweisen. Schließlich kann man durch Vergleich mit allen anderen in Datenbanken gespeicherten Sequenzen Hinweise auf das Wesen des mutmaßlichen Genprodukts finden: Vielleicht stellt sich heraus, daß es sich um ein Gen eines bestimmten Typs (zum Beispiel ein Aktingen) handelt oder daß es ein Membranprotein oder etwas Ähnliches codiert. Da die Sequenzierung großer DNA-Abschnitte jedoch relativ mühsam ist, wählt man dieses Verfahren im allgemeinen nur für den letzten Schritt bei der Analyse einer exprimierten DNA-Sequenz.

4.4 Die Genkarte des Menschen

4.4.1 Fortschritte der jüngsten Zeit

Die Fortschritte bei der Kartierung menschlicher Gene werden regelmäßig auf den internationalen *Human Gene Mapping Workshops* zusammengetragen. Bis Mitte 1990 hatte man über 6 000 Loci an bestimmten Stellen auf den Chromosomen lokalisiert, und nur bei einer Minderheit davon handelte es sich um Gene (Tabelle 4.3). Den Genen und Pseudogenen ordnet man *Human Gene Mapping Workshop*-Symbole zu, die meist aus zwei bis sechs Buchstaben und Ziffern bestehen. Anonyme Sequenzen bezeichnet man nach allgemeiner Übereinkunft mit dem Buchstaben D (für DNA), gefolgt

Tabelle 4.3: Kartierte Loci im Genom des Menschen (verändert nach [12])

Chromosom	Gesamtzahl der Loci	Zahl der Genloci (Zahl der sequenzierten Loci)		Zahl der polymorphen Loci
1	311	192	(82)	146
2	196	116	(50)	90
3	786	75	(29)	130
4	242	73	(34)	138
5	192	74	(28)	112
6	207	110	(55)	86
7	555	121	(50)	189
8	172	58	(25)	55
9	110	65	(24)	47
10	156	62	(28)	88
11	624	140	(55)	189
12	155	103	(45)	56
13	122	29	(12)	53
14	98	56	(33)	51
15	126	52	(20)	49
16	335	59	(25)	122
17	451	99	(47)	150
18	55	23	(10)	32
19	194	82	(38)	59
20	64	37	(17)	22
21	202	34	(7)	60
22	238	57	(22)	99
X	730	179	(31)	235
Y	231	13	(5)	17

von einer Zahl von 1 bis 22 oder X beziehungsweise Y für das Chromosom, S für einen nur einmal vorhandenen Abschnitt, Z für eine chromosomenspezifische oder F für eine an vielen Stellen vorkommende repetitive DNA-Familie und schließlich einer Seriennummer (Tabelle 4.4). Am häufigsten wurden für die Positionsbestimmung von Loci auf den Autosomen die Me-

Tabelle 4.4:   Nomenklatur für die Kartierung menschlicher Gene

Symbol	Bedeutung
CRYB1	Gen für Crystallin, Beta-Polypeptid 1
GAPD	Gen für Glycerinaldehyd-3-phosphat-Dehydrogenase (GAPD)
GAPDL7	GAPD-ähnliches Gen 7, Funktion unbekannt
GAPDP1	GAPD-Pseudogen 1
AK1	Gen für Adenylatkinase, Locus 1
AK2	Gen für Adenylatkinase, Locus 2
PGK1*2	zweites Allel am Locus *PGK1*
DYS29	einzigartiger DNA-Abschnitt Nr. 29 auf dem Y-Chromosom
D11Z3	für Chromosom 11 spezifische repetitive DNA-Familie Nr. 3
DXYS6X	DNA-Abschnitt auf dem X-Chromosom mit bekannter homologer Sequenz auf dem Y-Chromosom; sechstes klassifiziertes Paar homologer Abschnitte zwischen X und Y
DXYS44Y	DNA-Abschnitt auf dem Y-Chromosom mit bekannter homologer Sequenz auf dem X-Chromosom; 44. Paar homologer Abschnitte
D12F3S1	DNA-Abschnitt auf dem Chromosom 12, erstes Mitglied der Locusfamilie 3 (weitere Mitglieder auf X, 18, 21)
DXF3S2	DNA-Abschnitt auf dem X-Chromosom, zweites Mitglied der Locusfamilie 3

thoden der somatischen Zellhybridisierung und die *in situ*-Hybridisierung benutzt (Tabelle 4.5). In Zukunft wird man wahrscheinlich vor allem die FISH (Abschnitt 4.2.2) anwenden, weil sie relativ einfach ist und eine hohe Auflösung ermöglicht.

Tabelle 4.5:   Methoden zur Kartierung autosomaler Loci

Methode	Zahl der kartierten Loci (Stand 1. März 1990)
somatische Zellhybridisierung	1 080
in situ-Hybridisierung	623
Familienkopplungsstudien	444
Dosiseffekt	156
Restriktionsfeinkartierung	150
Chromosomenaberrationen	117
Homologie der Syntänie	93
strahlungsinduzierte Gensegregation	18
andere	138
Gesamtzahl (viele Loci mit mehreren Methoden kartiert)	2 819

Die Karte mit den Markern für die Kopplung menschlicher Gene erweitert sich schnell. Die erste Karte mit DNA-Polymorphismen, die das gesamte Genom umfaßte, wurde 1987 veröffentlicht; der Abstand der einzelnen Marker lag damals durchschnittlich bei 10 bis 15 cM [13]. In jüngerer Zeit wurden Kopplungsanalysen durch das Centre d'Etudes du Polymorphisme Humain (CEPH) in Paris erleichtert, das DNA-Proben von besonders aufschlußreichen Referenzstammbäumen international zugänglich macht. Bis Mitte 1990 waren über 2 000 verschiedene polymorphe Loci bekannt, das entsprach theoretisch einem durchschnittlichen Markerabstand von etwa 2 cM. Die Auflösung der neuesten veröffentlichten Genkarten liegt aber im Bereich von 5 bis 10 cM, weil die Kopplungsbefunde in allen Fällen mit einem begrenzten Repertoire an Markern gewonnen wurden.

4.4.2 Zusammenhang zwischen physischer und genetischer Karte

Die gesamte genetische Kartenlänge für das 3 000 Mb lange menschliche Genom beträgt im Durchschnitt beider Geschlechter etwa 3 700 cM. Ein durchschnittlicher Kartenabstand von 1 cM entspricht also auf der physischen Karte einer Länge von ungefähr 0,8 Mb. In Wirklichkeit weicht das Verhältnis von genetischem und physischem Kartenabstand auf den einzelnen Chromosomenabschnitten wegen der nicht zufälligen Verteilung der Chiasmata oft erheblich von diesem Mittelwert ab. In Chromosomenabschnitten, die Stellen mit hoher Rekombinationsfrequenz enthalten, finden sehr viel häufiger Crossing-over-Ereignisse statt. Ein solcher *hotspot* ist die etwa 2,5 Mb lange pseudo-autosomale Region des Y-Chromosoms, die in der Meiose stets ein Crossing-over mit dem X-Chromosom durchmacht (Abschnitt 2.2). Der Rest des Y-Chromosoms erlebt dagegen keine Rekombination. Eine hohe Rekombinationshäufigkeit beobachtet man im allgemeinen an den Telomeren; an den Centromeren und in geringerem Ausmaß auch etwas weiter von den Telomeren entfernt ist die Rekombination dagegen unterdrückt.

Die größeren genetischen Kartenabstände bei Frauen lassen darauf schließen, daß die Crossing-over-Häufigkeit in der weiblichen Meiose größer ist als in der männlichen. Die Karten, die auf dem *Human Gene Mapping Workshop* HGM 10.5 vorgestellt wurden, zeigen für die weibliche Genkarte Abstände, die im Durchschnitt um den Faktor 1,86 länger sind als die der männlichen Karte. Das Verhältnis von weiblich zu männlich schwankt dabei zwischen 1,21 für das Chromosom 14 bis zu 2,75 für das Chromosom 6 (Tabelle 4.6). Auf manchen Chromosomenabschnitten, beispielsweise in Teilen von 11p und 11q, sind die Kartenabstände jedoch beim Mann größer

Tabelle 4.6: Unterschiede in den Kopplungskarten von Mann und Frau

Nummer des Chromosoms	Marker an den Enden der Kopplungskarte		Kartenabstand (cM)	
	p	q	männlich	weiblich
1	D1Z2	D1S68	239	392
3	D3S22	D3S26	171	224
4	D4S115	D4S119	127	287
5	D5S10	D5S43	217	377
6	F13A	D6S21	101	278
10	D10S31	D10S6	148	236
12	F8VWF	PAH	93	164
14	D14S26	D14S20	87	109
15	D15S24	D15S3	85	166
16	D16S85	D16S7	105	169
17	D17S34	D17S24	105	258
19	D19S21	PRKCG	81	156
20	D20S18	D20S19	53	137
21	D21S13E	COL6A1	73	103

als bei der Frau. Das Verhältnis der Kartenabstände bei Mann und Frau kann manchmal auch in benachbarten Chromosomenabschnitten sehr unterschiedlich sein: Der Abstand zwischen den Markern RH und L56 auf 1p beträgt zum Beispiel in der männlichen Meiose 14 cM, in der weiblichen aber nur 0,2 cM; in der benachbarten Chromosomenregion dagegen findet man zwischen den Markern C52 und L1039 bei Männern einen Abstand von 0,1 cM und bei Frauen einen solchen von 28 cM (Abb. 4.12).

4.4.3 Organisation funktionsverwandter Gene auf den Chromosomen

Zwar ist die derzeitige Genkarte bei weitem noch nicht vollständig, aber über die Anordnung nichtalleler Gene mit verwandten Funktionen kann man bereits einige Schlußfolgerungen ziehen. Nichtallele Gene, die ähnliche Produkte codieren, liegen oft gehäuft; Gene für Protein-Isoformen, die nur in bestimmten Geweben oder Zellkompartimenten vorkommen, befinden sich dagegen vielfach auf verschiedenen Chromosomen, und das gleiche gilt für viele andere Gene, deren Produkte ähnliche Funktionen erfüllen (Tabelle 4.7).

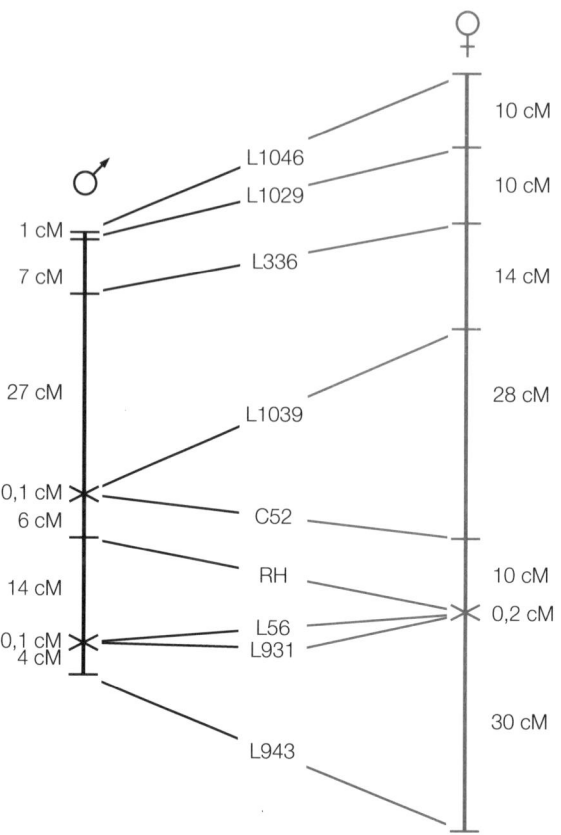

4.12 Geschlechtsspezifische Unterschiede in der Genkarte der menschlichen Chromosomenregion 1pter. Wiedergegeben nach [13].

4.4.4 Krankhafte Anatomie des menschlichen Genoms

Viele erbliche Krankheiten, die von einem einzigen X-gekoppelten Gen hervorgerufen werden, hat man schon seit langem als solche erkannt, weil sie sich in Stammbäumen in charakteristischer Weise zeigen. Die Kartierung solcher Krankheiten auf einzelnen Abschnitten innerhalb des X-Chromosoms oder auf einem bestimmten Autosom gelingt jedoch erst seit ungefähr zehn Jahren, vor allem weil seither immer mehr DNA-Marker für Kopplungsuntersuchungen zur Verfügung stehen. Inzwischen wurde eine beträchtliche Zahl wichtiger, durch einzelne Gene hervorgerufener Krankheiten kartiert (Tabelle 4.8). Das gleiche gilt für zahlreiche Gene, die eine Veranlagung für die krebsartige Entartung somatischer Zellen schaffen

Tabelle 4.7: Anordnung von Genen für Produkte mit verwandten Funktionen

Gene für	Anordnung	Beispiele
das gleiche Produkt	oft gehäuft	Gene für rRNA, Histone, HLA Immunglobuline
gewebespezifische Proteinisoformen und Isozyme	manchmal gehäuft; manchmal nichtsyntän	gehäuft liegende Gene für Pankreas- und Speichelamylase (1p21); nicht-syntäne α-Aktin-Gene für Expression in Skelett- (1p) und Herzmuskel (15q)
spezifische Isozyme einzelner Zell-kompartimente	oft nichtsyntän	cytoplasmatische und mitochondriale Isozyme der Aldehyddehydrogenase (*ALDH1* – 9q, *ALDH2* – 12q), der Aconitase (*ACO1* – 9p; *ACO2* – 22q), der Thymidin-kinase (*TK1* – 17q; *TK2* – 16) etc.
Enzyme des gleichen Stoff-wechselweges	oft nichtsyntän	Gene für Enzyme der Steroidsynthese, z.B. Steroid-11-Hydroxylase – 8q Steroid-17-Hydroxylase – 10 Steroid-21-Hydroxylase – 6p
Untereinheiten des gleichen Proteins oder Enzyms	oft nichtsyntän	Hämoglobin: α – 16p; β – 11p; Kollagen: α(1)I – 7q; α(2)I – 17q; Ferritin: H – 11q; L – 22q; HLA Klasse I: H – 6p; L – 15q; Immunglobuline: H – 14q, L – 2p oder 22q
Ligand und zuge-höriger Rezeptor	oft nichtsyntän	Gene für Interferone (*IFNA* und *IFNB* – 9p, *IFNG* – 12) und ihre Rezeptoren (*IFNAR* und IFNBR – 21q, *IFNGR*–18); Insulingen *INS* – 11p, Insulinrezeptor *INSR* – 19p

(Abschnitt 5.4), und für genetische Faktoren, die zu verbreiteten Krankheiten wie zum Beispiel Arteriosklerose und Diabetes beitragen (Abschnitt 6.1).

Da X-gekoppelte Vererbung besonders leicht zu erkennen ist, wurden auf dem X-Chromosom erwartungsgemäß mehr pathologische Veränderungen kartiert als auf jedem anderen Chromosom. In relativ hoher Dichte im Verhältnis zur Chromosomengröße liegen kartierte Krankheitsgene auch auf den Chromosomen 11 (Abb. 4.13), 17, 19 und 22. Auf den Chromosomen 2, 5 und 18 finden sich dagegen vergleichsweise wenig kartierte Krankheitsge-ne, und das gleiche gilt auch für das Y-Chromosom, das ja nur wenige funktionsfähige Gene trägt. Die Gene für Krankheiten mit sehr ähnlichem Phänotyp können durchaus auf mehreren verschiedenen Chromosomen lie-gen (siehe oben). Die Nebennierenhyperplasie ist zum Beispiel in verschie-

Tabelle 4.8: Kartenpositionen einiger erblicher Einzelgenkrankheiten

Krankheit	Chromosomenposition	Genlocus
α-Thalassämie	16p13.3	α-Globin
β-Thalassämie	11p15.5	β-Globin
Sichelzellanämie	11p15.5	β-Globin
familiäre Hypercholesterinämie	19p13	Rezeptor für Lipoprotein niedriger Dichte (LDL)
Duchenne/Becker-Muskeldystrophie	Xp21	Dystrophin
Cystische Fibrose	7q31-q32	CFTR
Chorea Huntington	4p16.3	Huntingtin (1993 isoliert)
Fragiles-X-Syndrom	Xq27.3	FMR-1
Neurofibromatose vom Typ I	17q11.2	NF1 (Neurofibromin)
myotonische Dystrophie	19q13	MD
spinale Muskelatrophie	5q11.2-q13.31	?
polycystische Nierenerkrankung	16p13.3	?
21-Hydroxylase-Mangel	6p21.3	21-Hydroxylase
erbliche Hämochromatose	6p21.3	?
Phenylketonurie	12q22-q24	Phenylalaninhydroxylase
α_1-Antitrypsin-Mangel	14q32.1	α_1-Antitrypsin
Retinoblastom	13q14.2	RB1
Polyposis coli	5q21	APC
Marfan-Syndrom	5q21.1	Fibrillin
Hämophilie A	Xq28	Faktor VIII

denen Familien auf den Chromosomen 1p, 6p, 8q, 10 und 15 lokalisiert, weil der Gendefekt verschiedene verwandte Enzyme der Steroidsynthese betrifft (Tabelle 4.7).

4.4.5 Vergleichende Genkartierung

Vergleiche zwischen dem Aufbau der menschlichen Genkarte und den ensprechenden Karten anderer Säugergenome sind aus mehreren Gründen nützlich:

a) Man erhält dadurch Einblicke in die Evolution von Genomen.
b) Es erleichtert die Zuordnung nicht identifizierter menschlicher Gene zu bestimmten Stellen der Karte.

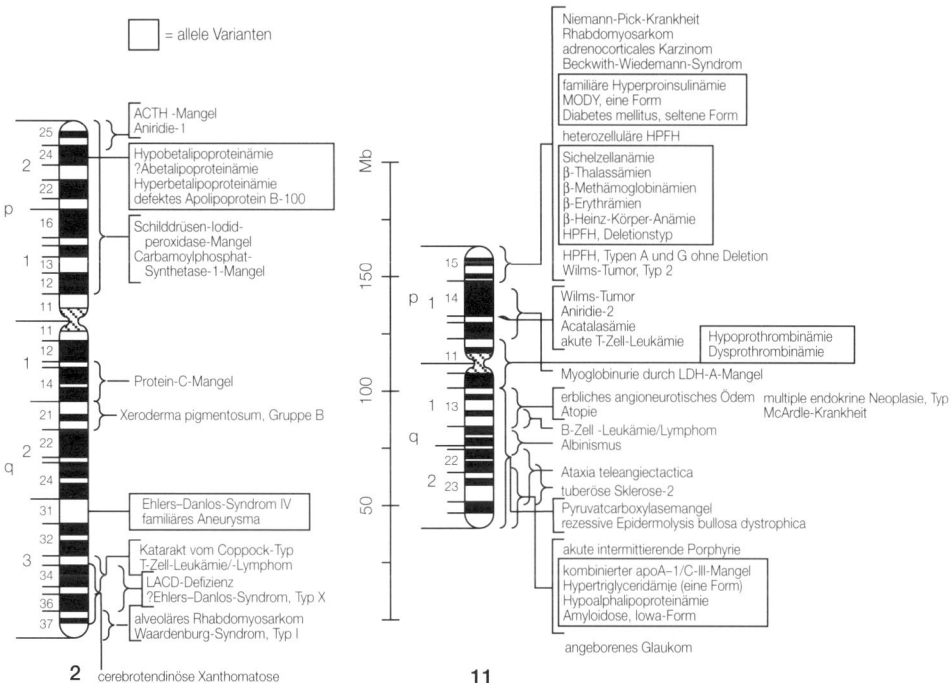

4.13 Krankheiten, die auf den Chromosomen 2 und 11 lokalisiert sind. In den Kästen stehen allele Varianten. Neu gezeichnet nach McKusick, V. A. *Mendelian Inheritance in Man*. 10. Aufl. 1992, mit freundlicher Genehmigung von Johns Hopkins University Press.

c) Es gibt Aufschlüsse über Mutanten der Tiere, die sich als Modell für genetisch bedingte Erkrankungen des Menschen eignen (Abschnitt 6.4).

Das einzige andere Säugergenom, das bisher relativ detailliert kartiert wurde, ist das der Maus. Es enthält, wie das Genom des Menschen, etwa 3×10^9 bp an DNA, aber der Chromosomenaufbau ist ganz anders (Abschnitt 2.2), und die Gesamtlänge des Mausgenoms schätzt man auf 1600 cM – ein Hinweis auf eine im Vergleich zum Menschen geringere Rekombinationshäufigkeit. Die Kartierung des Mausgenoms wurde durch Rückkreuzungen zwischen verschiedenen Mausarten erheblich erleichtert, und man konnte über 600 Loci mit einem Durchschnittsabstand von weniger als 3 cM lokalisieren [14].

Von den mehreren tausend Loci, die man bei Maus und Mensch kartiert hat, findet man über 400 bei beiden Arten, und es handelt sich bekanntermaßen um homologe Stellen. Gene, die zu X-gekoppelten Genen des Menschen homolog sind, finden sich auch bei der Maus stets auf dem X-Chromosom. Autosomale Gene, die bei einer der beiden Arten syntän, aber nur lose gekoppelt sind, findet man bei der anderen häufig auf unterschiedlichen Chromosomen [15]. Die Onkogene *src* und *abl* sowie die Gene für β_2-Mikroglobulin (*B2m*), das Beta-Polypeptid des follikelstimulierenden Hormons (*Fshb*) und Glucagon (*gcg*) liegen beispielsweise bei der Maus alle auf dem Chromosom 2, ihre homologen Gene beim Menschen verteilen sich aber (in der genannten Reihenfolge) auf die Chromosomen 20q, 9q, 15q, 11p und 2q. Eng gekoppelte Loci einer Art sind jedoch auch bei der anderen häufig syntän (Abb. 4.14).

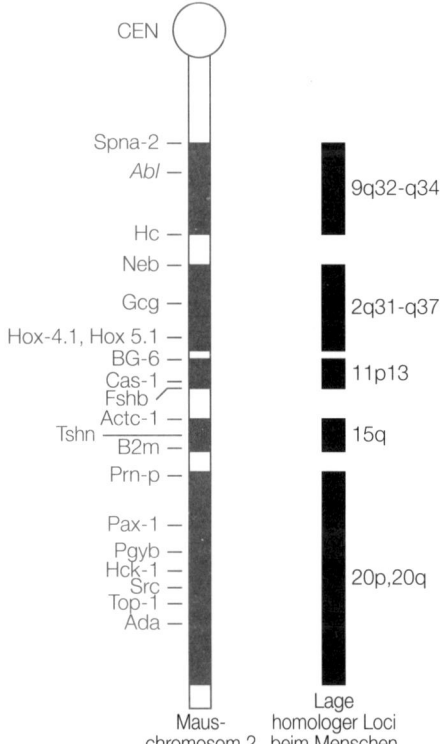

4.14 Homologie der Syntänie in den Genkarten von Maus und Mensch. Gezeigt sind homologe Loci zum Chromosom 2 der Maus.

Da es kurze Chromosomenabschnitte mit gleichen Syntänieeigenschaften gibt, konnte man die Kartenposition mehrerer menschlicher Gene aus Vergleichen mit der Karte der Maus ableiten (Tabelle 4.5). Ein wichtiger Anwendungsbereich dieser Methode wird wahrscheinlich die Kartierung multifaktorieller Erkrankungen werden, für die man über Tiermodelle verfügt. Am Menschen kann man solche Krankheiten nur schwer untersuchen, vor allem wegen der klinischen und genetischen Uneinheitlichkeit, zum Teil aber auch weil man nur in begrenztem Umfang geeignete Probanden findet. Bei der Maus ist die Genkartierung dagegen relativ einfach, denn hier kann man die Kreuzungen nach Belieben planen, und außerdem gibt es bei der Maus zahlreiche höchst aufschlußreiche polymorphe VNTR-Mikrosatellitenmarker. In jüngster Zeit konnte man durch die Kartierungsarbeiten drei Gene mit den Bezeichnungen *Idd-3*, *Idd-4* und *Idd-5* identifizieren, die in dem Mausmodell für den nicht mit Übergewicht verbundenen Diabetes die Anfälligkeit für die insulinabhängige Zuckerkrankheit bewirken (Abschnitt 6.1.4).

4.5 Das Human Genome Project

Die ernsthafte Planung eines Forschungsvorhabens mit dem Ziel, die gesamte DNA-Sequenz des menschlichen Genoms zu ermitteln, begann Mitte der achtziger Jahre, anfangs im US-Energieministerium und kurz darauf bei den National Institutes of Health. Daraus ging das „Projekt des menschlichen Genoms" hervor, an dem beide Institutionen beteiligt sind; es soll im Jahr 2005 mit einem Gesamtkostenaufwand von drei Milliarden Doller abgeschlossen sein, das ist etwa ein Zehntel der Kosten für eine Weltraumstation. Außerdem tragen auch mehrere Forschungszentren in Europa und Japan zu dem Vorhaben bei, und man gründete die Human Genome Organization (HUGO), die alle Bemühungen international koordinieren soll.

Wegen der derzeitig begrenzten Methoden zur DNA-Sequenzierung richten sich die Arbeiten in der ersten Phase zum größten Teil darauf, verbesserte genetische und physische Karten des menschlichen Genoms zu erstellen und die Technik der DNA-Sequenzierung weiterzuentwickeln. In den ersten fünf Jahren will man eine genetische Karte konstruieren, deren Marker im Durchschnitt nur noch 2 cM voneinander entfernt sind. Die geplante physische Karte soll alle 0,1 Mb eine Stelle mit bekannter Sequenz enthalten (Abschnitt 4.3.1), und Contigs von 2 Mb, zusammengesetzt aus überlappenden klonierten DNA-Fragmenten, sollen große Teile des Genoms abdecken [16]. Das Hauptproblem ist die Größe des menschlichen Genoms; mit seinen insgesamt 3 000 Mb ist es mehr als 10 000mal größer als das größte bisher vollständig sequenzierte Genom (das des Cytomegalievirus). Wegen dieses gewaltigen Umfangs konzentrieren sich mehrere Forschungszentren darauf, zunächst den exprimierten Teil des Genoms zu sequenzieren, jene zwei bis drei Prozent, die aus codierender DNA bestehen. Der Nachweis nicht identifizierter Gensequenzen in klonierter DNA aus dem Genom ist nach wie vor nicht einfach, und deshalb sequenziert man zunächst Teile der DNA aus den Klonen verschiedener cDNA-Bibliotheken, zum Beispiel solcher mit Sequenzen aus dem Gehirn [17]. Anhand der so gewonnenen Sequenzen kann man exprimierte DNA-Abschnitte herstellen, die man dann zur Isolierung nicht identifizierter Gene einsetzt.

Parallel zur Kartierung des menschlichen Genoms hat man in kleineren Projekten begonnen, das Genom mehrerer Modellorganismen wie *E. coli*, Hefe, *Drosophila*, Maus und der Pflanze *Arabidopsis* zu sequenzieren. Die Sequenzierung dieser kleineren Genome, so die Hoffnung, kann später als Pilotprojekt für die umfangreichen Arbeiten am menschlichen Genom dienen. Und da Gene von einer Art zur anderen häufig erhalten bleiben, gelangt man außerdem vielfach durch die Isolierung eines Gens aus einem relativ einfachen Genom auf dem schnellsten Weg zu dem entsprechenden Gen des Menschen. Auf lange Sicht werden die zusätzlichen Kenntnisse über gut untersuchte andere Arten für die Aufklärung grundlegender Entwicklungsvorgänge von großer Bedeutung sein.

Je mehr das Human Genome Project an Dynamik gewinnt, desto schwieriger wird es, die gewaltigen Datenmengen, die dabei anfallen, zu sammeln und auszuwerten. Der Hauptspeicher für Kartierungsbefunde ist derzeit die Genome Database an der Johns Hopkins University in Baltimore (USA); mehrere große Protein- und DNA-Sequenzdatenbanken gibt es in den USA, Europa und Japan.

Zitierte Literatur

1. Hulten, M. In: *Hereditas* 76 (1974) S. 55.
2. White, R.; Lalouel, J.-M. In: *Spektrum der Wissenschaft* 4 (1988) S. 80.
3. Davies, K. et al. In: *Nature* 293 (1981) S. 374.
4. Cotter, F. et al. In: *Genomics* 5 (1989) S. 470.
5. Ludecke, H. J. et al. In: *Nature* 338 (1989) S. 348.
6. Cui, X. et al. In: *Proc. Natl. Acad. Sci. USA* 86 (1989) S. 9389.
7. Cox, D. R. et al. In: *Science* 250 (1990) S. 245.
8. Lichter, P. et al. In: *Science* 247 (1990) S. 64.
9. Trask, B. J. et al. In: *Am. J. Hum. Genet.* 48 (1991) S. 1.
10. Lichter, P. et al. In: *Hum. Genet.* 80 (1988) S. 224.
11. Bird, A. P. In: *Trends Genetics* 3 (1987) S. 342.
12. Stephens, J. C. et al. In: *Science* 250 (1990) S. 237.

13. Donis-Keller, H. et al. In: *Cell* 51 (1987) S. 319.
14. Copeland, N. G.; Jenkins, N. A. In: *Trends Genetics* 7 (1991) S. 113.
15. Nadeau, J. H. In: *Trends Genetics* 5 (1989) S. 82.
16. Watson, J. D. In: *Science* 248 (1990) S. 44.
17. Adams, M. D. et al. In: *Science* 252 (1991) S. 1651.

Weiterführende Literatur

Conneally, P. M.; Rivas, M. L. *Linkage Analysis in Man*. In: *Adv. Hum. Genet.* 10 (1980) S. 209.

Human Gene Mapping 10, Tenth International Workshop on Human Gene Mapping. In: *Cytogenet. Cell Genet.* 51 (1989).

Human Gene Mapping 10.5. Update to the Tenth International Workshop on Human Gene Mapping. In: *Cytogenet. Cell Genet.* 55 (1990).

McKusick, V. A. *Mendelian Inheritance in Man*. 10. Aufl. Baltimore (Johns Hopkins University Press) 1992.

Verschiedene Autoren. *The Molecular Biology of* Homo sapiens. Cold Spring Harbor Symposiums in Quantitative Biology, Bd. 51. New York (Cold Spring Harbor Laboratory Press) 1986.

5. Krankheitsgene: Isolierung und molekulare Pathologie

5.1 Isolierung von Krankheitsgenen

5.1.1 Verfahren zur Isolierung und Identifizierung von Krankheitsgenen

Bei den bisher isolierten menschlichen Krankheitsgenen handelt es sich im wesentlichen um Gene, die jeweils allein eine Krankheit oder einen Tumor entstehen lassen. Man hat dabei drei Verfahren angewandt:

1. Genisolierung über ein Expressionsprodukt – dieses Verfahren nennt man manchmal auch „Vorwärts-Genetik".
2. Untersuchung verdächtiger Gene (*candidate gene approach*): Man beschäftigt sich nacheinander mit ausgewählten und zuvor isolierten Genen und sucht bei Patienten nach spezifischen Mutationen, von denen man vermutet, daß sie die normale Genfunktion stören.
3. DNA-Kartierung und Klonierung allein aufgrund der bekannten Lage des Krankheitsgens auf einem bestimmten Chromosom – eine solche Vorgehensweise wird manchmal „umgekehrte (reverse) Genetik" genannt.

Das Verfahren der „Vorwärts-Genetik". Diese Methode wurde als erste entwickelt. Bei Krankheiten, deren biochemischen Verlauf man kennt, kann man aus der Charakterisierung des Genprodukts auch Methoden zur Isolierung des Gens ableiten. Als erstes isoliert man meist einen DNA-Klon, der dem bekannten Proteinprodukt entspricht. Diesen Klon hybridisiert man dann mit einer genomischen menschlichen DNA-Bibliothek und isoliert so Klone, die das zugehörige Gen enthalten. Diese Klone kann man nun wiederum als Sonden einsetzen und Krankheitsallele isolieren, entweder aus patientenspezifischen DNA-Bibliotheken oder einfacher durch PCR-Vervielfältigung von DNA-Proben der Patienten.

Hat man das Genprodukt teilweise gereinigt, kann man den ersten spezifischen DNA-Klon mit verschiedenen Methoden gewinnen. Die Phenylketonurie hat ihre Ursache beispielsweise in einem Defekt des Enzyms Phenylalaninhydroxylase. Nachdem man das Enzym gereinigt hatte, stellte man spezifische Antikörper her, und mit diesen Antikörpern suchte man in *in vitro*-Proteinsynthesereaktionen mit polysomaler mRNA aus Rattenleber nach der mRNA, die zu dem Proteinprodukt gehörte. Die gereinigte mRNA wurde dann in cDNA umgeschrieben, und man isolierte einen spezifischen cDNA-Klon. In neuerer Zeit gelang mit cDNA-Expressionsbibliotheken auch der unmittelbare Nachweis durch Antikörper.

Andererseits kann man als ersten Schritt auch die Aminosäuresequenz des Proteinprodukts teilweise bestimmen und dann mehrere synthetische Oligonucleotide herstellen, die in ihrer Sequenz alle Möglichkeiten für die Codierung des betreffenden Proteinabschnitts repräsentieren. Dieses Oligonucleotidgemisch hybridisiert man mit menschlicher cDNA (oder sogar mit einer genomischen Bibliothek), um den zugehörigen Klon zu finden. Mit diesem Verfahren gelang es zum erstenmal, Klone mit den Sequenzen für den Gerinnungsfaktor VIII zu isolieren; man sequenzierte zunächst einen Teil des Faktors VIII aus Schweinen und synthetisierte dann eine Serie von Oligonucleotiden, mit denen man beim Überprüfen einer genomischen Bibliothek aus Schweinen Erfolg hatte. Mit dem cDNA-Klon für den schweinespezifischen Faktor VIII durchsuchte man dann eine menschliche genomische DNA-Bibliothek.

Untersuchung verdächtiger Gene.   Inzwischen werden immer mehr Gene des Menschen isoliert, und gleichzeitig werden auch die Methoden zum Nachweis einzelner Basenfehlpaarungen immer mehr verfeinert (Abschnitt 3.5). Deshalb untersucht man heute vielfach verdächtige Gene. Man kann bereits isolierte Gene als potentielle Krankheitsgene betrachten, wenn sie nachweislich für die Physiologie des erkrankten Gewebes eine wichtige Rolle spielen oder wenn sie sich in demselben Chromosomenabschnitt befinden und ein vermutlich beteiligtes Protein codieren. Im Fall der erblichen Netzhautdegeneration hat man bereits zahlreiche Gene kloniert, deren zugehörige Proteine für die Lichtwahrnehmung von Bedeutung sind. Bei der Untersuchung eines dieser Gene – es codiert ein Rhodopsin – stieß man bei manchen Patienten mit autosomal-dominanter Retinitis pigmentosa auf Mutationen [1]. Beim Marfan-Syndrom wurde das Gen in ersten Kopplungsanalysen auf dem Chromosom 15q kartiert, und anschließend lokalisierte man das Gen für Fibrillin, ein Bindegewebsprotein, mit *in situ*-Hybridisierung auf 15q21.1. Durch die Analyse des Fibrillingens bei Gesunden und Patienten mit Marfan-Syndrom identifizierte man eine Missense-Mutation, und man kann demnach annehmen, daß das Gen für Fibrillin der Krankheitslocus des Marfan-Syndroms ist [2].

Umgekehrte Genetik. Wenn man über das Produkt des Krankheitsgens nichts weiß und auch keine verdächtigen Gene findet, läßt sich ein solches Gen mit dem Verfahren der umgekehrten Genetik (im Englischen gewöhnlich als *positional cloning* bezeichnet) dennoch isolieren. In jüngerer Zeit hatte man mit dieser Methode große Erfolge; mehrere wichtige Krankheitsgene, deren biochemischen Mechanismus man nicht kannte, wurden isoliert, kurz nachdem man ihre Lage auf den Chromosomen ermittelt hatte (Tabelle 5.1).

Tabelle 5.1: Isolierung von Krankheitsgenen durch Klonierung einzelner Chromosomenabschnitte

Krankheitsgen	erste Berichte über Chromosomenposition	erster Bericht über Klonierung und Isolierung des Gens
Duchenne/Becker-Muskeldystrophie (Dystrophin)	1979–1982: Xp21-Autosomentranslokationen; 1982: Kopplungsanalyse	1985–1986
chronische Granulomatose	1984–1985: Patienten mit Xp21-Deletionen	1986
Retinoblastom	1983: Deletions- und Kopplungsanalysen: →13q14	1986–1987
Wilms-Tumor	1978–1979: Nachweis von Deletionen → 11p13	1990
Cystische Fibrose	1985: Kopplungsanalysen →7q	1989
Neurofibromatose vom Typ 1 (NF1)	1987: Kopplungsanalysen → 17q; 1989: Patienten mit 17q11.2-Translokationen	1990
Choroiderämie	1985: Kopplungsanalysen → Xq13–Xq21	1990
Colorectalkrebs Gen *DCC*	1988: Deletionsanalyse Gen auf 18q21-qter	1990
Gen *APC* (adenomatöse Polyposis coli)	1986: cytogenetischer Nachweis der Deletion; 1987: Kopplungsanalysen → 5q21	1991
geistige Behinderung beim Fragilen-X-Syndrom	cytogenetische Analysen → Xq27	1991

Ausgangspunkt ist bei diesem Verfahren stets die Kartierung des Krankheitsgens in einem bestimmten Chromosomenabschnitt. Oft erreicht man das durch Kopplungsanalyse, oder im Fall der Tumorsuppressorgene aufgrund des Verlustes der konstitutionellen Heterozygotie. Mit weiteren Kopplungsstudien kann man dann beiderseits gelegene Marker identifizieren, die mit dem Krankheitslocus kaum oder gar nicht rekombinieren. Anschließend stehen verschiedene molekulare Methoden wie zum Beispiel Chromosomenwandern und -springen, Zusammensetzen von YAC- und Cosmid-Contigs (Abschnitt 4.3.1) zur Verfügung, mit denen man von den Markerloci zum Krankheitslocus gelangen kann. Eine große Hilfe bei der Identifizierung eines solchen Locus ist manchmal der Nachweis krankheitsspezifischer Deletionen oder Translokationen. Ansonsten findet man den Weg zu dem gesuchten Gen durch umfassende genetische und physische Kartierung. Zum endgültigen Nachweis des Krankheitslocus muß man zumindest patientenspezifische Mutationen finden, die von der normalen Genexpression abweichen.

5.1.2 Isolierung von Krankheitsgenen anhand von Chromosomendeletionen

Wenn man eine kleine Chromosomendeletion findet, die mit einer Krankheit assoziiert ist, eröffnet sich damit oft ein schneller Weg zur Isolierung des Krankheitsgens. So isolierte man genomische DNA-Klone mit Teilen des Dystrophingens zunächst nach der Untersuchung eines Jungen, der an Duchenne-Muskelschwund, chronischer Granulomatose und Retinitis pigmentosa litt [3]. Alle drei Krankheiten beruhten auf einer großen Deletion, durch die Sequenzen aus nebeneinanderliegenden Genen in der Chromosomenposition Xp21 fehlten. Die Deletion auf dem X-Chromosom des Jungen sollte den Vermutungen zufolge das Gen betreffen, das für den Duchenne-Muskelschwund verantwortlich war, und nun entwickelte man eine Methode der subtraktiven Klonierung, mit der man eine kleine Bibliothek mit Sequenzen aus dem deletierten Abschnitt anlegen konnte (Abb. 5.1).

Zu diesem Zweck wurde DNA aus dem Genom eines Gesunden mit der Restriktionsendonuclease *Mbo*I gespalten, welche die DNA unmittelbar am 5′-Ende ihrer Erkennungssequenz GATC schneidet. Die so entstandenen Fragmente waren doppelsträngig mit Ausnahme der einzelsträngigen Sequenz GATC ganz am 5′-Ende, die ungepaart überstand. Man denaturierte die *Mbo*I-Fragmente und mischte sie mit einem 200fachen Überschuß an denaturierter DNA des Patienten mit der Deletion, die man durch Ultraschallbehandlung in Fragmente mit ungleichmäßigen Enden zerlegt hatte. Hybridisierte Fragmente wurden anschließend in einem mit *Bam*HI geschnittenen Vektor kloniert. Dieser Vektor konnte nur Fragmente mit überstehenden GATC-Sequenzen an *beiden* 5′-Enden aufnehmen, und deshalb

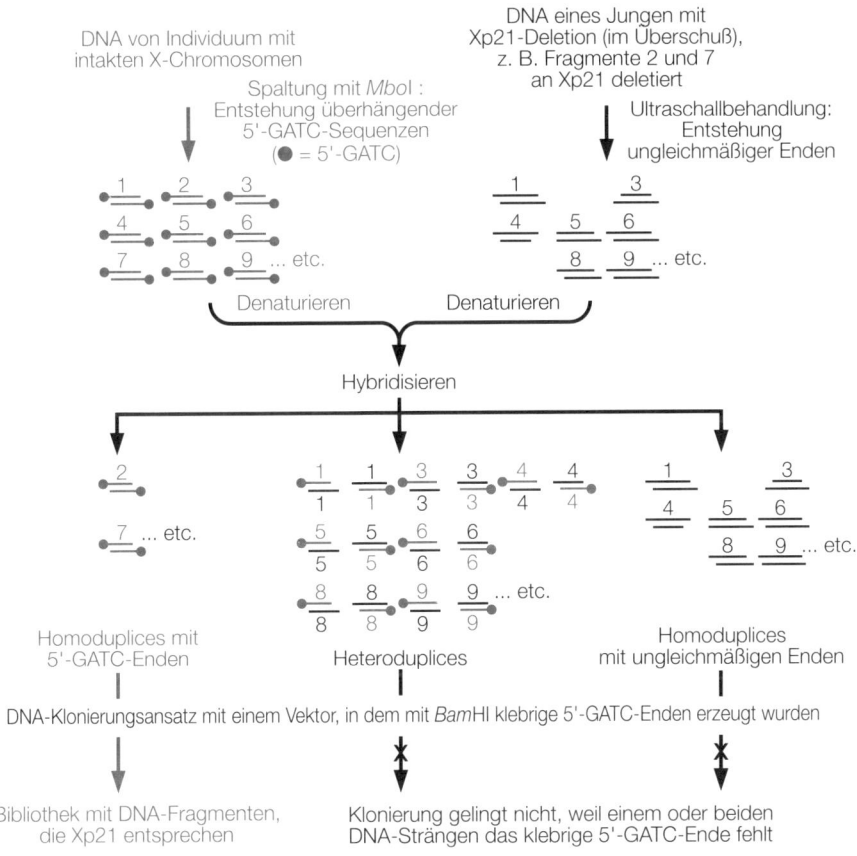

5.1 Subtraktive Klonierung.

klonierte man auf diese Weise bevorzugt die Xp21-Fragmente. (Die anderen Fragmente des Gesunden mit GATC-5′-Enden bildeten Heteroduplexstrukturen mit Fragmenten des Patienten, die ungleichmäßige Enden besaßen.) Aus der so entstandenen subtraktiven Bibliothek entnahm man einzelne Klone und verwendete sie als Sonden in einer Southern-Blot-Hybridisierung mit DNA-Proben von Gesunden und Duchenne-Patienten. Ein DNA-Klon war in Familienanalysen eng mit der Krankheit gekoppelt, und man konnte damit bei einem Teil der Duchenne-Patienten Deletionen in der DNA nachweisen. Damit hatte man den ersten Klon aus dem Dystrophingen isoliert.

Hilfreich war bei diesem Vorgehen, daß der Junge mit der Deletion hemizygot war; er hatte nur ein X-Chromosom, so daß die deletierte Region nicht auf einem homologen Chromosom vorhanden war. Bei Patienten mit einer kleinen Deletion auf einem Autosom muß man das Chromosom mit der Deletion zunächst in einem somatischen Zellhybrid isolieren, damit die subtraktive Klonierung nicht durch die Sequenzen des homologen Chromosoms unmöglich gemacht wird.

5.1.3 Isolierung von Krankheitsgenen anhand von Chromosomentranslokationen

Durch die Charakterisierung krankheitsassoziierter Translokationsbruchstellen konnte man sich unmittelbaren molekularen Zugang zu einer Reihe von Krankheitsgenen verschaffen, darunter das in jüngster Zeit identifizierte Gen für die Neurofibromatose des Typs I (NF1). Bei zwei Patienten mit NF1 beobachtete man eine Chromosomentranslokation, an der das Chromosom 17 und ein anderes Chromosom beteiligt war. Das Chromosom 17 war in beiden Fällen innerhalb des NF1-Gens zerbrochen, so daß die Expression dieses Gens zum Erliegen kam (Abb. 5.2). Zur Identifizierung des NF1-

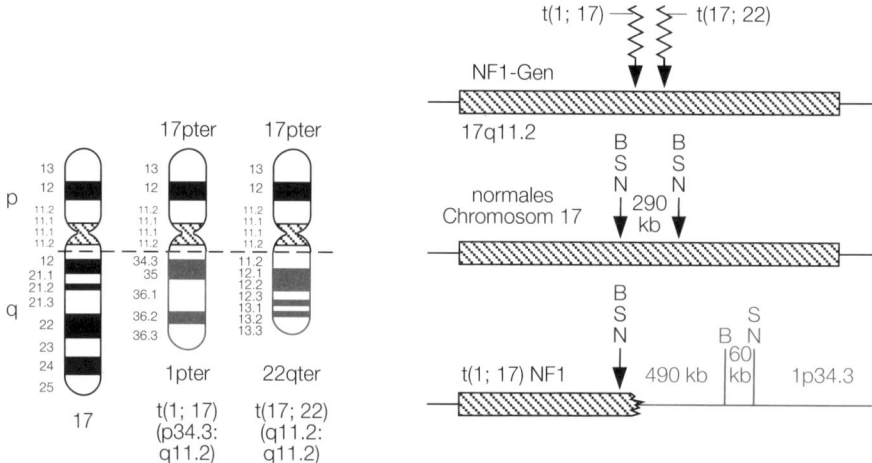

5.2 Krankheitsassoziierte Translokationsbruchstellen und die zugehörigen weiträumigen Restriktionskarten im NF1-Gen. Die Symbole für die selten schneidenden Restriktionsenzyme bedeuten: B = *Bss*HII; N = *Not*I; S = *Sac*II.

Gens bediente man sich einer für das Chromosom 17 spezifischen DNA-Bibliothek, deren Klone man so ausgewählt hatte, daß sie Schnittstellen für das Enzym *Not*I enthielten. Erkennungsstellen für solche selten schneidenden Enzyme kennzeichnen häufig transkriptionsaktive DNA-Abschnitte (Abschnitt 3.6.2), und deshalb rechnete man in dieser Bibliothek mit zahlreichen Klonen, die Gene vom Chromosom 17 enthielten. Mit einzelnen Klonen dieser Bibliothek als Sonden untersuchte man bei den Translokationspatienten und gesunden Personen die Gesamt-DNA aus dem Genom, die man mit selten schneidenden Restriktionsendonucleasen gespalten und durch Pulsfeld-Gelelektrophorese nach der Größe fraktioniert hatte. Ein Klon mit der Bezeichnung 17L1A hybridisierte in der DNA des (1;17) Translokationspatienten mit Restriktionsfragmenten, die eine anormale Größe aufwiesen; demnach war dieser Klon in unmittelbarer Nachbarschaft der Translokationsbruchstelle lokalisiert [4] (Abb. 5.2). Durch umfassende Klonierung und Kartierung des ganzen Bereichs konnte man mehrere Gene identifizieren, und eines davon war, wie man anhand patientenspezifischer Mutationen zeigen konnte, das NF1-Gen.

5.1.4 Isolierung von Krankheitsgenen durch umfassende genetische und physische Kartierung

Bei manchen von einzelnen Genen hervorgerufenen Krankheiten fand man trotz umfassender Untersuchung von Patienten-DNA keine Hinweise auf große Mutationen, aus denen man eine Vorgehensweise für die Herstellung entsprechender Klone hätte ableiten können. In solchen Fällen gelang die Isolierung des Krankheitsgens durch umfassende genetische Kartierung und molekulare Charakterisierung des Chromosomenabschnitts, der das Gen enthielt. Auf diese Weise isolierte man zum Beispiel das Gen *CFTR* (*cystic fibrosis transmembrane regulator*, Cystische-Fibrose-Transmembranregulator) [5].

Schon zu Beginn ließen genetische Kopplungsanalysen auf eine Verbindung der Cystischen Fibrose (Mukoviszidose) mit Markern auf dem Chromosom 7 schließen. Durch verfeinerte genetische Analysen ermittelte man später die Lage des CF-Gens auf diesem Chromosom. Neben der herkömmlichen Kopplungsanalyse, die auf einen Locus im Bereich 7q31-q32 hinwies, lieferte auch das Kopplungsungleichgewicht, die nichtzufällige Verteilung von Allelen an gekoppelten Loci, Indizien für den genauen Ort des Gens. Bei Krankheiten wie der Cystischen Fibrose und der Chorea Huntington, bei denen es ein wichtiges Krankheitsallel gibt, kann man dieses mit bestimmten Allelen an eng gekoppelten Markerloci in Verbindung bringen (Abb. 5.3); mit zunehmendem Abstand zwischen Krankheits- und Markerloci ist dieses Phänomen jedoch weniger stark ausgeprägt. Nachdem man eng gekoppelte flankierende Marker entdeckt hatte, wurde der betreffende

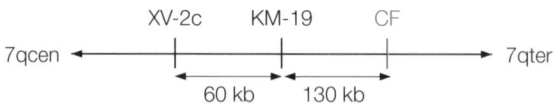

Haplotyp des Markers XV-2c/KM19	XV-2c-Allel	KM-19-Allel	prozentualer Anteil der CF-Chromosomen mit diesem Haplotyp[a]	prozentualer Anteil der normalen Chromosomen mit diesem Haplotyp[a]
A	1	1	7	30
B	1	2	86	14
C	2	1	3	44
D	2	2	4	12

5.3 Kopplungsungleichgewicht am Genlocus für Cystische Fibrose. [a] In der nordamerikanischen Bevölkerung.

Chromosomenabschnitt auf molekularer Ebene eingehend untersucht, unter anderem durch Chromosomenspringen und durch Konstruktion von Contigs aus überlappenden Genomfragmenten. Mutmaßliche Gene identifizierte man dann in diesem Bereich durch die Suche nach Sequenzen, die stark konserviert waren oder mit mRNA hybridisierten (Abschnitt 4.3.2). Die Identifizierung des *CFTR*-Gens gelang schließlich durch den Nachweis einer patientenspezifischen Mutation in einem der aufgefundenen Gene; bei der Mehrzahl der CF-Patienten beobachtete man eine Deletion von drei Nucleotiden; das so verlorengegangene Codon legt ein Phenylalanin in der Position 508 fest, und dieser Abschnitt des Proteins ist vermutlich für seine Funktion von Bedeutung.

5.2 Lage und Entstehung pathologischer Mutationen

5.2.1 Lage pathologischer Mutationen im Genom

Mutationen, die zu Krankheiten führen, können in drei verschiedenen DNA-Sequenzen auftreten:

1. in der codierenden Sequenz eines Gens;
2. in den nichtcodierenden Sequenzen innerhalb eines Gens, die für seine ordnungsgemäße Expression erforderlich sind;
3. in Regulationssequenzen.

Viele der bisher beschriebenen pathogenen Mutationen gehören zur ersten Kategorie. In einer Datenbank, in der Befunde über die Mutationen in Exons, Promotoren und Exon/Intron-Übergängen des Gens für den Gerinnungsfaktor IX gespeichert sind, finden sich beispielsweise 29 Patienten mit partieller oder vollständiger Deletion des Gens und fast 400 Personen mit pathologischen Punktmutationen oder kurzen Insertionen und Deletionen (weniger als 20 bp) innerhalb des Gens [6]. In der zuletzt genannten Gruppe gab es nur in wenigen Fällen eine Mutation an Spleißstellen oder in Promotorelementen (Tabelle 5.2). Bei anderen Krankheiten dürften Mutationen, die zu anormalem Spleißen führen, jedoch recht häufig sein. Bei der Kollagenkrankheit Osteogenesis imperfecta stehen solche Mutationen in der Häufigkeit an zweiter Stelle hinter Substitutionen, die zum Austausch der stark konservierten, für die Struktur wichtigen Glycinbausteine führen. Die Kollagengene bestehen aus kleinen Exons und relativ vielen (nämlich 51) In-

Tabelle 5.2: Lage pathologischer Mutationen im Gen für den Gerinnungsfaktor IX

Position der Mutation	Zahl der Mutanten	einmalige molekulare Ereignisse
Promotor	12	8
Exons (insgesamt acht, auf 1,4 kb verteilt)	352	179
Spleißstellen	24	19
Poly(A)-Stelle	0	0
gesamt	388	206

Daten verändert nach [6].

trons, und deshalb gibt es dort eher Mutationen, die das Spleißen beeinflussen. Meist sorgen solche Mutationen dafür, daß Exons beim Spleißen übersprungen werden, weil die Akzeptor-Spleißstelle durch Punktmutationen oder kleine Deletionen verlorengeht (Abb. 5.4).

Neben den Promotorelementen können auch andere, weiter entfernte Regulationselemente von pathologischen Mutationen betroffen sein. So gibt es beispielsweise Deletionen, die das β-Globin-LCR verschwinden lassen (Abb.1.7); obwohl das β-Globin-Gen und sein Promotor dabei völlig unversehrt bleiben, kommt die Expression von β-Globin durch diese Mutationen fast völlig zum Erliegen, so daß eine β-Thalassämie entsteht. Bei den selte-

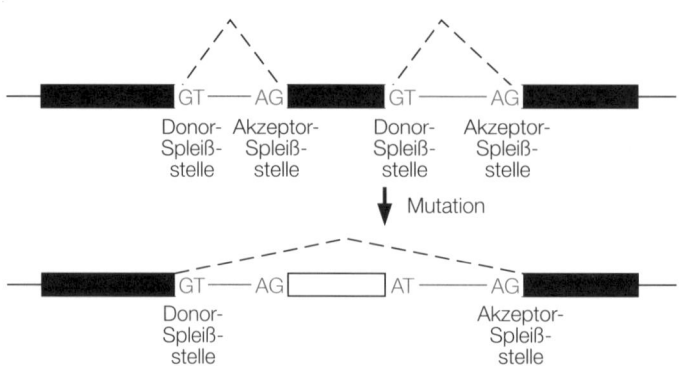

5.4 Mutationen an Spleißstellen können dazu führen, daß Exons übersprungen werden.

nen Fällen von α-Thalassämie mit geistiger Behinderung findet man meist im α-Globin-Gen und seinem Promotor keine Hinweise auf pathologische Mutationen; die Krankheit scheint vielmehr auf dem X-Chromosom lokalisiert zu sein – ein Hinweis auf ein X-gekoppeltes Gen, dessen Produkt an der Expressionsregulation des α-Globin-Gens beteiligt ist.

Da das Genom im Zellkern so umfangreich ist, befinden sich dort auch die meisten pathologischen Mutationen. Da im Zellkern aber auch sehr viel DNA ohne erkennbare Funktion liegt, erzeugen die meisten dort auftretenden Mutationen keine Krankheiten. Im Mitochondriengenom dagegen gibt es vergleichsweise wenige Mutationen (1/200 000 der Größe des Genoms im Zellkern). Dementsprechend würde man erwarten, daß auch nur wenige Krankheiten ihre Ursache in Mutationen des Mitochondriengenoms haben. Anders als das Genom des Zellkerns besteht die Mitochondrien-DNA aber zum überwiegenden Teil aus codierenden Sequenzen, und die Mutationshäufigkeit ist in Mitochondriengenen etwa zehnmal höher als in den Genen des Zellkerns (vielleicht weil die DNA-Reparatur in den Mitochondrien weniger wirksam ist). Deshalb tragen Mutationen im Mitochondriengenom tatsächlich in beträchtlichem Umfang zu Erkrankungen bei (siehe unten).

5.2.2 Auftreten und Häufigkeit pathologischer Mutationen

Neue Mutationen können in verschiedenen Entwicklungsstadien auftreten. Ereignet sich eine pathologische Mutation in einem sehr frühen Stadium der Embryonalentwicklung in einer einzigen Zelle, ist sie später im ausgereiften Individuum in einem beträchtlichen Anteil der Körperzellen vorhanden. Ein Mensch, in dessen Organismus sich eine neue Mutation ereignet hat, ist also ein genetisches Mosaik: Ein Teil der Zellen trägt die Mutation, der Rest jedoch nicht. Bei solchen somatischen Mosaiken unterscheiden sich einzelne Gewebe im Hinblick auf die Mutation. Bei dominanten Störungen wird das Auftreten und die Schwere des klinisch auffälligen Phänotyps durch den Anteil der Zellen bestimmt, welche in dem Gewebe, das normalerweise von der Krankheit betroffen ist, die betreffende Mutation tragen. Somatische Mutationen tragen zwar nicht zur familiären Häufung von Krankheiten bei, sie sind aber für einen beträchtlichen Anteil der Erkrankungen verantwortlich, insbesondere für Krebs der verschiedensten Typen (Abschnitt 5.4).

Erstreckt sich das Mosaik auch auf die Keimdrüsen, betrifft es unter Umständen auch die Keimbahn, das heißt, manche Keimzellen tragen die pathologische Mutation, andere dagegen nicht, und die Mengenverhältnisse werden dabei vom Ausmaß des Mosaiks bestimmt. Bei der Osteogenesis imperfecta des Typs II, einer tödlichen Störung der Kollagensynthese (Abschnitt 5.5.3), hat man in jüngster Zeit acht Fälle entdeckt, bei denen die Krankheit bei Geschwistern oder Halbgeschwistern wieder auftauchte, obwohl der gemeinsame Elternteil symptomfrei oder nur schwach betroffen war (ein Beispiel findet sich in [7]). Wie sich herausstellte, war der gemeinsame Elternteil in allen acht Fällen ein Mosaik in Keimbahn und somatischen Zellen. Die Neumutationen waren also offenbar in allen Fällen nicht bei der Reifung der Keimzellen erfolgt, sondern schon in einem frühen Stadium der Embryonalentwicklung bei dem gemeinsamen Elternteil mit dem Mosaik. Derartige Neumutationen vor der Trennung von Keimbahn- und Somazellen sind möglicherweise weit verbreitet.

Häufigkeit und Spektrum pathologischer Mutationen können bei den einzelnen Krankheitsloci sehr unterschiedlich sein. Dominante oder X-gekoppelte rezessive Störungen, die den Fortpflanzungserfolg der betroffenen Person erheblich vermindern, sind zwangsläufig durch häufig auftretende Neumutationen und meist auch durch starke Uneinheitlichkeit der Mutationen gekennzeichnet. Damit in solchen Fällen die Häufigkeit des Krankheitsgens konstant bleibt, müssen sich oft neue Mutationen ereignen, denn wenn die Patienten sich nicht fortpflanzen, verschwindet in jeder Generation ein großer Anteil der Krankheitsgene aus der Population, und dieser Anteil muß ausgeglichen werden. Bei autosomal-rezessiven Erkrankungen sind Neumutationen dagegen relativ selten; symptomfreie Merkmalsträger sind wesentlich zahlreicher als die von der Krankheit Betroffenen, so daß in jeder Generation nur ein kleiner Teil der krankheitsauslösenden Mutationen verlorengeht.

Bei manchen Krankheitsloci sind die häufigen pathologischen Mutationen wahrscheinlich auf den Aufbau des betreffenden Gens zurückzuführen. Wenn ein Gen beispielsweise zwischen tandemförmigen Sequenzwiederholungen liegt oder in seinem Inneren solche Tandemwiederholungen enthält, ist es besonders anfällig für einen krankheitserzeugenden Sequenzaustausch innerhalb des Genoms und für seltene Mutationen (siehe unten). Von Bedeutung ist möglicherweise auch, daß die betroffenen Gene bei Einzelgenerkrankungen wie Duchenne/Becker-Muskelschwund und NF1, die eine sehr hohe Mutationshäufigkeit aufweisen, besonders groß sind. Der codierende Anteil der Gene für Dystrophin und NF1 ist zwar nur ein mäßig großes Ziel für Mutationen, aber wegen der großen Länge der Gene besteht eine größere Wahrscheinlichkeit, daß in ihrem Inneren durch Rekombination Sequenzen ausgetauscht werden.

5.3 Die Entstehung pathologischer Mutationen

Eigentlich würde man erwarten, daß viele Mutationen zufällig durch Fehler bei der Replikation oder Reparatur der DNA entstehen. Wie sich jedoch bei der Charakterisierung von Mutationen in vielen Genen gezeigt hat, gibt es Hinweise auf Veränderungen, die nicht nach dem Zufallsprinzip erfolgt sind. Insbesondere das Dinucleotid CpG ist wegen der Instabilität methylierter Cytosinbasen (Abschnitt 2.6) ein bevorzugtes Ziel für Mutationen, von denen manche auch Krankheiten erzeugen. Die Datenbank, in der alle Studien über Hämophilie B gespeichert sind, zeigt zum Beispiel besonders viele pathologische Mutationen an CpG-Dinucleotiden. In einer Gruppe von fast 400 Patienten mit kleinen pathologischen Mutationen fanden sich fast 50 Prozent der Mutationen bei mehreren Patienten, die nicht verwandt waren, und in 70 Prozent der Fälle handelte es sich um Mutationen von CpG-Dinucleotiden (Abb. 5.5). Das gleiche Ungleichgewicht findet man auch bei anderen Loci; wie sich kürzlich in einer Übersichtsuntersuchung an 152 pathologischen Punktmutationen von 44 Krankheitsloci gezeigt hat, handelte es sich in 32 Prozent der Fälle um Transitionen von CpG nach TpG oder von CpG nach CpA; das ist das Zwölffache der erwarteten Häufigkeit [8]. Neben den besonders instabilen CpG-Dinucleotiden sind auch andere C- oder G-reiche Zweierkombinationen (GpG, GpC) anfällig für Mutationen; die AT-reichen Dinucleotide TpA, ApA, TpT und ApT sind dagegen offenbar stabiler.

Viele Gene sind aufgrund ihres Aufbaus besonders gute Angriffspunkte für bestimmte möglicherweise pathologische Sequenzaustauschmechanismen. Vor allem kurze und lange Tandemwiederholungen sind „Hotspots" für Mutationen; Gene, die solche Sequenzen enthalten, sind meist durch häufige pathologische Deletionsmutationen gekennzeichnet. Das auffälligste Bei-

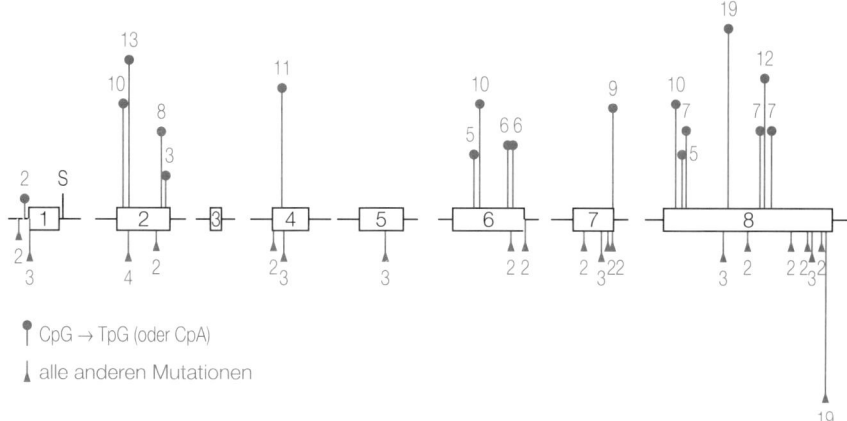

5.5 Die Lage häufig vorkommender, kleiner pathologischer Mutationen (einschließlich Insertionen und Deletionen von weniger als 20 bp) im Gen für den Faktor IX. Die Kästen symbolisieren Exons. Angegeben ist jeweils die Zahl der nicht verwandten Patienten, welche die betreffende Mutation tragen.

spiel für ein Gen, bei dem häufig pathologische Sequenzaustauschvorgänge vorkommen, ist das Gen für die 21-Hydroxylase: Hier sind sämtliche bekannten Mutationen auf diese Weise entstanden (Abschnitte 5.3.1 und 5.3.3).

5.3.1 Umfangreiche DNA-Deletionen und -Duplikationen als Krankheitsursache

Große DNA-Deletionen, die Krankheiten entstehen lassen, sind in seltenen Fällen cytogenetisch erkennbar; meist handelt es sich aber um kleinere Deletionen, die ein Gen ganz oder teilweise verschwinden lassen. Sie können sich im Innern eines Chromosoms oder an seinem Ende ereignen. Bei endständigen Deletionen wird das verkürzte Chromosom häufig durch Anheftung von Telomer-Wiederholungssequenzen stabilisiert – derartige Verhältnisse fand man beispielsweise bei einem Patienten mit α-Thalassämie, bei dem die Deletionsbruchstelle 50 kb distal von den α-Globin-Genen lag [9]. Ähnliche Mechanismen sind wahrscheinlich auch bei anderen Krankheiten wirksam, die in der Nähe der Chromsomenenden lokalisiert sind und mit großen Deletionen einhergehen, wie beispielsweise das Wolf-Hirschhorn-(4p⁻) und das Miller-Dieker-(17p⁻)Syndrom.

Bei mehreren genetisch bedingten Erkrankungen beobachtet man häufig die Inaktivirung von Genen aufgrund der Deletion langer DNA-Abschnitte

(Tabelle 5.3). Beim 21-Hydroxylasemangel sind die pathologischen Deletionen einheitlich 30 kb lang, das ist etwa die zehnfache Länge des Gens *CYP21*, das die 21-Hydroxylase codiert. Die Größe der Deletionen stimmt mit der Länge einer einzelen Wiederholungseinheit in der tandemförmig wiederholten *CYP21/C4*-Gengruppe überein (Abb. 2.3); man kann also davon ausgehen, daß an der Veränderung ein ungleiches Crossing-over oder

Tabelle 5.3:   Krankheiten, die häufig mit Deletionen assoziiert sind

Krankheit	Gen	Gengröße (kb)	Deletions- größe (kb)	ungefähre Häufig- keit der Gendele- tion in den Krank- heitsallelen (%)
X-gekoppelte Ichthyosis (Steroidsulfa- tasemangel)	Steroid- sulfatase	146	oft etwa 1 900	90
Kearns-Sayre- Syndrom	Mitochondrien- genom	16,6	uneinheitlich 1,3–1,7	90
Duchenne- Muskelschwund	Dystrophin	2 300	uneinheitlich	65
21-Hydroxylase- Mangel	*CYP21* (21- Hydroxylase)	3,3	einheitlich; etwa 30	25

ein ungleicher Schwesterchromatidenaustausch beteiligt war (Abschnitte 2.7.2 und 2.7.4). Einen weiteren aufschlußreichen Hinweis auf die Beteiligung ungleichen Crossing-overs bei der Entstehung derart großer Deletionen lieferte die Entdeckung einer neuen Deletion, die zum 21-Hydroxylasemangel beiträgt; diese Deletion ereignete sich auf einem Chromosom, von dem man wegen des Austausches flankierender Marker wußte, daß es durch Rekombination aus homologen mütterlichen Chromosomen entstanden war [10].

Die Deletionen sind beim 21-Hydroxylasemangel in ihrer Größe so einheitlich, weil der Aufbau des *CYP21/C4*-Gens ein fast vollkommenes, großformatiges VNTR-System darstellt; die Deletionen entstehen durch die Fehlpaarung der langen Tandemwiederholungen. Bei anderen genetisch bedingten Erkrankungen können solche langen Deletionen ihre Ursache in der Paarung nichtalleler, verstreut liegender Sequenzwiederholungen haben. Die *Alu*-Sequenz kommt beispielsweise etwa alle 4 kb vor, und Fehlpaarungen zwischen solchen Sequenzelementen hat man bei mehreren Krankheiten entdeckt, insbesondere bei der familiären Hypercholesterinämie. Das 45 kb lange Gen für den LDL-Rezeptor enthält *Alu*-Wiederholungseinheiten in relativ hoher Dichte (den verfügbaren Sequenzdaten zufolge etwa alle 1,6 kb). Von acht pathologischen Deletionen in diesem Gen, deren Endbereiche man sequenzierte, umfaßten sieben eine *Alu*-Wiederholungseinheit, und zwar gewöhnlich an beiden Enden (Tabelle 5.4).

Tabelle 5.4:   Beispiele für pathologische Mutationen im Gen für den LDL-Rezeptor, entstanden durch *Alu*-vermittelte Rekombination[a]

pathologisches Allel	Mutationstyp	Größe (kb)	Position	Mutations-mechanismus
FH St. Louis	Insertion	14,0	Intron 1–8	Verdopplung der Exons 2–8 durch durch *Alu-Alu*-Rekombination
FH Rochester	Deletion	5,5	Intron 15 bis Exon 18	*Alu-Alu*-Rekombination
FH Osaka-1	Deletion	7,8	Intron 15 bis Exon 18	*Alu-Alu*-Rekombination
FH Osaka-2	Deletion	12,0	Intron 6–14	*Alu-Alu*-Rekombination
FH London-1	Deletion	4,0	Intron 12–14	*Alu-Alu*-Rekombination
FH Potenza	Deletion	5,0	Exon 13 bis Intron 15	Exon-*Alu*-Rekombination

[a] Daten aus [11].
FH = familiäre Hypercholesterinämie.

Auch andere verstreut liegende Wiederholungssequenzen können zur nichthomologen Rekombination und damit zur Entstehung von Deletionen beitragen. So gibt es zwar in den 66,5 kb der Wachstumshormon-Gengruppe 48 *Alu*-Sequenzen, aber Deletionen des Gens für das Wachstumshormon finden bevorzugt außerhalb dieser Wiederholungseinheiten statt; oft sind daran zwei Wiederholungselemente von 594 bp beteiligt, die beiderseits des Gens *GH1* liegen und in ihrer Sequenz zu 99 Prozent homolog sind [12]. In manchen Fällen handelt es sich um weit voneinander entfernte Wiederholungssequenzen. Die X-gekoppelte Ichthyosis hat ihre Ursache in vielen Fällen in einer großen Deletion am Locus für Steroidsulfatase; das Gen für dieses Enzym, das 146 kb umfaßt, ist bei 90 Prozent der Patienten deletiert, wobei die Deletionen meist etwa 1,9 Mb lang sind. Die Bruchstellen für solche großen Deletionen liegen meist in Wiederholungssequenzen, die zu einer repetitiven DNA-Familie, *DXS278*, mit niedriger Kopienzahl gehören [13]. Ihre einzelnen Einheiten bestehen zum Teil aus VNTR-Sequenzen, und man hat vermutet, daß diese Wiederholungseinheiten durch das Zusammenfalten des X-Chromosoms im Zellkern in unmittelbare Nachbarschaft gelangen.

In mehreren Fällen befinden sich an den Endpunkten der Deletionen sehr kurze direkte Sequenzwiederholungen. Bei vielen pathologischen Deletionen des Mitochondriengenoms liegen die Bruchstellen zum Beispiel in sehr ähnlichen oder sogar identischen kurzen direkten Wiederholungseinheiten. Am häufigsten ist dabei eine Deletion von 4 977 bp, die man bei mehreren Patienten mit dem Kearns-Sayre-Syndrom gefunden hat, einer Encephalomyopathie mit Augenmuskellähmung, hängenden Oberlidern, Koordinationsstörungen und grauem Star. Die Deletion läßt die Sequenz zwischen zwei identischen Wiederholungseinheiten von je 13 bp und auch eine dieser Sequenzen selbst verschwinden (Abb. 5.6). Man nimmt an, daß solche Mutationen durch Verschiebungen bei der Replikation entstehen [14].

Im Dystrophingen mehrerer Patienten mit Muskelschwund fand man bei der DNA-Sequenzanalyse ein gemeinsames Sequenzmotiv von 6 bp, aber nach welchem Mechanismus solche Deletionen stattfinden, ist derzeit nicht geklärt. Neben langen Deletionen findet man bei 5 Prozent der Patienten auch großformatige Verdoppelungen im Dystrophingen. Das läßt auf eine

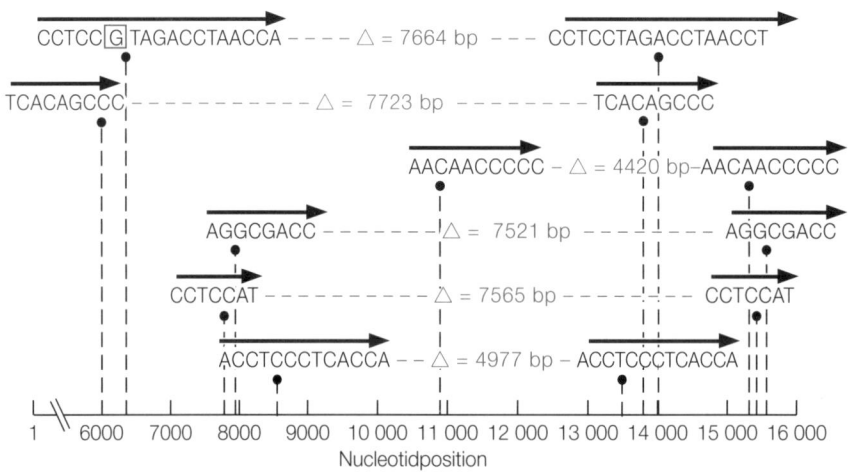

5.6 Die Endpunkte pathologischer Deletionen im Mitochondriengenom sind durch kurze direkte Sequenzwiederholungen gekennzeichnet. Δ = Deletion.

Beteiligung von ungleichem Crossing-over oder Schwesterchromatidenaustausch schließen. Möglicherweise sind solche Sequenzverdoppelungen innerhalb des Gens in vielen Fällen nicht pathologisch, so daß sie bei symptomfreien Personen nicht entdeckt werden. Es gibt nur wenige andere Beispiel für große, pathologische DNA-Verdoppelungen, darunter die Duplikation von 8 kb im Mitochondriengenom von Patienten mit mitochondrialer Myopathie.

5.3.2 Eine veränderte Kopienzahl kurzer Tandemwiederholungen in Genen als Krankheitsursache

Mehrere pathologische Mutationen haben ihre Ursache in Deletionen oder Duplikationen kurzer DNA-Abschnitte innerhalb von Tandemwiederholungen. Je nach der Größe der Wiederholungseinheit kann eine solche Veränderung zu Leserastermutationen führen, die ein neues Terminationscodon entstehen lassen und deshalb die Krankheit herbeiführen (Abb. 5.7). Veränderungen in Tri- und Hexanucleotid-Tandemwiederholungen würden keine Leserastermutation erzeugen. Man hat aber umfangreiche Tandemwiederholungen von Trinucleotid-Wiederholungseinheiten mit der Instabilität der DNA in Verbindung gebracht, die durchaus pathogen wirken kann. So

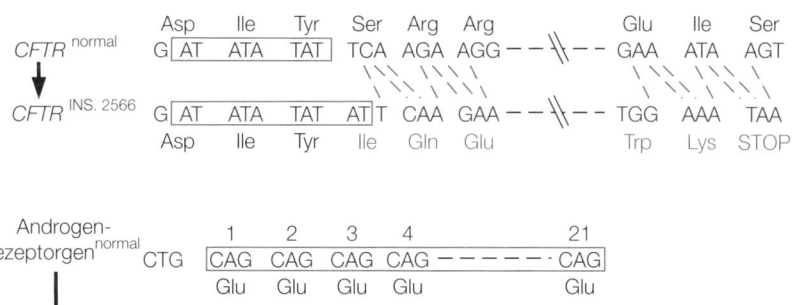

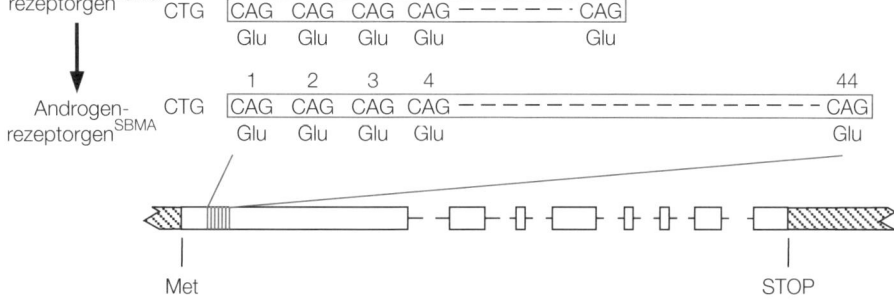

5.7 Pathologische Mutationen durch Schwankungen in der Zahl kurzer Tandem-Sequenzwiederholungen.

befindet sich zum Beispiel im ersten Exon des Gens für den Androgenrezeptor ein Abschnitt aus 20 tandemförmig wiederholten CAG-Codons, die eine Kette aus Polyglutamin codieren (Abb. 5.7). Eine Vervielfältigung dieser Wiederholungseinheit (möglicherweise durch Verschiebung bei der Replikation, vielleicht aber auch durch ungleiches Crossing-over oder ungleichen Schwesterchromatidenaustausch) ist anscheinend spezifisch mit der X-gekoppelten Spinal- und Bulbärmuskelatrophie (SBMA) assoziiert und möglicherweise sogar die Ursache dieser Erkrankung [15].

Über eine unmittelbare Parallele zu der genannten Beobachtung wurde kürzlich im Zusammenhang mit dem Gen *FMR-1* berichtet, das vermutlich für die geistige Behinderung beim Fragilen-X-Syndrom verantwortlich ist. Nahe beim 5'-Ende dieses Gens liegen etwa 40 tandemförmig wiederholte CGG-Einheiten, die einen Polyargininabschnitt codieren. Die Länge des Poly-CGG-Segments scheint in normalen Chromosomen beträchtlich zu schwanken, und man hat vermutet, es könne der Ort der pathologischen Instabilität sein, die diesen Chromosomenabschnitt kennzeichnet [16].

5.3.3 Genkonversion und ähnliche Vorgänge als Krankheitsursache

Wie beim ungleichen Crossing-over, so stammen auch bei der Genkonversion und ähnlichen Vorgängen die stärksten Hinweise, daß es solche Ereignisse im menschlichen Genom gibt, aus der molekularen Analyse des 21-Hydroxylase-Mangels. In den fast 75 Prozent der Fälle, wo der Gendefekt nicht durch eine Deletion entsteht, ist den Hinweisen zufolge entweder das ganze funktionsfähige *CYP21*-Gen oder ein Teil davon gegen eine analoge Sequenz aus dem nahegelegenen Pseudogen *CYP21P* ausgetauscht. Dieser Austausch könnte möglicherweise durch mehrere unabhängige Rekombinationsereignisse zustandekommen, darunter mindestens ein ungleiches Crossing-over oder ein ungleicher Schwesterchromatidenaustausch. In der großen Mehrzahl der Fälle ist jedoch nur ein kleiner Abschnitt des *CYP21*-Gens gegen ein Stück des Pseudogens ausgetauscht; das läßt auf ein kleines Genkonversionsereignis schließen, bei dem eine pathologische Punktmutation aus dem Pseudogen in das Gen *CYP21* übertragen wurde (Tabelle 5.5). Es gibt nur einen belegten Fall mit einer neuen pathologischen Punktmutationen im *CYP21*-Gen, und dabei ist durch das mutmaßliche Genkonversionsereignis eine defekte Sequenz von höchstens 390 bp aus dem *CYP21P*-Pseudogen in das Gen *CYP21* gelangt [17].

Hinweise darauf, daß Genkonversion auch in anderen Systemen zur Krankheitsentstehung beiträgt, gibt es nur in geringem Umfang. Mutationen in dem Gen für β-Glucocerebrosidase, die für die Gaucher-Krankheit ver-

Tabelle 5.5:   Pathologische Punktmutationen im Gen *CYP21* (21-Hydroxylase)

Position der Mutation	normale Sequenz von *CYP21*	mutierte Sequenz von *CYP21*	Sequenz von *CYP21P* (Pseudogen)
Intron 2	cccacctcc	cccaGctcc	cccaGctcc
Exon 3 (Codons 110–112)	gga gac tac tc Gly Asp Tyr Ser	g(.. ... ...)tc V al	g(.. ... ...)tc
Exon 4 (Codon 172)	atc atc tgt Ile Ile Cys	atc aAc tgt Ile Asn Cys	atc aΛc tgt
Exon 6 (Codons 235–238)	atc gtg gag atg Ile Val Glu Met	aAc gAg gag aAg Asn Glu Glu Lys	aAc gAg gag aAg
Exon 7 (Codon 281)	cac gtg cac His Val His	cac Ttg cac His Leu His	cac Ttg cac
Exon 8 (Codon 318)	ctg cag gag Leu Gln Glu	ctg Tag gag Leu STOP	ctg Tag gag
Exon 8 (Codon 356)	ctg cgg ccc Leu Arg Pro	ctg Tgg ccc Leu Trp Pro	ctg Tgg ccc

antwortlich sind, lassen gelegentlich Hinweise auf eine Genkonversion erkennen, an der das benachbarte β-Glucocerebrosidase-Pseudogen beteiligt ist. Auch die Gengruppe für Steroid-21-Hydroxylase, ein weiteres System mit Gen und Pseudogen, kommt für die Krankheitsentstehung durch Genkonversion in Frage.

5.3.4 Translokationen als Krankheitsursache

Bei mehreren Krankheiten wurden die seltenen Chromosomentranslokationen als Ursache nachgewiesen. In den meisten Fällen unterbindet dabei ein Bruch innerhalb des Gens dessen Expression. Gelegentlich kann aber eine Translokation auch zur unerwünschten Aktivierung eines Onkogens führen, also eines Gens, das der Regulation von Zellwachstum und Zellteilung dient; die Folge ist dann die Entstehung eines Tumors (Abschnitt 5.4.2). Über die Faktoren, welche bei Translokationen die Bruchstellen festlegen, ist sehr wenig bekannt, denn in den allermeisten Fällen wurden diese Faktoren nicht charakterisiert. In manchen Fällen wird die offenbar stattfindende Rekombination zwischen nichthomologen Chromosomen durch Wechselwirkungen zwischen homologen Sequenzen an den Bruchstellen erleichtert.

5.3.5 DNA-Transposition als Krankheitsursache

Defekte in der Genexpression, die auf DNA-Transposition zurückgehen, sind vergleichsweise selten und spielen unter den molekularen Krankheitsmechanismen nur eine untergeordnete Rolle. Es gibt aber Beispiele für Gendefekte, die auf eine Inaktivierung durch Einbau eines Transposons zurückzuführen sind. Wie sich beispielsweise in einer Studie herausstellte, war die Hämophilie A bei zwei von 140 nicht verwandten Patienten durch den Einbau einer *Kpn(L1)*-Wiederholungseinheit in ein Exon des Gens für den Gerinnungsfaktor VIII entstanden [18]. In einzelnen Fällen von Hämophilie B und NF1 konnte man ebenfalls zeigen, daß transpositionsbedingte Mutationen mit dem Einbau von *Alu*-Wiederholungseinheiten in das Gen für Faktor IX beziehungsweise NF1 die Ursache waren. Darüber hinaus gibt es eine Reihe weiterer Beispiele für Krankheitsentstehung durch den Einbau unbekannter DNA-Sequenzen in bestimmte Gene.

5.4 Neoplasie

Verschiedene aneuploide Zustände, Einzelgenerkrankungen und Störungen, die mehrere Gene betreffen, können zu menschlichen Tumoren führen. Auf der Ebene der Chromosomen kennt man zahlreiche immer wieder vorkommende Veränderungen der Chromosomenstruktur, die mit bestimmten Krebserkrankungen assoziiert sind. Krebszellen haben häufig einen anormalen Karyotyp und zeigen neben den für Tumore charakteristischen Veränderungen auch vielfach unspezifische Abweichungen. Bis Mitte 1990 hatte man bei 51 verschiedenen neoplastischen Erkrankungen, darunter Blutkrankheiten, maligne Lymphome und feste Tumore, insgesamt 179 nichtzufällige Veränderungen der Chromosomenstruktur identifiziert (Tabelle 5.6). In jüngerer Zeit konnte man durch molekulare Analysen zahlreiche Gene, die unmittelbar mit Krebserkrankungen zu tun haben, kartieren und isolieren. Diese Gene kann man in drei Gruppen einteilen: Gene für die DNA-Reparatur, Onkogene und Tumorsuppressorgene.

5.4.1 Defekte in Genen für die DNA-Reparatur

In den Zellen gibt es eine ganze Reihe von Mechanismen zur Reparatur von Schäden der DNA im Genom. Mutationen in den Genen für Proteine, die an der DNA-Reparatur beteiligt sind, haben eine höhere Krebswahrscheinlich-

Tabelle 5.6: Beispiele für Chromosomenbruchstellen bei verschiedenen Tumoren

Bruchstelle	Tumoren	Bemerkungen
1p36	ML, AML, Neuroblastom	
1q11-q12	MEL	
1q21	AML, AC von Blase, Uterus und Brust	
2p23	AML, ML	
3p21-p13	AC von Lunge, Nieren, Brust und Ovarien	
3q21, 3q26	AML, MDS, MPS	Inv(3)(q21q26); t(3:3)(q21;q26)
9q34	AML, MPD, CML, ALL	Stelle des *ABL*-Onkogens
10q23-q24	T-ALL, ML, AC der Prostata	Stelle des *ETS1*-Onkogens
11p13	Wilms-Tumor	Stelle des Wilms-Tumor-Gens
13q14	Retinoblastom	Stelle des Retinoblastomgens
14q11	maligne T-Zell-Lymphome	Stelle einer Gengruppe für den T-Zell-Rezeptor
14q32	maligne B-Zell-Lymphome	Stelle der Gengruppe für die schwere Immunglobulinkette
22q11-q13	ML, BL, ALL, CML, AML, MN	Stelle der Gengruppe für die leichte Immunglobulinkette und eines Meningiomsuppressorgens

AC = Adenokarzinom; ALL = akute lymphoblastoide Leukämie; AML = akute myeloische Leukämie; BL = Burkitt-Lymphom; CML = chronische myeloische Leukämie; MDS = myelodysplastisches Syndrom; MEL = malignes Melanom; ML = maligne Lymphome; MN = Meningiom; MPD = myeloproliferatives Syndrom.

keit zur Folge. Auf Zellebene sind solche Mutationen vielfach durch häufige spontane Chromosomenaberrationen und eine Überempfindlichkeit gegenüber Licht und/oder UV-Strahlung gekennzeichnet. Die Krankheiten Ataxia teleangiectactica und Xeroderma pigmentosum zeigen autosomal-rezessive Vererbung und eine beträchtliche genetische Uneinheitlichkeit (Tabelle 5.7).

5.4.2 Zelluläre Onkogene

Als Onkogene bezeichnet man Gene, die eine normale Zelle zur Tumorzelle transformieren. Entdeckt und charakterisiert hatte man solche Gene anfangs bei Viren, welche die neoplastische Transformation bewirken können. In jüngerer Zeit wurden bei verschiedenen biologischen Arten, auch beim

Tabelle 5.7: Einige erbliche Einzelgen-Krebserkrankungen

Krankheit	häufige Tumortypen	Art des Defekts[a]	Gen und Position
Ataxia tele-angiectactica	Lymphom	DNA-Reparatur	viele unbekannte, z.B. 11q22-q23
Xeroderma pigmentosum	Hautkarzinom	DNA-Reparatur	*ERCC3*, 2q21; *ERCC5*, 13q22-q34, weitere auf 1q, 9, 15 etc.
familiäre adenomatöse Polyposis	Colon-Adenokarzinom	TS	*APC*, 5q21
früh aus-brechender erblicher Brustkrebs	Brustkarzinom	TS	unbekannt, 17q21
Li-Fraumeni-Syndrom	Brustkrebs und andere Neoplasien	TS	*TP53*, 17p13.1
multiple endokrine Neoplasie			
1	Hypophysen- und Pankreaseadenom	TS	unbekannt, 11q13
2A	Phäochromocytom, Karzinom des Schilddrüsenmarks, Adenom der Nebenschild-drüse	TS	*RET*-Onkogen, loq 11.2
2B	Phäochromocytom, Karzinom des Schilddrüsenmarks	TS	unbekannt, 10q11.2
NF1	Fibrosarkom, optisches Gliom	TS	Neurofibromin, 17q11.2
NF2	Akustikusneurinom, Schwannom, Meningiom	TS	Merlin, Schwanno-min, 22q12
Retinoblastom	embryonaler Netzhaut-tumor, Osteosarkom	TS	*RB1*, 13q14.2
tuberöse Sklerose	Herz-Rhabdomyom, Nieren-Angiomyolipom	TS	unbekannt, 9q, 11q14-q23
Von-Hippel-Lindau-Syndrom	Hämangioblastom des ZNS, Nierenkarzinom	TS	*VHL*, 3p25-p26
Wilms-Tumor	embryonaler Nierentumor	TS	*WT1*, 11p13 und andere

[a] TS = Tumorsuppressorgen.

Menschen mehrere zelleigene Gene beschrieben, die vergleichbar zu den Virus-Onkogenen normalerweise (als Protoonkogene) die Aufgabe haben, das Zellwachstum zu regulieren. Von den schätzungsweise 60 bis 70 menschlichen Protoonkogenen wurden viele auf molekularer Ebene charakterisiert, so daß man heute vier Hauptgruppen unterscheiden kann (Tabelle 5.8). Manche von ihnen codieren *G*-Proteine, die GTP binden können und eine GTPase-Aktivität besitzen, mit deren Hilfe sie in den Zellen als *second messenger* wirken. Die Produkte mehrerer Onkogene, auch Onkoproteine genannt, sind auch als Transkriptionsfaktoren aktiv. Die Wirkungsweise vieler Onkogene ist noch nicht im einzelnen aufgeklärt, aber manche codieren bekanntermaßen Tyrosinkinasen, die in bestimmten Proteinen die Tyrosinbausteine phosphorylieren und auf diese Weise deren Aktivität beeinflussen.

Tabelle 5.8:   Einige Onkogene des Menschen

Onkogen	Chromosomen-position	Funktion des Produkts	Ort der Wirkung
CSF1R (*FMS*)	5q33-q35	Rezeptor für CSF-1 (den koloniestimulierenden Faktor aus Makrophagen)	Plasmamembran
EGFR (*ERBB*)	7p12-p13	Rezeptor für Epidermis-wachstumsfaktor (EGF)	Plasmamembran
ETS1 *ETS2*	11q23.3 21q22.3	Transkriptionsfaktoren, binden an PEA3-Motiv	Zellkern
FOS *JUN*	14q24.3 1p31-p32	Transkriptionsfaktoren, binden an AP-1-Motiv	Zellkern
HRAS *KRAS2* *NRAS*	11p15.5 12p12.1 1p13	G-Protein G-Protein G-Protein	Cytoplasma Cytoplasma Cytoplasma
PDGFB (*SIS*)	22q12-q13	Blutplättchen-Wachstumsfaktor, *β*-Kette	sezerniert

Zu Krebserregern werden zelluläre Protoonkogene wahrscheinlich durch Mutationen, die dazu führen, daß sie anders, stärker oder fälschlicherweise ständig exprimiert werden. Die meisten derartigen Mutationen spielen sich in somatischen Zellen ab, so daß die Krebserkrankungen Einzelfälle bleiben. Unter den identifizierten Punktmutationen sind solche, welche die GTPase-Aktivität von Signalübertragungsproteinen verhindern, und in einem Einzelfall fand man in einem Intron des *HRAS*-Gens (*Harvey ras*) ein einzelnes ausgetauschtes Nucleotid, das eine zehnfache Steigerung der Genexpression bewirkte [19].

Protoonkogene können auch durch Mutationen aktiviert werden, die ihre codierende Sequenz nicht verändern, unter anderem durch Insertionen außerhalb des Gens, Genamplifikation und Chromosomentranslokationen. Die letztgenannten kommen häufig bei B- und T-Lymphocyten vor und sind offensichtlich eine Folge von Fehlfunktionen bei den programmierten Rekombinationsvorgängen, durch die normalerweise die funktionsfähigen Gene für Immunglobuline beziehungsweise T-Zell-Rezeptoren entstehen (Abschnitt 2.7.3). Möglicherweise erkennt das an diesen Vorgängen beteiligte Rekombinationsenzym gelegentlich Sequenzen, die seinen normalen Erkennungssequenzen ähneln. Liegen solche Sequenzen in der Nähe eines Protoonkogens, kann es zu einer Chromosomentranslokation kommen, wobei zwischen dem Protoonkogen und einem Immunglobulin- oder T-Zell-Rezeptorgen eine Rekombination stattfindet (Abb. 5.8). Manche Translokationen lassen bekanntermaßen verkürzte oder verschmolzene Gene entstehen, die auf Regulationssequenzen anormal ansprechen. Andere Translokationen transportieren Onkogene in eine andere chromosomale Umgebung, wo sie nicht mehr der Wirkung der Regulationssequenzen unterliegen, von denen sie normalerweise gesteuert werden. Viele cytogenetisch nachgewiesene tumorspezifische Translokationsbruchstellen liegen in der Nähe von Onkogenen.

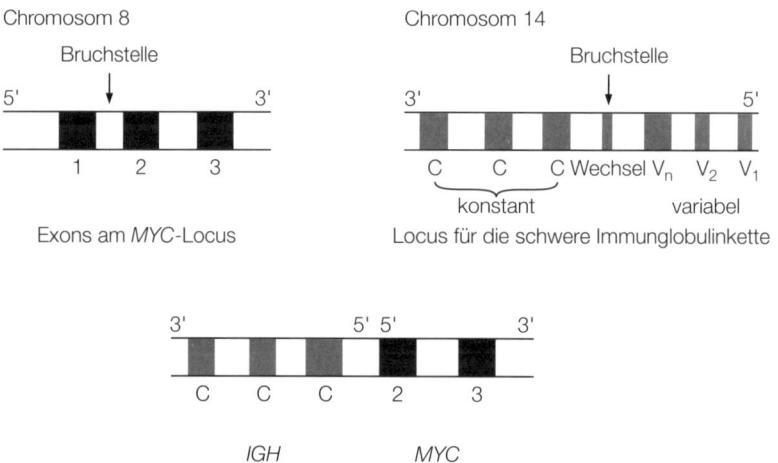

5.8 Die molekularen Grundlagen der Translokation zwischen dem *MYC*-Locus auf dem Chromosom 8 und dem Locus für die schwere Immunglobulinkette auf dem Chromosom 14; diese Anomalie findet man bei der Mehrzahl der Patienten mit Burkitt-Lymphom.

5.4.3 Tumorsuppressorgene

Die meisten erblichen Krebserkrankungen beruhen auf Defekten in Genen
einer Gruppe, die man als Tumorsuppressorgene oder Antionkogene bezeichnet (Tabelle 5.7). Diese Gene verursachen dominant erbliche Krebsformen durch einen Mechanismus, der auf Zellebene rezessiv ist, das heißt,
wenn die Zelle das normale Genprodukt besitzt, nimmt sie wieder den
normalen Phänotyp an. In solchen Fällen beruht die Krebsentstehung auf
der Inaktivierung beider Kopien eines autosomalen Tumorsuppressorgens.
Das Produkt eines solchen Gens kann normalerweise die Expression anderer
Gene unterdrücken, die mit Wachstum und Vermehrung bestimmter Zelltypen zu tun haben. Wird eine der beiden Kopien eines autosomalen Tumorsuppressorgens inaktiviert, entsteht noch die halbe Menge des zugehörigen
Genprodukts, und das hat normalerweise nur geringfügige oder gar nicht
erkennbare Veränderungen des Phänotyps zur Folge. Ist ein Gen an einem
Tumorsuppressorlocus jedoch homozygot inaktiviert, fehlt das entsprechende Genprodukt völlig, und das kann zur Tumorentstehung führen.

Störungen in den Tumorsuppressorgenen können sowohl zu erblichen als
auch zu nicht erblichen Formen von Krebs führen. Wie sich bei der Untersuchung einiger derartiger Erkrankungen und insbesondere des Retinoblastoms (eines Augentumors) herausgestellt hat, dürfte es sich bei dem Mechanismus, der die Inaktivierung des Tumorsuppressorgens bewirkt, um ein
„Zwei-Treffer-Modell" handeln [20]. Der erste „Treffer" ist oft eine kleinere Mutation, entweder in der Keimbahn oder in einer somatischen Vorläu-
ferzelle des Zelltyps, aus dem sich der Tumor entwickelt (Abb. 5.9). Die
zweite Mutation spielt sich dann später in der somatischen Zelle ab, aus der
der Tumor hervorgeht, und hierbei handelt es sich häufig um eine umfangreichere Veränderung (Abb. 5.10). Solche Mutationen kann man oft cytogenetisch oder durch Vergleich der DNA aus Blut und Tumor eines Betroffenen nachweisen: Der Tumor hat dabei die konstitutive Heterozygotie verloren (Abschnitt 4.2.6). In der Familie von Personen, bei denen beide Mutationen in somatischen Zellen auftreten, gab es zuvor die Krankheit noch
nicht, und solche Patienten geben die Veranlagung dafür auch nicht an
folgende Generationen weiter. Ereignet sich die erste Mutation dagegen in
der Keimbahn, besitzen 50 Prozent der Nachkommen das inaktivierte Allel,
und damit hat sich ein dominanter Erbgang gebildet. Bei solchen Patienten
sind oft beide Augen betroffen, weil die zweite Mutation sich unabhängig in
verschiedenen Zellen ereignet. Man weiß zwar, daß die Produkte von Onkogenen und Tumorsuppressorgenen in Wechselwirkung treten können, aber
den Wirkungsmechanismus der meisten Tumorsuppressorgene kennt man
bisher nicht. Ein mutmaßliches Tumorsuppressorgen mit der Bezeichnung

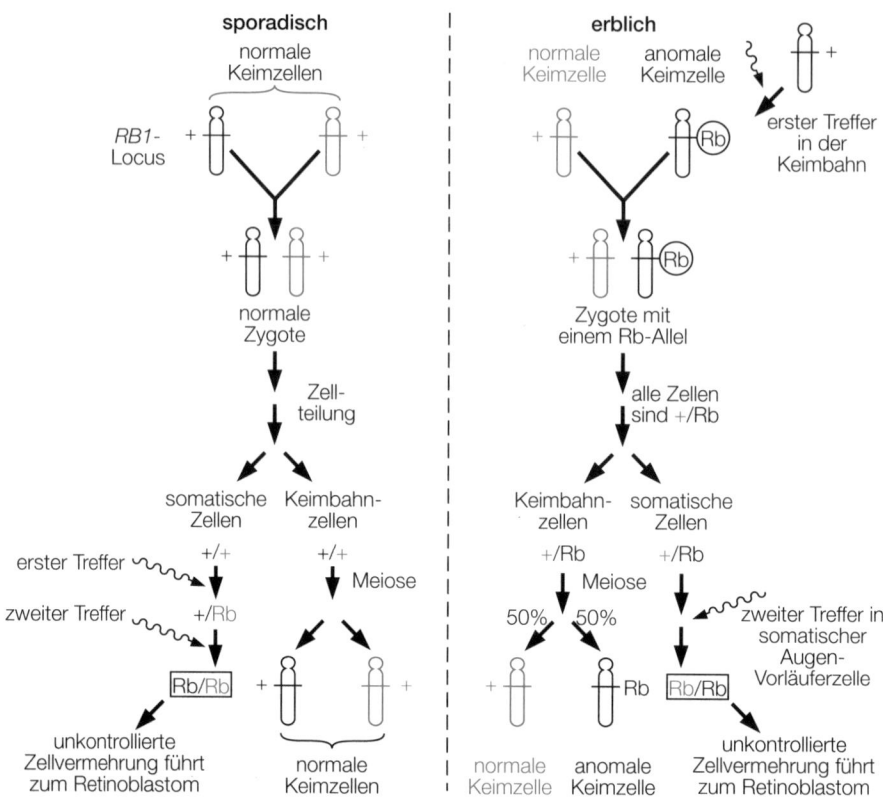

5.9 Die Entstehung des erblichen und des sporadischen Retinoblastoms.

PTPG, das in der Kartenposition 3p21 liegt, codiert eine Rezeptorprotein-Tyrosinphosphatase, die möglicherweise die Wirkung von Tyrosinkinasen rückgängig macht – und diese Enzyme werden vielfach von Onkogenen codiert [21]. Die häufigste bekannte Ursache von Tumorerkrankungen sind Defekte in einem Gen namens *TP53* (Abschnitt 6.1.2), und das Produkt dieses Gens, ein sequenzspezifisches, DNA-bindendes Protein mit der Bezeichnung p53, übt seine Funktion wahrscheinlich aus, indem es sich an bestimmte Stellen auf der DNA des menschlichen Genoms heftet. Mutationen im *TP53*-Gen haben nicht nur zur Folge, daß p53 seine Wirkung als Tumorsuppressor verliert, sondern eventuell auch, daß p53 wie das Produkt eines Onkogens wirkt. Aktivierte Mutanten von p53 sorgen durch einen bemerkenswert starken negativen Effekt für das Fortschreiten der Krebserkrankung. Wird eine solche Mutante parallel mit dem Wildtyp-p53 transliert, nimmt auch das Wildtypallel die mutierte Konformation an [22].

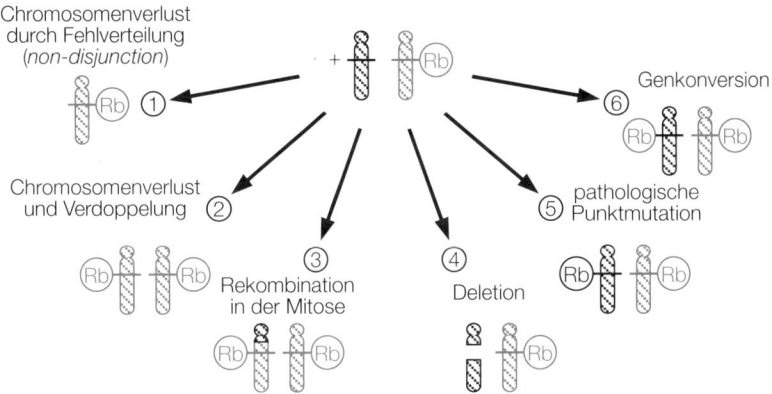

Chromosomenverlust
durch Fehlverteilung
(*non-disjunction*)

Genkonversion

Chromosomenverlust
und Verdoppelung

pathologische
Punktmutation

Rekombination
in der Mitose

Deletion

5.10 Mechanismen, durch die eine rezessive Mutation am Retinoblastom-Locus wirksam werden könnte.

5.5 Die Expression pathologischer Mutationen

Wie pathologische Mutationen in einem einzigen Gen sich auf den klinischen Phänotyp auswirken, hängt von mehreren Faktoren ab:

1. von der Wirkung der Mutationen auf die Expression des betroffenen Gens;
2. von der Dominanz oder Rezessivität des mutierten Gens im Vergleich zu normalen Genkopien;
3. von der Zahl und Art der Zellen, die das mutierte Gen tragen;
4. in manchen Fällen davon, von welchem Elternteil die Mutation stammt.

5.5.1 Auswirkungen von Mutationen auf die Expression einzelner Gene

Durch die jüngsten Fortschritte der Molekulargenetik haben sich zahlreiche Erkenntnisse darüber ergeben, welche molekularen Defekte verschiedenen Einzelgenerkrankungen zugrundeliegen, und es wurden mehrere Klassen von Mutationen beschrieben (Tabelle 5.9). Im wesentlichen können solche Mutationen einerseits die Genexpression vermindern oder ganz unterbinden, oder sie können andererseits zu anormal starker oder ungeeigneter Genexpression führen. Im allgemeinen besteht ein Zusammenhang zwi-

Tabelle 5.9:   Auswirkungen von Mutationen auf die Genfunktion

Position und Art der Mutation	Auswirkung auf die Genfunktion	Bemerkungen
außerhalb von Genen	normalerweise keine	in seltenen Fällen Inaktivierung entfernter Regulationselemente, die für die normale Genexpression gebraucht werden (Abschnitt 5.2.1)
Deletion mehrerer Gene	Verlust	mit Genkrankheiten assoziiert
Deletion eines kompletten Gens	Verlust	
Deletion eines ganzen Exons	Verlust oder Abwandlung	kann zu Leserasterverschiebungen führen; Protein häufig instabil
innerhalb eines Exons	Verlust	falls Verlust/Austausch wichtiger Aminosäuren, Leserasterverschiebungen oder Entstehung eines vorzeitigen Stopcodons
	Abwandlung	falls nichtkonservative Substitution, kleine Insertion im richtigen Leseraster oder andere Mutationen an bestimmten Stellen
	keine	konservative/stumme Substitution oder Mutation an nicht entscheidenen Stellen
Deletion eines ganzen Introns	keine	
Mutation einer Spleißstelle	Aufhebung oder Abwandlung der Expression	konservierte GT- und AG-Signale sind entscheidend für eine normale Expression
Mutation eines Promotors	Aufhebung oder Abwandlung der Expression	Deletion, Insertion oder Austausch einzelner Nucleotiden im Promotor können die Expression verändern; vollständige Deletion zerstört die Funktion
Mutation eines Stopcodons	Abwandlung	Anfügung zusätzlicher Aminosäuren an das Ende des Proteins, bis ein weiteres Stopcodon auftaucht
Mutation des Poly(A)-Signals	Aufhebung oder Abwandlung der Expression	Deletion, Insertion oder Austausch einzelner Nucleotiden in der Poly(A)-Stelle können die Expression verändern; vollständige Deletion zerstört die Funktion
andere Stellen in Introns/nichttranslatierten Sequenzen	meist keine	

schen dem Ausmaß, in dem eine pathologische Mutation die Genexpression beeinflußt, und dem Schweregrad des entstehenden klinischen Phänotyps. Deletionen und andere Mutationen, die zum Fehlen oder zur völligen Inaktivierung des normalen Genprodukts führen, wie zum Beispiel Nonsense-Mutationen und Leserasterverschiebungen, die ein vorzeitiges Terminationscodon entstehen lassen, sind meist mit einem schwerwiegenden klinischen Erscheinungsbild gekoppelt. Bei manchen Defekten multimerer Proteine erzeugen solche Mutationen allerdings viel geringfügigere Phänotypveränderungen als kleinere Mutationen (Abschnitt 5.5.3).

Kleine Deletionen innerhalb eines Gens können zu unterschiedlichen Phänotypen führen, je nachdem, ob sie eine umfangreiche Leserasterverschiebung bewirken. Der Duchenne-Muskelschwund zum Beispiel, eine sehr schwerwiegende Erkrankung, sowie der sehr viel schwächer verlaufende Becker-Muskelschwund beruhen auf Mutationen des gleichen Genlocus für Dystrophin. Beide Krankheiten sind, was die Mutationen angeht, uneinheitlich, aber häufig handelt es sich um Deletionen innerhalb des Gens. Das unterschiedlich schwere klinische Erscheinungsbild hat man kürzlich darauf zurückgeführt, daß die Deletionen das Leseraster mehr oder weniger stark verändern. Deletionen, die keine Leserasterverschiebung hervorrufen, sondern nur einen Teil der codierenden Sequenz verschwinden lassen, wirken sich auf die weiter stromabwärts gelegenen codierenden Abschnitte nicht aus und führen meist zu dem relativ mild verlaufenden Becker-Muskelschwund [23]. Dagegen sind mutationsbedingte Veränderungen im Leseraster, die hinter dem deletierten Abschnitt eine völlig andere codierende Sequenz entstehen lassen, ein typisches Kennzeichen des Duchenne-Muskelschwundes (Abb. 5.11). In manchen Fällen entsteht auch ein gering ausgeprägter klinischer Phänotyp durch sehr große Deletionen innerhalb des Gens; ein außergewöhnlicher Fall ist dabei eine Deletion von 700 kb, die 46 Prozent der codierenden Sequenz des Dystrophingens verschwinden läßt [24].

5.5.2 Rezessive Krankheitsallele

Rezessive Krankheitsallele sind meist nicht funktionsfähig, oder sie produzieren das normale Genprodukt in geringerer Menge. Heterozygote Personen mit einem krankheitserzeugenden und einem normalen Allel bilden deshalb 50 Prozent des normalen Produkts oder mehr, und bei vielen Genprodukten (zum Beispiel Enzymen) entstehen durch diese Mengenabnahme noch keine klinischen Symptome (das heißt, das Krankheitsallel ist gegenüber dem normalen Allel rezessiv). Liegt der Krankheitslocus auf einem

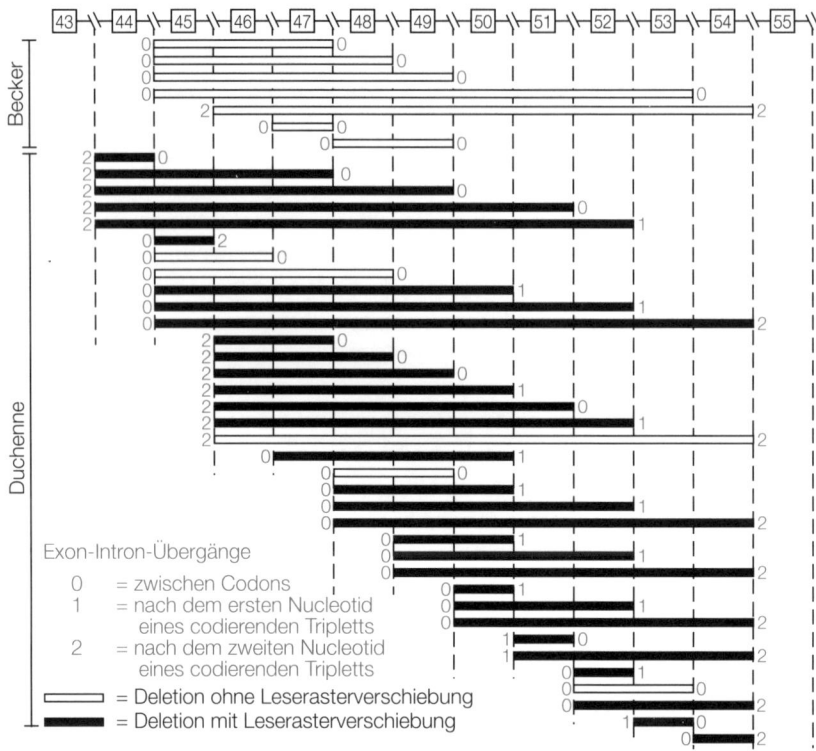

5.11 Deletionen im mittleren Teil des Dystrophingens, die mit dem Duchenne- und Becker-Muskelschwund assoziiert sind. Die numerierten Kästen symbolisieren die Exons 43 bis 55.

Autosom, entsteht der krankhafte Phänotyp erst durch die kombinierte Wirkung zweier pathologischer Mutationen in zwei Allelen. Handelt es sich dabei um zwei verschiedene Krankheitsallele (sogenannte Compound-Heterozygotie), wird der Phänotyp durch dasjenige Krankheitsallel bestimmt, das den geringeren Effekt auf die Genexpression hat. Da Jungen normalerweise nur ein X-Chromosom besitzen, kann bei X-gekoppelten Krankheiten ein einziges mutiertes Allel zur Krankheitsentstehung führen, weil dann das normale Allel völlig fehlt.

Rezessive Krankheitsallele kommen oft bei Genen vor, die Enzyme codieren, aber man kennt sie auch von anderen Genprodukten, zum Beispiel von Transportproteinen wie α- und β-Globin sowie von Regulationsgenen (zum Beispiel den Tumorsuppressorgenen). Bei letzteren ist das mutierte Allel zwar dem nomalen gegenüber in der phänotypischen Ausprägung rezessiv, aber es wird dominant vererbt (Abschnitt 5.4.3).

5.5.3 Dominante Krankheitsallele

Bei dominant vererbten Krankheiten prägt sich das Krankheitsbild auch bei Heterozygoten aus. Dominante pathologische Mutationen führen häufig zu fehlender oder anormaler Genexpression. Außerdem kennt man zahlreiche Beispiele für dominante krebserzeugende Mutationen, die ihre Wirkung durch konstitutive oder zu starke Expression eines normalen Genprodukts entfalten. Von dominanten pathologischen Mutationen sind im allgemeinen Gene betroffen, die keine Enzyme codieren, sondern Rezeptor-, Transport-, Struktur- oder Regulationsproteine. Die familiäre Hypercholesterinämie kann beispielsweise durch eine einzige Mutation in dem Gen für den LDL-Rezeptor entstehen, so daß kein funktionsfähiger LDL-Rezeptor mehr entsteht. LDL reguliert die HMG-CoA-Reductase, das geschwindigkeitsbestimmende Enzym in der körpereigenen Cholesterinbiosynthese; es wird zwar auch bei Heterozygoten mit 50 Prozent der normalen Menge an LDL-Rezeptor noch ordnungsgemäß reguliert, aber um den Preis eines höheren LDL-Cholesterinspiegels und einer erhöhten Anfälligkeit für vorzeitige arteriosklerotisch bedingte Herzkrankheiten. Homozygote (in Wirklichkeit meist Compound-Heterozygote) besitzen wenig oder überhaupt keinen funktionsfähigen LDL-Rezeptor; bei ihnen ist der Cholesterinspiegel sehr hoch, und sie werden im allgemeinen im dritten Lebensjahrzehnt herzkrank.

Auch viele erbliche Erkrankungen des Strukturproteins Kollagen sind durch dominante Krankheitsallele gekennzeichnet. Kollagene werden als Dreierhelix aus drei langen Polypeptidketten gebildet. Die drei Ketten eines einzelnen Moleküls können entweder in einem einzigen Gen oder in zwei verschiedenen Genen codiert sein. Beispielsweise besteht das Kollagen des Typs I, das sich vorwiegend in Knochen, Sehnen und Haut findet, aus zwei α1(I)-Ketten, die im Gen *COL1A1* auf 17q codiert sind, und einer α2(I)-Kette, codiert im Gen *COL1A2* auf 7q. Erstaunlicherweise erzeugen Mutationen, die ein Gen für eine α-Kette völlig inaktivieren, nur ein vergleichsweise mildes klinisches Erscheinungsbild, die Osteogenesis imperfecta des Typs I; kleine pathologische Mutationen in demselben Gen, beispielsweise Punktmutationen und Umordnungen, führen dagegen zu der viel schwereren Osteogenesis imperfecta des Typs II. Dieser scheinbare Widerspruch wurde kürzlich aufgeklärt. Wird ein Allel des Gens *COL1A1* völlig inaktiviert, entsteht die normale α1(I)-Kette mit 50 Prozent der normalen Menge, und damit geht auch die Menge der Prokollagenmoleküle um 50 Prozent zurück, wobei die überschüssigen α2(I)-Ketten abgebaut werden (Abb. 5.12). Kleinere Mutationen, bei denen das Produkt von *COL1A1* noch in fast normaler Menge entsteht, haben dagegen zur Folge, daß 50 Prozent der α1(I)-Ketten und 75 Prozent der Prokollagenmoleküle anormal sind.

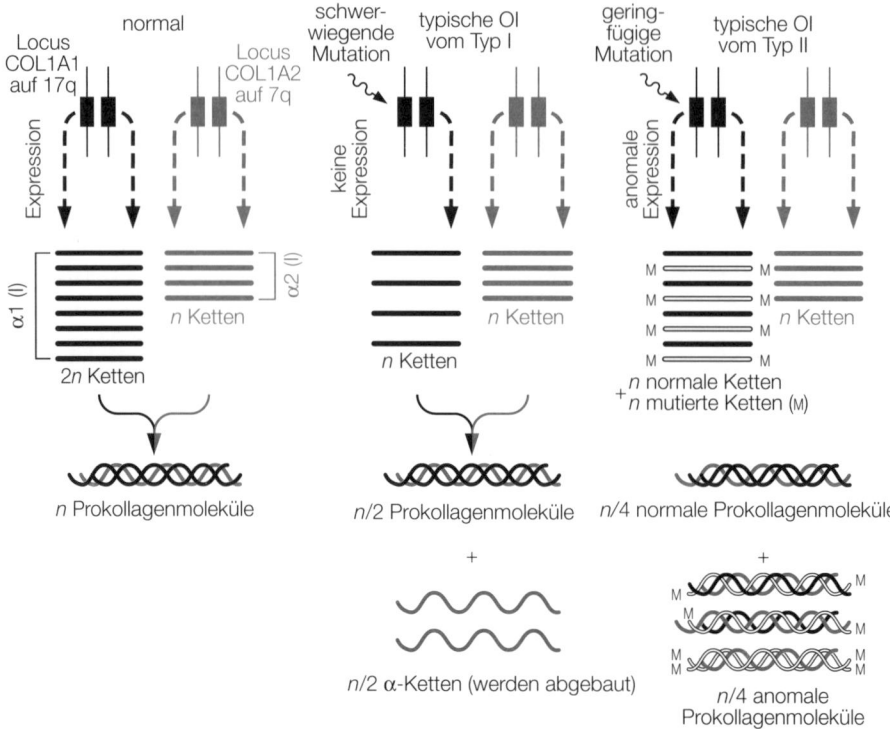

5.12 Der Defekt in der Kollagensynthese bei der Osteogenesis imperfecta des Typs I und II.

5.5.4 Mitochondrienerkrankungen

Die normale Mitochondrienfunktion hat die ungewöhnliche Eigenschaft, daß sie auf zwei einander ergänzende Genome angewiesen ist: einerseits auf das Genom im Zellkern, dessen Gene als Allele nach den Mendelschen Gesetzen weitergegeben werden, und andererseits auf das Mitochondriengenom, das mütterlich vererbt wird. Im Prinzip können Erkrankungen der Mitochondrien also entweder durch Mutationen in ihren eigenen Genen entstehen, die Mitochondrien-Genprodukte codieren, oder aber durch Mutationen in denjenigen Genen des Zellkerns, welche die Expression der Mitochondrien-DNA regulieren. Die meisten bisher untersuchten Mitochondrienerkrankungen, darunter bestimmte neurodegenerative und neuromuskuläre Störungen, beruhen jedoch auf Mutationen im Mitochondriengenom [25] (Tabelle 5.10); man kennt allerdings auch mindestens einen Fall, wo eine Mutation im Zellkern eine Mitochondrienfehlfunktion herbeiführt [26].

Tabelle 5.10:   Mitochondrienerkrankungen

Art der Mutation	Krankheit	klinisches Bild	Vererbung
Punktmutation in Position 11 778 (Arg → His) im Mitochondriengen *ND4* oder in Position 3 460 (Ala → Thr) im Mito-chondriengen *ND1*	Lebers erbliche optische Neuropathie	optische Atrophie und andere neuro-logische Symptome	mütterlich bei familiärer Form
Punktmutation in Position 8 993 (Leu → Arg) in der Untereinheit 6 der Mitochondrien-ATPase	variables neurologisches Syndrom	Retinitis pigmentosa und Ataxie, Krämpfe, Demenz, proximale Muskelschwäche	sporadisch
Punktmutation in TψC-Schleife der tRNA[Lys] in den Mitochondrien	MERFF[a]	myoklonische Epilepsie mit unregelmäßigen Fasern in den Skelettmuskeln	mütterlich bei familiärer Form
große Deletionen im Mitochondrien-genom	1) Kearns-Sayre-Syndrom	fortschreitende äußere Ophtal-moplegie (PEO)[a] und andere Symptome	mütterlich bei familiärer Form
	2) andere PEO-Erkrankungen		mütterlich oder autosomal-dominant
große (etwa 8 kb) Tandemverdopplung im Mitochondrien-genom	Kearns-Sayre-Syndrom	wie oben	sporadisch
starker Mangel an Mitochon-drien-DNA	PEO und andere Symptome	Ausprägung je nach Gewebe unterschied-lich, kann bei Geschwistern Muskeln oder Leber betreffen	Defekt in ei-nem Gen des Zellkernes?

[a] MERFF = *myoclonic epilepsy with ragged red fibers*; PEO = *progressive external ophtalmoplegia*.

Bei Krankheiten, die durch Mutationen im Mitochondriengenom entstehen, ist die Schwere des Krankheitsbildes im allgemeinen proportional zu der Anzahl der mutierten Kopien des Mitochondriengenoms. Eine Neumutation im Mitochondriengenom kann sehr unterschiedliche Folgen haben, denn diese DNA liegt in jeder Zelle in mehreren tausend Exemplaren vor, und außerdem verteilen sich die Mitochondrien bei der Zellteilung nach dem Zufallsprinzip auf die Tochterzellen. In Zellen mit einer Mischung aus normalen und mutierten Mitochondrien (Heteroplasmie) kann der Genotyp der Mitochondrien sich auf die nachfolgenden Zellteilungen auswirken: Manche Abstammungslinien tendieren dann vielleicht zur ausschließlich mutierten Mitochondrien-DNA (Homoplasmie), andere zum reinen Wildtyp, und wieder andere bleiben heteroplasmatisch. Dabei ist bemerkenswert, daß es sich bei Mitochondrienmutationen häufig um lange Deletionen handelt. Das dabei entstehende, kleinere Genom bietet vielleicht, was die Replikationseffizienz angeht, einen Selektionsvorteil, so daß sich bevorzugt mutierte Mitochondriengenome ansammeln.

5.5.5 Mosaike

Wird ein pathologisches Allel als genetisches Mosaik (Abschnitt 5.2.2), also nur in manchen, aber nicht in allen Zellen exprimiert, kann das klinische Bild sehr unterschiedlich aussehen, je nach dem Anteil der Zellen, die das Krankheitsallel exprimieren. Alle weiblichen Körperzellen zeigen Mosaikstruktur, weil in ihnen teilweise das väterliche und teilweise das mütterliche X-Chromosom inaktiviert ist (Abschnitt 2.2). Weibliche Merkmalsträger X-gekoppelter Erkrankungen zeigen zu einem geringen Prozentsatz tatsächlich Krankheitssymptome. Möglicherweise handelt es sich in solchen Fällen um echte Heterozygote, bei denen das X-Chromosom mit dem normalen Allel zufällig in der Mehrzahl der betreffenden Zellen inaktiviert ist. In vielen Fällen handelt es sich dabei aber wahrscheinlich um unerkannte Compound-Heterozygote, oder am Inaktivierungszentrum des X-Chromosoms hat sich eine zweite Mutation ereignet – das vermutete man zum Beispiel im Fall einer Übertragung der Hämophilie B von einer Frau zu einer zweiten. Im Zusammenhang mit mehreren Krankheiten wurde über Keimbahnmosaike berichtet; sie können Probleme bei der pränatalen Diagnose aufwerfen.

5.5.6 Genomische Prägung

Aus der Untersuchung mehrerer Säugetierarten (vor allem der Maus), zunehmend aber auch durch Befunde am Menschen ergaben sich Hinweise darauf, daß die vom Vater und von der Mutter stammenden Chromosomen und Allele unterschiedlich wirken [27]. Aus einer befruchteten Eizelle mit dem Karyotyp 46,XX, der ausschließlich vom Vater stammt, entwickelt sich beispielsweise immer ein geschwulstförmiges Gebilde aus anormalen Chorion-Trophoblasten, aber kein Embryo.

Aus uniparentaler Disomie, also der Vererbung beider Exemplare eines Chromosoms durch einen einzigen Elternteil, können Wachstumsanomalien entstehen. Derartiges beobachtet man zum Beispiel bei Zygoten, in denen ein Chromosom in drei Exemplaren (Trisomie) oder nur als Einzelkopie (Monosomie) vorhanden ist. Wahrscheinlich führt starke Selektion gegen solche anomalen Karyotypen schon früh in der Entwicklung zum bevorzugten Wachstum von Zellen mit der normalen Chromosomenausstattung 46,XX oder 46,XY, wobei das betreffende Chromosom verlorengeht oder verdoppelt wird. Unterstellt man für das väterliche und mütterliche homologe Chromosom die gleiche Wahrscheinlichkeit, so ergibt sich dabei eine Möglichkeit von 1:3, daß durch den Chromosomenverlust bei der Trisomie eine uniparentale Disomie entsteht. Die Chromosomenverdoppelung nach einer anfänglichen Monosomie führt stets zu diesem Zustand.

Bei Mäusen wird im Placentagewebe bevorzugt das vom Vater ererbte X-Chromosom inaktiviert; demnach dürfte es einen Mechanismus zur Kennzeichnung und Unterscheidung der väterlichen und mütterlichen homologen Chromosomen geben. Deshalb hat man die Hypothese aufgestellt, daß die Chromosomen bei der Entstehung der Ei- und Samenzellen – vermutlich durch DNA-Methylierung – markiert werden, und zwar so, daß sie die Herkunft von dem jeweiligen Elternteil erkennen lassen (genomische Prägung).

Im Zusammenhang mit Erkrankungen des Menschen ist die genomische Prägung von Bedeutung, weil sich damit die Möglichkeit ergibt, daß die gleiche ererbte Mutation sich je nach der Herkunft von Vater oder Mutter unterschiedlich ausprägt. Beim Prader-Willi-Syndrom findet man häufig Deletionen im Bereich q11-13 des vom Vater ererbten Chromosoms 15; Deletionen, die offenbar in der gleichen Region des mütterlichen Chromosoms 15 liegen, findet man dagegen bei Patienten mit dem Angelman-Syndrom. Allerdings zeigen Fälle des Prader-Willi-Syndroms ohne Deletion zwar häufig eine Disomie des mütterlichen Chromosoms 15, aber eine Disomie des väterlichen Chromosoms ist beim Angelman-Syndrom relativ selten. Unterschiede in der Ausprägung von Mutationen, die vom Vater beziehungsweise von der Mutter ererbt wurden, sind auch für verschiedene andere Krankheitsloci belegt und dürften in einigen Fällen auf genomische Prägung zurückzuführen sein (Tabelle 5.11).

Tabelle 5.11: Einige Krankheiten, bei denen man eine Beteiligung der genomischen Prägung vermutet

Krankheit	Art der differentiellen Expression	Chromosomen-position
Angelman-Syndrom	*de novo*-Deletion von 15q11-q13 auf mütterlich vererbten Chromosomen; bei Fällen ohne Deletion gelegentlich väterliche uniparentale Disomie	15q11-q13
Prader-Willi-Syndrom	*de novo*-Deletion von 15q11-q13 auf väterlich vererbten Chromosomen; in anderen Fällen manchmal mütterliche uniparentale Disomie	15q11-q13
Beckwith-Wiedemann-Syndrom	einige Fälle mit Trisomie von 11p15.5 und väterlicher Herkunft des duplizierten Abschnitts	11p15.5
Chorea Huntington	früherer Ausbruch bei väterlicher Vererbung	4p16.3
zerebellare Ataxie	früherer Ausbruch bei väterlicher Vererbung	?
spinozere-bellare Ataxie	früherer Ausbruch bei väterlicher Vererbung	6p24-p21
myotonische Dystrophie	angeborene Form fast nur bei Kindern erkrankter Mütter	19q13
NF1	schwererer Verlauf bei mütterlicher Vererbung	17q11.2
NF2	früherer Ausbruch bei mütterlicher Vererbung	22q11-q13.1
Wilms-Tumor	bei sporadischen Tumoren Verlust mütterlicher Allele; 7/8 *de novo*-Keimbahndeletionen von 11p13 sind väterlicher Herkunft	15
Osteosarkom	bei sporadischen Tumoren Verlust mütterlicher Allele	13q
Cystische Fibrose	seltene Fälle mit begleitender Wachstumsverzögerung und uniparentaler Disomie	7

Zitierte Literatur

1. Dryja, T. P. et al. In: *Nature* 343 (1990) S. 364.
2. Dietz, H.C. et al. In: *Nature* 352 (1991) S. 337.
3. Monaco, T.; Kunkel, L. M. In: *Trends Genet.* 3 (1987) S. 35.
4. Fountain, J. W. et al. In: *Science* 244 (1989) S. 1085.
5. Rommens, J. M. et al. In: *Science* 245 (1989) S. 1059.
6. Gianelli, F. et al. In: *Nucl. Acid Res.* 19 (1991) S. 2193.
7. Cohn, D. H. et al. In: *Am J. Hum. Genet.* 46 (1990) S. 591.
8. Cooper, D. N.; Krawczak, M. In: *Hum. Genet.* 85 (1990) S. 55.
9. Wilkie, A. O. M. et al. In: *Nature* 346 (1990) S. 868.
10. Sinnott, P. J. et al. In: *Proc. Natl. Acad. Sci. USA* 87 (1990) S. 2107.
11. Hobbs, H. H. et al. In: *Ann. Rev. Genet.* 24 (1990) S. 133.
12. Vnencak-Jones, C. L. et al. In: *Proc. Natl. Acad. Sci. USA* 85 (1988) S. 5615.
13. Yen, P. H. et al. In: *Cell* 61 (1990) S. 603.
14. Shoffner, J. M. et al. In: *Proc. Natl. Acad. Sci. USA* 86 (1989) S. 7952.
15. La Spada, A. R. et al. In: *Nature* 352 (1991) S. 77.
16. Verkerk, A. J. M. H. et al. In: *Cell* 65 (1991) S. 905.
17. Collier, S. et al. In: *Nature Genet.* 3, S. 260.
18. Kazazian, H. H. et al. In: *Nature* 332 (1988) S. 164.
19. Cohen, J. B.; Levinson, A. D. In: *Nature* 334 (1988) S. 119.
20. Knudson, A. G. jr. In: *Ann. Rev. Genet.* 20 (1986) S. 231.
21. La Forgia, S. et al. In: *Proc. Natl. Acad. Sci. USA* 88 (1991) S. 5036.
22. Milner, J.; Medcalf, E. A. In: *Cell* 65 (1991) S. 765.
23. Koenig, M. et al. In: *Am. J. Hum. Genet.* 45 (1989) S. 498.
24. England, S. B. et al. In: *Nature* 343 (1990) S. 180.
25. Wallace, D. C. In: *Trends Genet.* 5 (1989) S. 9.
26. Zeviani, M. et al. In: *Am. J. Hum. Genet.* 47 (1990) S. 904.
27. Hall, J. G. In: *Am J. Hum. Genet.* 46 (1990) S. 857.

Weiterführende Literatur

Davies, K.; Read, A. P. *Molecular Basis of Inherited Disease.* 2. Aufl. Oxford (Oxford University Press) 1992.

Gelehrter, T. D.; Collins, F. S. *Principles of Medical Genetics.* Baltimore (Williams & Wilkins) 1990.

Wheaterall, D. J. *The New Genetics and Clinical Practice.* 3. Aufl. Oxford (Oxford University Press) 1991.

6. Das Genom des Menschen: Anwendungen in Klinik und Forschung

6.1 Molekulare Analyse verbreiteter Krankheiten

Nachdem die Kartierung und Isolierung von Genen, die für Einzelgenerkrankungen verantwortlich sind, durch Kopplungsanalyse und Positionsklonierung immer besser gelingt, richtet sich die Aufmerksamkeit zunehmend auf die molekulare Analyse verbreiteter Krankheiten. Viele häufige Leiden werden nicht nach den Mendelschen Regeln vererbt, zeigen aber dennoch Hinweise auf genetische Faktoren. So besteht beispielsweise für eineiige Zwillingsgeschwister von Patienten mit Diabetes des Typs I ein sechsmal höheres Erkrankungsrisiko als für andere Geschwister.

Der genetische Einfluß ist bei solchen Krankheiten multifaktoriell: Mehrere Genloci wirken zusammen; dabei spielen möglicherweise drei oder vier Loci die Hauptrolle, und zusätzlich wirken Umweltbedingungen mit. Wie sich in Untersuchungen mit eineiigen Zwillingen von Diabetes- und Schizophreniepatienten gezeigt hat, bekommt der andere Zwilling die Krankheit höchstens in 20 bis 50 Prozent der Fälle; das läßt auf einen wechselnden Einfluß von Umweltfaktoren schließen (zum Beispiel Ernährung, Rauchen, Viruserkrankungen, Kontakt mit toxischen Stoffen und Streß). In vielen Fällen, vor allem bei häufigen Krebserkrankungen, stellt sich zunehmend heraus, daß Gene, die bei seltenen erblichen Einzelgenerkrankungen eine Rolle spielen, auch zu ähnlich verbreiteten Krankheiten einen wichtigen Beitrag leisten.

Die Identifizierung von Genen, die für verbreitete Krankheiten anfällig machen, ist zwar im allgemeinen eine weit schwierigere Aufgabe als der Nachweis des verantwortlichen Gens bei Einzelgenerkrankungen, aber dafür verspricht sie auch großen Nutzen. Der Nachweis solcher Gene dürfte dazu führen, daß die Mechanismen häufig vorkommender Krankheiten völlig aufgeklärt werden, so daß neue oder wirksamere Behandlungsmethoden entwickelt werden können. Der unmittelbare Nutzen liegt jedoch in der vorbeugenden Medizin; wenn Personen mit erhöhtem Krankheitsrisiko frühzeitig identifiziert werden, kann anschließend ein entsprechend geplantes Programm folgen: Umweltfaktoren, welche die Krankheit auslösen, werden vermindert, der Betreffende wird regelmäßig klinisch überwacht, und medizinsche und chirurgische Eingriffe können rechtzeitig erfolgen.

6.1.1 Nachweis von Genen, die für Krankheiten disponieren

Zur Identifizierung von Genen, die für Krankheiten disponieren, kann man sich im Prinzip der auf Familien gestützten Kopplungsanalysen bedienen (Abschnitt 4.1.4). Dabei stellt sich allerdings das Problem, daß solche Methoden im Zusammenhang mit multifaktoriellen Erkrankungen relativ unempfindlich sind, so daß man umfangreiche Familien mit hoher Erkrankungshäufigkeit sowie zahlreiche polymorphe Marker aus dem gesamten Genom untersuchen und komplexe mathematische Verfahren zur Analyse mehrerer Loci anwenden muß. Dennoch gibt es in mehreren Bereichen bereits Fortschritte. Für die nächsten Jahre rechnet man mit einer vollständigen Karte des menschlichen Genoms, in der die Marker durchschnittlich nur 1 cM voneinander entfernt sind. Beträchtlich weiterentwickelt wurden auch die raffinierten mathematischen Methoden zur Analyse komplexer Merkmale des Menschen [1].

Ein Sonderfall sind die Gene, die ein erhöhtes Krebsrisiko verursachen; hier war ein höchst wirksames weiteres Verfahren die Suche nach dem tumorspezifischen Verlust der konstitutionellen Heterozygotie für spezifische Marker (Abschnitt 6.1.2). Neben den beschriebenen Methoden kann man auch populationsgenetische Analysen einsetzen, um die Beteiligung zuvor isolierter Gene zu untersuchen, die man als Krankheitsauslöser in Verdacht hat. In diesem Fall beschäftigt man sich nacheinander mit einzelnen Allelen des mutmaßlich krankheitsdisponierenden Gens und stellt fest, ob eines von ihnen statistisch signifikant mit der Krankheit assoziiert ist. Die Anfälligkeit für eine Krankheit, die von einem Krankheitsmarker M verliehen wird, kann man als relatives Risikoverhältnis definieren (Abb. 6.1).

Auf Proteinebene sind die HLA-Loci beim Menschen die am stärksten polymorphen Loci, und deshalb hat man sich bei der Analyse des Zusammenhangs zwischen Marker und Krankheit häufig mit diesen Genen beschäftigt, insbesondere wenn man für die betreffende Krankheit die Beteiligung eines Autoimmunmechanismus vermutete (Tabelle 6.1). Nachdem in jüngerer Zeit mehrere Polymorphismen der HLA-Loci und zahlreicher anderer Genorte auf DNA-Ebene charakterisiert wurden, hat sich das Spektrum derartiger Analysen erheblich erweitert. Wenn man eine offenbar signifikante Verbindung von Marker und Krankheit gefunden hat, kann man die Bedeutung dieser Faktoren mit den äußerst wirksamen Methoden der

	betroffene Personen	nichtbetroffene Personen
Zahl der Personen mit Allel m am Markerlocus M	a	b
Zahl der Personen ohne Allel m am Markerlocus M	c	d
relatives Erkrankungsrisiko bei vorhandenem Allel m am Markerlocus M	$= \dfrac{ad}{bc}$	

6.1 Berechnung des relativen Risikos bei der Analyse des Zusammenhangs zwischen Marker und Krankheit.

Tabelle 6.1: Beispiele für Zusammenhänge zwischen HLA-Markern und Krankheiten

Krankheit	HLA-Marker	Prozent positiv		relatives Risiko
		Patienten	Kontrollen	
Morbus Bechterew (Spondylitis ankylopoetica)	Serotyp B27	90	9	82
rheumatoide Arthritis	Serotyp DR4	58	25	4,1
insulinpflichtiger Diabetes	Serotyp DR3	46	22	3,1
	Serotyp DR4	51	25	3,1
Narkolepsie	Serotyp DR2	100	31	–
Cöliakie	DP-RFLP	78	35	6,6

DNA-Rekombinationstechnik untersuchen; dazu stellt man transgene Tiere her (Abschnitt 6.4), die das mutmaßliche krankheitsdisponierende Gen des Menschen tragen.

Ein anderer Weg zur Identifizierung krankheitsdisponierender menschlicher Gene beginnt damit, daß man ein Tiermodell der menschlichen Krankheit findet und in Ansätzen genetisch analysiert. Hat man krankheitsdisponierende Gene bei dem Tier in einem bestimmten Chromosomenabschnitt kartiert, ergibt sich wegen der homologen Syntänie (Abschnitt 4.4.5) häufig ein Hinweis, auf welche homologen Chromosomenbereiche des Menschen sich die Suche nach derartigen Genen konzentrieren sollte. Ein Tiermodell hat für Kartierungsuntersuchungen den Vorteil, daß man die Kreuzungen experimentell planen kann. Das Tier, von dem man derzeit über die am weitesten entwickelte Genkarte verfügt, ist die Maus, und auch über die Homologieverhältnisse einzelner Chromosomenabschnitte von Maus und Mensch gibt es umfangreiche Erkenntnisse.

6.1.2 Krebs

Die meisten Krebserkrankungen entstehen durch somatische Mutationen, die nicht vererbt werden und deshalb nur in vereinzelten Fällen auftreten. Mutationen in der Keimbahn können jedoch auch zu erblichen Formen von Krebs beitragen, und zwar sowohl zu Einzelgenerkrankungen als auch zu den multifaktoriellen Krebsformen. Man hat immer wieder vermutet, diese Krebserkrankungen könnten durch die kombinierte Wirkung mehrerer Expressionsdefekte an wenigen Krankheitsloci entstehen. Bei einer sehr wirksamen Methode zum Nachweis solcher Gene, die zu Krebserkrankungen beitragen, bedient man sich aufeinanderfolgender DNA-Marker, die man in einer zweistufigen Vorgehensweise einsetzt: Erstens untersucht man bei sporadisch auftretenden Tumoren den Verlust der Heterozygotie (Abschnitt 4.2.6), und zweitens führt man in den seltenen Fällen, wo der gleiche Krebstyp auch familiär gehäuft auftritt, eine Kopplungsanalyse durch.

Mit dieser Methode analysierte man das recht häufige Colonkarzinom, das selten auch familiär gehäuft als familiäre adenomatöse Polyposis (FAP) auftritt und auf der anormalen Expression eines einzigen Gens beruht. Nachdem man bei einem FAP-Patienten eine cytogenetisch erkennbare Deletion auf 5q gefunden hatte, kartierte man das *FAP*-Gen mit Kopplungsanalysen auf 5q21 [2]. Als man anschließend den Verlust der Heterozygotie untersuchte, stellte sich heraus, daß der gleiche Chromosomenabschnitt auch beim sporadischen Colonkarzinom in 60 Prozent der Fälle deletiert ist; demnach, so die Vermutung, dürfte das *FAP*-Gen oder ein eng benachbarter Locus an der Entstehung dieser Krebserkrankung beteiligt sein. In jüngster Zeit suchte man mit Sonden für 5q21 in Colonkarzinomen nach somatischen DNA-Umordnungen, und dabei fand man ein weiteres Gen mit der Bezeichnung *MCC* (*mutated in colon cancer*), das ebenfalls an dieser Krebserkrankung beteiligt ist [3]. Weitere Analysen führten allerdings zu dem Ergebnis, daß die FAP nicht durch pathologische Mutationen im *MCC*-Gen entsteht. Als *FAP*-Gen identifizierte man vielmehr in jüngster Zeit das Gen *APC*, das auf dem Chromosom in der Nähe von *MCC* liegt: Man konnte nämlich patientenspezifische Mutationen im *APC*-Gen nachweisen, die nicht mit der normalen Genexpression vereinbar sind [4, 5].

Am häufigsten ist bei Krebserkrankungen das Gen *TP53* verändert, im Normalzustand ein Tumorsuppressorgen, das sich aber durch bestimmte

Tabelle 6.2: Gene, die an verbreiteten Krebserkrankungen beteiligt sind

Gen	Chromosomen-position	Art des Produkts	Beteiligung an häufigen Krebserkrankungen
TP53	17p13.1	p53-Tumor-suppressor	bei 75–80% der Colonkarzinome sind beide Allele mutiert; 55% der Brusttumoren exprimieren ein mutiertes *p53*; vermutlich auch an Lungenkrebs und Gehirntumoren beteiligt
DCC	18q21	Tumor-suppressor	Colorectalkarzinom: Allelverlust in 70% und fehlender beziehungsweise stark verminderte Expression in 90% der Fälle
MCC	5q21	Tumor-suppressor	in Colonkarzinomzellen oft deletiert?
MYC	8q24	Onkogen	anomale Struktur oder Funktion bei Lungenkrebs
RASA	5q13	*RAS*-p21-Onkogen	anomale Struktur oder Funktion bei Lungenkrebs
RAF1	3p25	Onkogen	anomale Struktur oder Funktion bei Lungenkrebs
JUN	1p32-p31	Onkogen	anomale Struktur oder Funktion bei Lungenkrebs
FER	5	Onkogen	anomale Struktur oder Funktion bei Lungenkrebs
ERBB2 (neu)	17q1-q2	Onkogen	anomale Struktur oder Funktion bei Lungenkrebs
nicht identifiziert	17q21	?	verantwortlich für die Pathogenese einer Form von familiärem Brustkrebs
nicht identifiziert	17p13pter	?	vermutlich beteiligt an Brustkrebs
NM23	q21-q22	?	unterdrückt Metastasenbildung

Punktmutationen seiner codierenden Sequenz in ein dominantes Onkogen verwandeln kann [6]. Erbliche Mutationen von *TP53* finden sich bei dem seltenen, dominant vererbten Li-Fraumeni-Syndrom, das durch Brusttumore gekennzeichnet ist; somatische Mutationen dieses Gens findet man dagegen bei einem großen Teil (möglicherweise bis zu 50 Prozent) aller Krebserkrankungen. Beim Li-Fraumeni-Syndrom sind erbliche Mutationen von

TP53 (die sich zehn bis 30 Jahre vor dem Ausbruch der bösartigen Erkrankung abspielen) das erste krebserzeugende Ereignis, aber bei vielen verbreiteten Krebserkrankungen findet die Veränderung dieses Gens erst relativ spät statt. Der Krebs entsteht also vermutlich durch eine Reihe aufeinanderfolgender Mutationen in verschiedenen Genen, wobei die kombinierte Wirkung der einzelnen Mutationen entscheidend ist. An der Entstehung vieler verbreiteter Krebsformen sind offenbar mehrere Onkogene und Tumorsuppressorgene beteiligt (Tabelle 6.2, Abb. 6.2).

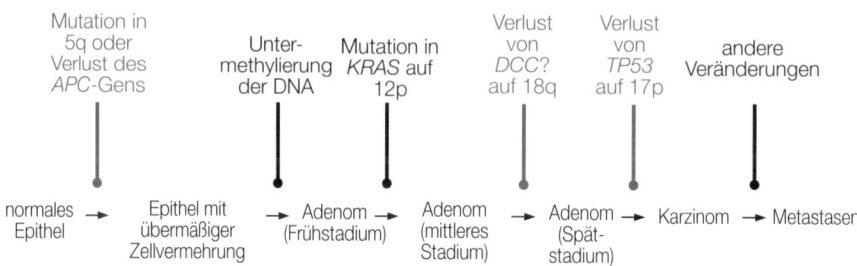

6.2 Modell für das Zusammenwirken von Onkogenen und Tumorsuppressorgenen beim Colonkarzinom. Verändert nach [7] mit Genehmigung von Cell Press.

6.1.3 Koronare Herzkrankheit

Schon seit langem kennt man den engen Zusammenhang zwischen hohem Cholesterinspiegel und früh einsetzender koronarer Herzkrankheit. Neuere Studien haben außerdem gezeigt, daß eine unmittelbare Verbindung zwischen der Konzentration von Fibrinogen im Plasma und der späteren Häufigkeit von ischämischen Herzerkrankungen und Schlaganfällen besteht; ein erhöhter Fibrinogenspiegel kann zu höherer Viskosität des Blutes und damit zu einer höheren Anfälligkeit für Blutgerinnung und Thrombusbildung führen. Der Nachweis von Genen, die zu Herzkrankheiten beitragen, war nicht gerade einfach: Zahlreiche Gene kamen in Frage und mußten untersucht werden, darunter mehrere, die am Cholesterin- und Lipidstoffwechsel sowie an der Blutgerinnung beteiligt sind (Tabelle 6.3). Einen Hinweis gab jedoch wie bei den Krebsstudien die Analyse der relativ seltenen Einzelgenerkrankungen. Das bedeutsamste derartige Leiden ist die familiäre Hypercholesterinämie, die mit einer Häufigkeit von 1 zu 500 auftritt, dominant vererbt wird und auf einem Defekt des Gens für den LDL-Rezeptor auf 19p beruht. Da bei diesem Defekt nur ein Allel des LDL-Rezeptors exprimiert wird, haben Heterozygote einen hohen LDL-Spiegel und damit ein stark erhöhtes

Tabelle 6.3: Gene, die an anderen häufigen Krankheiten beteiligt sind

Krankheit	beteiligte Gene und Chromosomenposition	Bemerkungen
koronare Herzkrankheit	Gene des Lipoproteinstoffwechsels, z.B. LDL-Rezeptor (19p13), *APOB* (12p24-p23) und andere	Mutationen in Genen für LDL-Rezeptor führen zur familiären Hypercholesterinämie
	Gerinnungsfaktoren, z.B. Fibrinogen? (4q28)	RFLP in Regulationsregion korreliert mit Krankheit
		ein eng mit dem Onkogen *HRAS* auf 11p15.5 gekoppeltes Gen ist am seltenen langen QT-Syndrom beteiligt
insulinpflichtiger Diabetes mellitus	*HLA-DQA1*, *HLA-DQB1*, *HLA-DRB1*, alle auf 6p21.3 Insulingen (11p15.5)	bestimmte Allele dieser Loci korrelieren mit Krankheitsdisposition
	mögliche homologe Gene nichtidentifizierter prädisponierender Gene bei der Maus	homologe Gene beim Menschen vermutet auf Chromosomen 1 (oder 4), 2q und 17
Alzheimer-Demenz früher Ausbruch	Gen auf Chromosom 21 – *APP* (Amyloid-Vorläufer-protein)?	Beteiligung von Genen auf Chromosomen 19 und 21 nach Kopplungsanalysen wahrscheinlich; Mutationen im *APP*-Gen korrelieren bei kleiner Untergruppe mit der Krankheit
später Ausbruch	Gene auf den Chromosomen 21 und 19q (proximal)	
Epilepsie	?	zwei nichtidentifizierte Gene auf den Chromosomen 20 und 21 sind mit zwei seltenen Formen familiärer Epilepsie eng gekoppelt
Asthma	Gen auf Chromosom 11q beteiligt an atopischer Immunglobulin-E-Reaktion, der häufigsten Ursache von Asthma bei Kindern und jungen Erwachsenen	

Herzinfarktrisiko. Die fehlende Expression beider Allele findet man bei den wenigen Homozygoten, die oft schon vor dem 20. Lebensjahr einen Herzinfarkt erleiden.

Beträchtliche Aufmerksamkeit hat man in den letzten Jahren der Frage gewidmet, ob bestimmte Allele einzelner Gene als Krankheitsmarker anzusehen sind. Wie sich in diesen Studien herausgestellt hat, findet man bestimmte Haplotypen beziehungsweise Allele an den Apolipoproteinloci im Zusammenhang mit einem erhöhten oder erniedrigten Cholesterinspiegel im Serum; das gilt zum Beispiel für den Locus *APOB* (2p) sowie für die Gengruppen *APOA1/APOC3/APOC4* (11q) und *APOC1/APOC2/APOE* (19q). Außerdem gelang durch Untersuchungen über den Zusammenhang zwischen Markern und Erkrankung kürzlich auch die Identifizierung von Personen, bei denen ein erhöhtes Risiko für einen zweiten Herzinfarkt besteht, weil der Spiegel des Fibrinogens, eines Blutgerinnungsproteins, besonders hoch ist. Solche Personen besitzen in der Regulationsregion des Fibrinogengens häufig einen RFLP, der signifikant mit einer erhöhten Expression des Fibrinogens gekoppelt ist.

In jüngster Zeit haben Hinweise aus Kopplungsanalysen den Verdacht nahegelegt, daß es ein LDL-supprimierendes Gen gibt [8]. Da dieses Gen möglicherweise einen Schutz gegen Herzinfarkte bietet, bemüht man sich derzeit mit beträchtlichem Aufwand darum, es zu identifizieren.

6.1.4 Diabetes

Von den beiden Hauptformen des Diabetes ist der Typ II genetisch relativ einheitlich; der im Jugendalter einsetzende, insulinabhängige Typ I ist dagegen wesentlich heterogener. Der Typ I ist anscheinend eine Autoimmunkrankheit, deren genetischer Anteil möglicherweise zu 20 bis 60 Prozent im HLA-Komplex lokalisiert ist, dem menschlichen MHC-Locus auf 6p21.3. Mit der Veranlagung zum Diabetes des Typs I sind bestimmte Allele von mindestens drei Genen assoziiert; die Produkte dieser Gene mit den Bezeichnungen *HLA-DQA1*, *HLA-DQB1* und *HLA-DRB1* haben die Aufgabe, dem T-Zell-Rezeptor Peptidantigene zu präsentieren. Die Anfälligkeit für die Krankheit ist insbesondere davon abhängig, welche Aminosäure sich in der Position 57 der HLA-DQβ-Kette befindet und damit zu einer Helix gehört, die einen Teil der mutmaßlichen antigenpräsentierenden Stelle bildet; Asparaginsäure verhindert die Krankheit eher, bei Patienten findet man dagegen häufig Alanin, Serin oder Valin [9].

Bei der Mausmutante NOD (*non-obese diabetic*), einem Tiermodell für den Diabetes des Typs I, findet man in dem Produkt des analogen Gens *I-A* einen ähnlichen Austausch von Serin gegen Asparaginsäure in der Position 57. In dem Mausallel reicht diese eine Aminosäureveränderung jedoch nicht aus, damit die Krankheit entsteht, denn die Expression gentechnisch eingeschleuster normaler *I-A*-Gene sowohl mit Asparaginsäure als auch mit Serin in der Position 57 kann die Entwicklung der Insulitis bei den NOD-Mäusen verhindern [10]. Außerdem kennt man auch Menschen mit Diabetes des

Typs I, deren HLA-DQβ-Moleküle in der Position 57 Asparaginsäure enthalten. Demnach scheinen manche HLA-DQβ-Moleküle in unterschiedlichem Ausmaß Resistenz gegen die Krankheit zu verleihen, während andere in dieser Hinsicht neutral sind [11].

Auch der Bereich des Insulingens auf 11p hat mit der Anfälligkeit für Diabetes zu tun. Weitere Gene, die für Diabetes disponieren und nicht zum HLA-Locus gehören, sind noch nicht identifiziert. Bei der NOD-Maus ergab sich aus den Untersuchungen die Vermutung, daß es neben dem Gen *idd-1*, das im MHC liegt, mindestens drei weitere für Diabetes disponierende Loci gibt; sie tragen die Bezeichnungen *idd-3, idd-4* und *idd-5*, und man kann damit rechnen, daß es beim Menschen homologe Loci auf den Chromosomen 3, 1 oder 4 und 2q gibt [12, 13].

6.1.5 Demenz und Geisteskrankheit

Als Alzheimer-Demenz bezeichnet man eine Gruppe von Störungen, die zusammen die häufigste altersbedingte Gehirnkrankheit darstellen. Vererbung ist bei früh einsetzenden Formen häufiger, es gibt auch eine seltene, autosomal-dominante Form der Alzheimer-Krankheit. Kopplungsstudien lassen auf starke genetische Heterogenität schließen; manche Familien, in denen das Leiden früh ausbricht, zeigen offenbar eine Kopplung mit Markern auf dem Chromosom 21, während man in Familien mit spätem Krankheitsausbruch (über 65 Jahre) Hinweise auf eine Kopplung mit Markern auf 19q hat [14, 15]. Der Vorläufer des β-Amyloidproteins, das sich im Gehirn der Alzheimer-Patienten ablagert, ist in dem Gen *APP* codiert; dieses Gen liegt auf 21q21.2, also in einem Bereich, der mit den Kopplungsbefunden in Familien mit frühem Krankheitsausbruch übereinstimmt. Kürzlich fand man bei mehreren Familien, in denen das Leiden früh ausbricht, die gleiche Mutation des *APP*-Gens [16]. Die patientenspezifische Mutation bewirkt zwar einen konservativen Aminosäureaustausch (Valin gegen Isoleucin), aber sie liegt in einem entscheidenden Abschnitt des *APP*-Gens, und das legt den Verdacht nahe, daß sie bei einem kleinen Teil der Alzheimer-Patienten unmittelbar zur Krankheitsentstehung beiträgt. In weiteren Studien sucht man derzeit in Alzheimer-Familien, in denen es Hinweise auf eine Kopplung mit dem Chromosom 21 gibt, nach anderen patientenspezifischen Mutationen im *APP*-Gen.

Kürzlich wurde über die Kopplung zwischen Markern auf dem Chromosom 11 und manisch-depressiven Erkrankungen bei einer großen Familie der Amish-People sowie über einen Zusammenhang zwischen Schizophrenie und Markern auf dem Chromosom 5 bei isländischen und britischen

Familien berichtet. Bei diesen Krankheiten stellt sich jedoch unter anderem das Problem, daß eine genaue Diagnose nach wie vor äußerst schwierig ist; eine Fehldiagnose bei nur wenigen Personen reicht aber aus, damit die Kopplungsanalyse ein völlig unzutreffendes Ergebnis liefert.

6.2 Untersuchung der Genexpression und Funktion von Krankheitsloci

Mit den Methoden der „umgekehrten Genetik" konnte man die Struktur, Expression und Funktion von Genen an einer ganzen Reihe zuvor nicht charakterisierter Krankheitsloci untersuchen. Strukturanalysen normaler und pathologischer Allele bieten einen Zugang zu den molekularen Entstehungsmechanismen der Krankheit und ermöglichen die Enwicklung verläßlicher, auf DNA-Untersuchung beruhender Diagnoseverfahren. Computeranalysen der DNA-Sequenz und der zugehörigen Polypeptidsequenzen (Suche nach Strukturmotiven, Homologien mit bereits bekannten Sequenzen) geben Hinweise auf die Funktion des Genprodukts. Und verschiedene Expressions- und Funktionsanalysen mit normalen, krankheitserzeugenden und experimentell veränderten Allelen liefern Aufschlüsse darüber, wie das normale Allel wirkt, in welchen Geweben es exprimiert wird und wie Expressionsdefekte zu Krankheiten führen können. Außerdem konnte man mit Expressionsstudien das normale Genprodukt charakterisieren und so die Grundlage für neue Diagnoseverfahren schaffen.

Die folgenden Abschnitte beschreiben Beispiele für solche Verfahren unter besonderer Berücksichtigung der Loci für Cystische Fibrose und Duchenne/Becker-Muskelschwund. Die Kenntnisse, die sich aus solchen Studien ergeben, werden hoffentlich zur Enwticklung neuer oder verbesserter Behandlungsmethoden für diese Krankheiten führen (Abschnitt 6.5).

6.2.1 Das Gen für den Transmembranregulator der Cystischen Fibrose

Cystische Fibrose, in Deutschland auch Mukoviszidose genannt, ist eine rezessive Krankheit, die vor allem durch Schleimproduktion in der Lunge und Pankreasschäden gekennzeichnet ist und zu verschiedenen Symptomen einschließlich eines chronischen Lungenleidens führt. Unter Indoeuropäern ist etwa jeder 20. ein Merkmalsträger, und jedes 2 000. Neugeborene leidet an der Krankheit. Den wichtigsten biochemischen Defekt kennt man inzwischen: Die Ausscheidung von Chloridionen durch die Epithelzellen wird von cAMP anomal reguliert; die ungenügende Ausscheidung von Chloridionen führt wahrscheinlich zu unzulänglicher Durchfeuchtung des Schleims in den Luftwegen und im Pankreasgang.

Das *CFTR*-(Cystische-Fibrose-Transmembranregulator-)Gen enthält 27 Exons und umfaßt insgesamt etwa 250 kb. Zu der Zeit, da dieses Buch geschrieben wurde, waren etwa 10 Prozent seiner Sequenz bekannt, darunter alle Exons und Exon-Intron-Übergänge [17]. Aus der DNA-Sequenz läßt sich ein Polypeptid von 1480 Aminosäuren ableiten, das fünf Domänen besitzt: zwei ATP-bindende Abschnitte, zwei membrandurchspannende (aus jeweils sechs Transmembranabschnitten) und die R-Domäne, die viele geladene Aminosäuren und mögliche Zielpunkte für Phosphorylierungsvorgänge besitzt (Abb. 6.3).

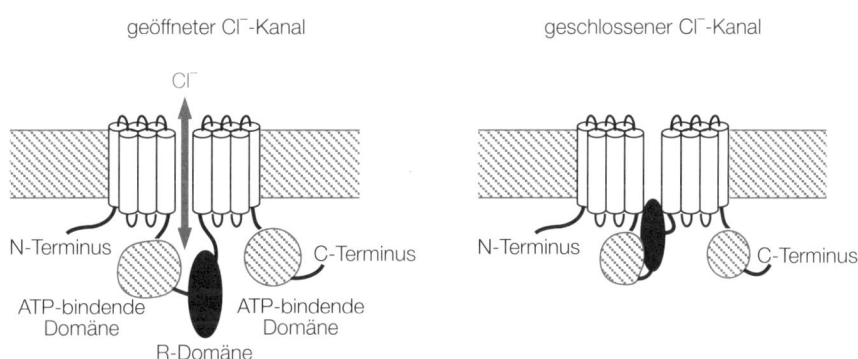

6.3 Funktion und Regulation des CFTR (schematisch).

Die Struktur des *CFTR*-Gens zeigt zahlreiche Parallelen zu einer Familie von Proteinen, die spezifisch und ATP-abhängig bestimmte Moleküle transportieren. Neuere Studien weisen allerdings darauf hin, daß das *CFTR*-Gen einen einfachen Chloridkanal codiert; wenn man es experimentell in Zellen bringt, die keine Epithelzellen sind, und dort für seine Expression sorgt, erwerben diese Empfängerzellen die Eigenschaft, Chloridionen cAMP-reguliert weiterzuleiten [18, 19]. Höchstwahrscheinlich bilden die Transmembrandomänen einen Kanal für den Transport von Chloridionen durch die Membran der Epithelzellen, und die R-Domäne öffnet und schließt den Kanal in Abhängigkeit von cAMP-aktivierten Proteinkinasen (Abb. 6.3). Die Funktion der ATP-bindenden Domänen ist bisher nicht geklärt. In Populationen von Indoeuropäern entstehen ungefähr 45 bis 80 Prozent der

Krankheitsallele für Cystische Fibrose durch eine einzige Mutation mit der Bezeichnung ΔF508, bei der eine Deletion von 3 bp im Exon 10 ein Phenylalanincodon verschwinden läßt. Bis Mitte 1991 hatte das internationale Konsortium zur genetischen Analyse der Cystischen Fibrose jedoch über mehr als 100 weitere pathologische Mutationen berichtet, die neben ΔF508 zu der Krankheit beitragen und jeweils nur sehr selten vorkommen. Fast 50 Prozent aller pathologischen Mutationen, auch ΔF508, liegen offenbar gehäuft in den ATP-bindenden Domänen (Abb. 6.4).

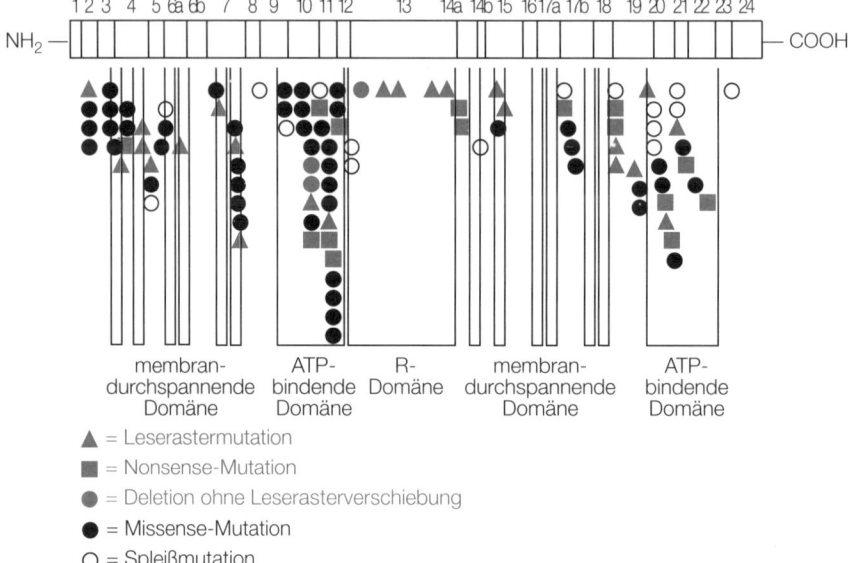

6.4 Mutationen bei der Cystischen Fibrose. Die numerierten Kästen symbolisieren die von den Exons 1 bis 24 codierten Abschnitte des CFTR-Proteins.

6.2.2 Das Dystrophingen

Duchenne- und Becker-Muskelschwund entstehen durch pathologische Mutationen in dem Gen für Dystrophin, das etwa 2,3 Mb lang ist und dessen über 100 Exons nur 14 kb oder etwa 0,6 Prozent des Gens ausmachen. Durch Sequenzierung überlappender Dystrophin-cDNA-Klone konnte man die gesamte DNA-Sequenz der Exons bestimmen [20]. Das daraus abgeleitete Proteinprodukt besteht aus 3 685 Aminosäuren und scheint stäbchenförmige Moleküle zu bilden. Man nimmt an, daß es vier Domänen enthält:

1. eine N-terminale Domäne von 240 Aminosäuren, die Homologie zur aktinbindenden Domäne des α-Aktinins aufweist;
2. eine große mittlere Domäne mit 24 etwas unterschiedlichen Wiederholungen einer Einheit von ungefähr 109 Aminosäuren, die schwache Ähnlichkeiten mit ähnlich großen Wiederholungseinheiten in Cytoskelettproteinen wie dem Spektrin zeigt;
3. eine cysteinreiche Domäne, die entfernt der C-terminalen Domäne des α-Aktinins ähnelt;
4. eine C-terminale Domäne, die keinem anderen Molekül ähnelt mit Ausnahme des Produkts eines dystrophinähnlichen Gens mit der Bezeichnung *DMDL* auf 6q24[21] (Abb. 6.5).

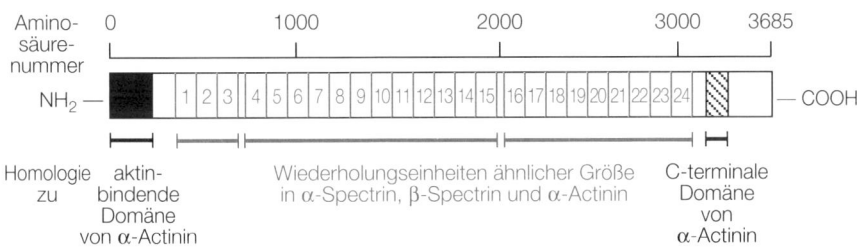

6.5 Die Domänenstruktur des Dystrophins. Die numerierten Kästen symbolisieren Wiederholungseinheiten im Innern des Moleküls.

Wie man aus RNA-Untersuchungen und immunchemischen Studien weiß, wird das Dystrophingen in vier Geweben in nennenswertem Umfang exprimiert: in Skelettmuskeln, glatter Muskulatur, im Herzmuskel und im Gehirn. In Muskeln und Gehirn sind unterschiedliche Promotoren für die Expression verantwortlich, und auch das erste Exon ist anders (Abb. 2.16). Außerdem kann das 3'-Ende der Dystrophin-mRNA durch alternatives Spleißen am C-Terminus verschiedene Isoformen entstehen lassen. Die genaue biologische Funktion des Dystrophins ist bisher nicht geklärt, aber man weiß, daß es sich um ein Membranprotein des Cytoskeletts handelt, das auf der Cytoplasmaseite der Zellmembran liegt. Spekulationen zufolge ist einer der ersten Schritte bei der Entstehung der DMD (*Duchenne muscular dystrophy*) der Verlust eines mit Dystrophin assoziierten Glykoproteins, der mit dem Verlust der Dystrophinexpression einhergeht [22].

6.3 Anwendungen in der Diagnose

6.3.1 Pränatale Diagnose und Vorhersage von Erkrankungen

Nachdem man heute für zahlreiche Einzelgenerkrankungen über DNA-Sonden und/oder eng gekoppelte DNA-Marker verfügt, läßt sich schon in einem frühen Stadium der Embryonalentwicklung feststellen, ob das pathologische oder das normale Gen vererbt wurde. Eine derart frühe Diagnose eröffnet die Möglichkeit eines Schwangerschaftsabbruchs, wenn sich herausstellt, daß der Fetus das Krankheitsgen trägt. Bei Krankheiten, die sich erst in relativ hohem Alter manifestieren, ermöglicht sie rechtzeitige chirurgische oder medizinische Eingriffe, welche später das Erkrankungsrisiko gering halten. Nach den ersten Berichten über DNA-Diagnosen, die vor über zehn Jahren veröffentlicht wurden, gab es anfangs nur zögernde Fortschritte. Durch die stetig wachsende Zahl identifizierter Krankheitsgene und Marker sowie durch neue technische Entwicklungen erweiterte sich das Spektrum der Anwendungsmöglichkeiten [23, 24] (Tabelle 6.4).

Tabelle 6.4: Einige erbliche Krankheiten, bei denen eine pränatale DNA-Diagnostik bereits durchgeführt wurde oder möglich wäre

polycystische Nierenerkrankung des Erwachsenen	21-Hydroxylase-Mangel
Agammaglobulinämie	Hypercholesterinämie
α_1-Antitrypsin-Mangel	Hyperlipidämie
Antithrombin-III-Mangel	Lesch-Nyhan-Syndrom
Choroiderämie	Marfan-Syndrom
chronische Granulomatose	Neurofibromatose vom Typ I
Cystische Fibrose	Neurofibromatose vom Typ II
Duchenne/Becker-Muskelschwund	Ornithintranscarbamylasemangel
Fragiles-X-Syndrom	Osteogenesis imperfecta
Gaucher-Krankheit	Phenylketonurie
Wachstumshormonmangel	Retinoblastom
Hämophilie A	Sichelzellanämie
Hämophilie B	α-Thalassämie
Chorea Huntington	β-Thalassämie

Für eine Diagnose auf DNA-Basis gibt es grundsätzlich zwei Verfahren. Sind keine geeigneten Gensonden verfügbar, muß man eine indirekte Analyse durchführen; dabei vergleicht man meist die zu untersuchende DNA in einer Kopplungsanalyse mit der DNA anderer Familienmitglieder einschließlich der Eltern und bereits betroffener Angehöriger. Bei Kopplungsanalysen auf DNA-Basis bedient man sich flankierender DNA-Marker, die außerhalb des Gens liegen, sowie innerhalb des Gens gelegener Polymorphismen, soweit solche verfügbar sind. Die theoretische Genauigkeit des Tests hängt dann für jeden informativen Marker von der Häufigkeit der Rekombination zwischen Marker und Krankheitsgen ab. Bei DNA-Polymorphismen innerhalb des Gens ist diese Rekombinationshäufigkeit gewöhnlich fast Null, aber bei sehr großen Genen wie dem für Dystrophin kann sie auch in der Größenordnung von einigen Prozent liegen.

DNA-Polymorphismen, die weiter entfernt außerhalb des Gens liegen, führen wegen der Rekombination zwischen Marker und Krankheitsgen zwangsläufig zu höherer Fehlerhäufigkeit. Da aber oft mehrere sogenannte flankierende Marker zur Verfügung stehen, die vom Krankheitsgen aus teils in Richtung des Telomers und teils in Richtung des Centromers liegen, ist dennoch vielfach eine sehr genaue Diagnose möglich. Das hypothetische Beispiel in Abbildung 6.6 verdeutlicht, welches Problem derzeit mit der

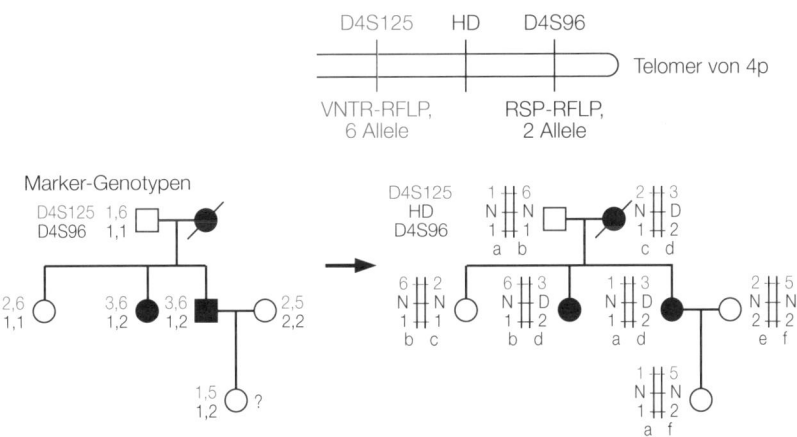

6.6 Auf DNA-Untersuchungen beruhende Vorhersage in einer Familie mit Chorea Huntington (HD für *Huntington disease*).

Vorhersage der Chorea Huntington besteht. Falls es zutrifft, daß die Marker D4S125 und D4S96 beiderseits des Krankheitslocus liegen, dann kann man annehmen, daß das Krankheitsallel für Chorea Huntington in diesem Stammbaum auf einem Chromosom weitergegeben wird, in dem D4S125 als Allel 3 und D4S96 als Allel 2 vorliegt. Die Rekombinationshäufigkeit zwischen jedem dieser beiden Marker und dem Gen für Chorea Huntington dürfte dann bei vorsichtiger Schätzung unter zwei Prozent liegen. Die Genotypanalyse sagt also für die Tochter des betroffenen Mannes mit großer Genauigkeit (etwas über 99,96 Prozent) voraus, daß sie das Krankheitsallel nicht geerbt hat. (Die kleine Fehlermöglichkeit ergibt sich durch den sehr unwahrscheinlichen Fall eines doppelten Crossing-over.) Da es aber unsicher ist, ob die beiden Marker tatsächlich beiderseits des HD-Locus liegen, ist die Diagnose mit der sehr viel höheren Fehlerquote behaftet, die sich durch die Wahrscheinlichkeit der Rekombination zwischen dem Krankheitslocus und einem einzelnen Marker ergibt.

Verfügt man über Gensonden zum Nachweis der pathologischen Mutation selbst, kann man das Krankheitsgen in einer DNA-Probe unmittelbar nachweisen, ohne daß man Vergleiche mit der DNA anderer Familienmitglieder anstellen muß. Handelt es sich um eine Krankheit, die bekanntermaßen genetisch einheitlich ist (wie zum Beispiel die Sichelzellanämie), oder verfügt man über Kenntnisse über das Wesen der jeweiligen Mutationen bei anderen betroffenen Familienmitgliedern, so kann man die pathologische Mutation mit mehreren Methoden unmittelbar nachweisen. Oft sind die Mutationen an den einzelnen Krankheitsloci jedoch sehr uneinheitlich, und wenn man dann nichts über das Wesen der Mutation bei anderen betroffenen Angehörigen weiß, ist eine indirekte Kopplungsanalyse oft sinnvoller als der Versuch, nach verschiedenen möglichen pathologischen Mutationen zu suchen.

Die pränatale Diagnose auf DNA-Ebene nimmt man gewöhnlich in der neunten bis zwölften Schwangerschaftswoche nach einer Chorionzottenbiopsie vor; diese Methode ermöglicht eine frühere Diagnose als die herkömmliche Amniozentese, die oft erst in der 15. bis 17. Woche möglich ist. Mit der außerordentlich empfindlichen PCR kann man das Krankheitsallel schon in einer einzigen Zelle nachweisen [25]. Infolgedessen kann man sogar vor der Einnistung eine Zelle aus dem Embryo entnehmen und eine genetisch bedingte Erkrankung diagnostizieren. Bei der Amniozentese besteht dagegen, sofern es sich um einen weiblichen Fetus handelt, die Gefahr einer Verunreinigung durch Zellen der Mutter, welche die Genauigkeit der auf PCR basierenden Analyse in Frage stellt.

6.3.2 Nachweis von Merkmalsträgern

Der Nachweis von Merkmalsträgern kann in Familienstudien durch Kopplungsanalyse erfolgen, wenn es in der Familie einen lebenden Betroffenen gibt. Von den seltenen Fällen einer Neumutation abgesehen, sind die Eltern eines Kindes mit einer autosomal-rezessiven Erkrankung Merkmalsträger mit einem mutierten und einem normalen Allel am Krankheitslocus. Geht man für eine solche rezessive Krankheit von einer Manifestation in frühem Alter aus, sind die nicht betroffenen Geschwister eines solchen Kindes mit einer Wahrscheinlichkeit von 2/3 ebenfalls Merkmalsträger.

Indirekte Kopplungsanalysen sind wegen der möglichen Rekombination zwischen Marker und Krankheitslocus stets mit einer Fehlerquote behaftet, die in manchen Fällen selbst dann beträchtlich sein kann, wenn man über Sonden für das Gen selbst verfügt. Der Duchenne-Muskelschwund ist zum Beispiel, was die Mutationen angeht, sehr uneinheitlich (wegen Deletionen innerhalb des Gens in 65 Prozent der Fälle), und das Dystrophingen zeigt auch in seinem Inneren eine hohe Rekombinationshäufigkeit. Deshalb ist es wünschenswert, bei einem betroffenen Kind die pathologische Mutation selbst unmittelbar zu identifizieren, um in der Frage, ob weibliche Angehörige Merkmalsträger sind, sowie für die pränatale Diagnostik genaue Aussagen machen zu können. In jüngster Zeit hat man Methoden zur Mehrfach-PCR entwickelt, mit denen man 98 Prozent der Deletionen beim Duchenne- und Becker-Muskelschwund unmittelbar aufspüren kann. In solchen PCR-Ansätzen verwendet man Primer, die beiderseits bestimmter Exons liegen, und in der Elektrophorese trennt man mehrere unterschiedlich große, exon-spezifische PCR-Produkte (Abb. 6.7).

Man hat auch erwogen, in der Bevölkerung durch Reihenuntersuchungen nach Merkmalsträgern für bestimmte verbreitete Einzelgenerkrankungen zu suchen. In solchen Fällen müssen pathologische Mutationen nachgewiesen werden können, und man muß uneinheitliche Mutationen in ihrer Gesamt-

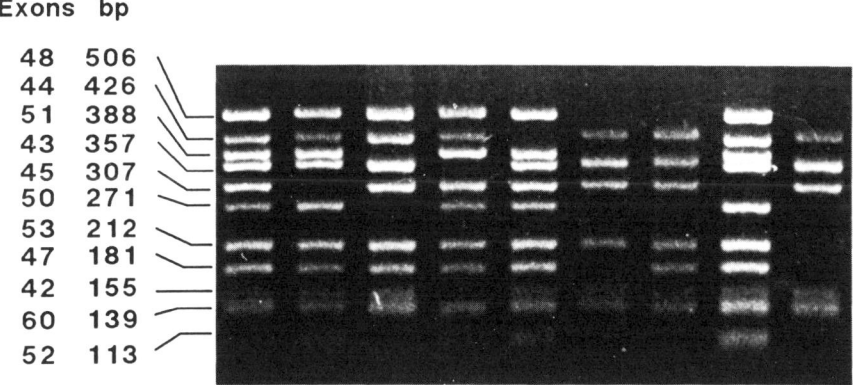

6.7 Nachweis von Deletionen im Dystrophingen durch Mehrfach-PCR-Vermehrung einzelner Exons. Wiedergegeben nach [26] mit Genehmigung der British Medical Association.

heit kennen, damit man nach verschiedenen Krankheitsallelen suchen kann. Bei manchen Krankheiten, die in ihren Mutationen sehr uneinheitlich sind, ist das Spektrum der pathologischen Mutationen in einzelnen Bevölkerungsgruppen dennoch recht begrenzt, und das erleichtert die Suche nach Merkmalsträgern.

Für die Cystische Fibrose, die vorwiegend bei Indoeuropäern auftritt, hatte man aufgrund des Kopplungsungleichgewichts (Abschnitt 5.1.4) eine recht einheitliche Mutationszusammensetzung erwartet. Und tatsächlich sind heute die meisten Allele für Cystische Fibrose durch eine einzige Mutation mit der Bezeichnung ΔF508 entstanden. Daneben gibt es allerdings zahlreiche weitere, seltene Krankheitsallele (Abb. 6.4).

Die Mutation ΔF508 ist leicht nachzuweisen: Man trennt PCR-Produkte nach der Größe, die man mit Primern von beiden Seiten der Mutationsstelle gewonnen hat (Abb. 6.8a). Zusätzlich kann man mit ARMS-Analysen (Abschnitt 3.3.3) nach anderen Mutationen suchen, beispielsweise nach G542X, einen Austausch von G gegen T im Exon 10, durch den ein GGA-Codon (Glycin) in das Stopcodon TGA umgewandelt wird. In dem Beispiel in Abbildung 6.8b wurden zwei PCR-Ansätze mit dem gleichen stromaufwärts gelegenen, konservierten Primer durchgeführt, wobei der zweite, allelspezifische Primer sich an einen Abschnitt mit der Mutationsstelle und der unmittelbar stromabwärts davon gelegenen Region bindet. Das Nucleotid am 3′-Ende des allelspezifischen Primers ist dabei entweder ein A (spezifisch für G542X) oder ein C (für das normale Allel). Die Vermehrung gelingt nur dann, wenn das Nucleotid am 3′-Ende sich mit seinem komplementären Nucleotid paaren kann.

Obwohl das PCR-Verfahren eine recht einfache Suche nach Mutationen ermöglicht, die zur Cystischen Fibrose führen, ist eine Reihenuntersuchung der Bevölkerung, in der man nach Merkmalsträgern für diese Krankheit sucht, wegen der gewaltigen Zahl der erforderlichen Tests kein sinnvolles Projekt.

6.8 Suche nach den CF-Mutationen ΔF508 und G542X mit Hilfe der PCR. a) Durch herkömmliche PCR für ΔF508 bei 12 Proben findet man zwei Homozygote (Spuren 2 und 8) und fünf Heterozygote (Spuren 3, 4, 5, 7 und 10) für die Mutation. b) Der PCR-ARMS-Ansatz für G542X zeigt zwei Heterozygote (Spur 2 und 4). Um sicherzustellen, daß die DNA in den Proben für die PCR zugänglich ist, führt man eine Kontroll-PCR mit zwei konservierten CFTR-spezifischen Primern durch. ▶

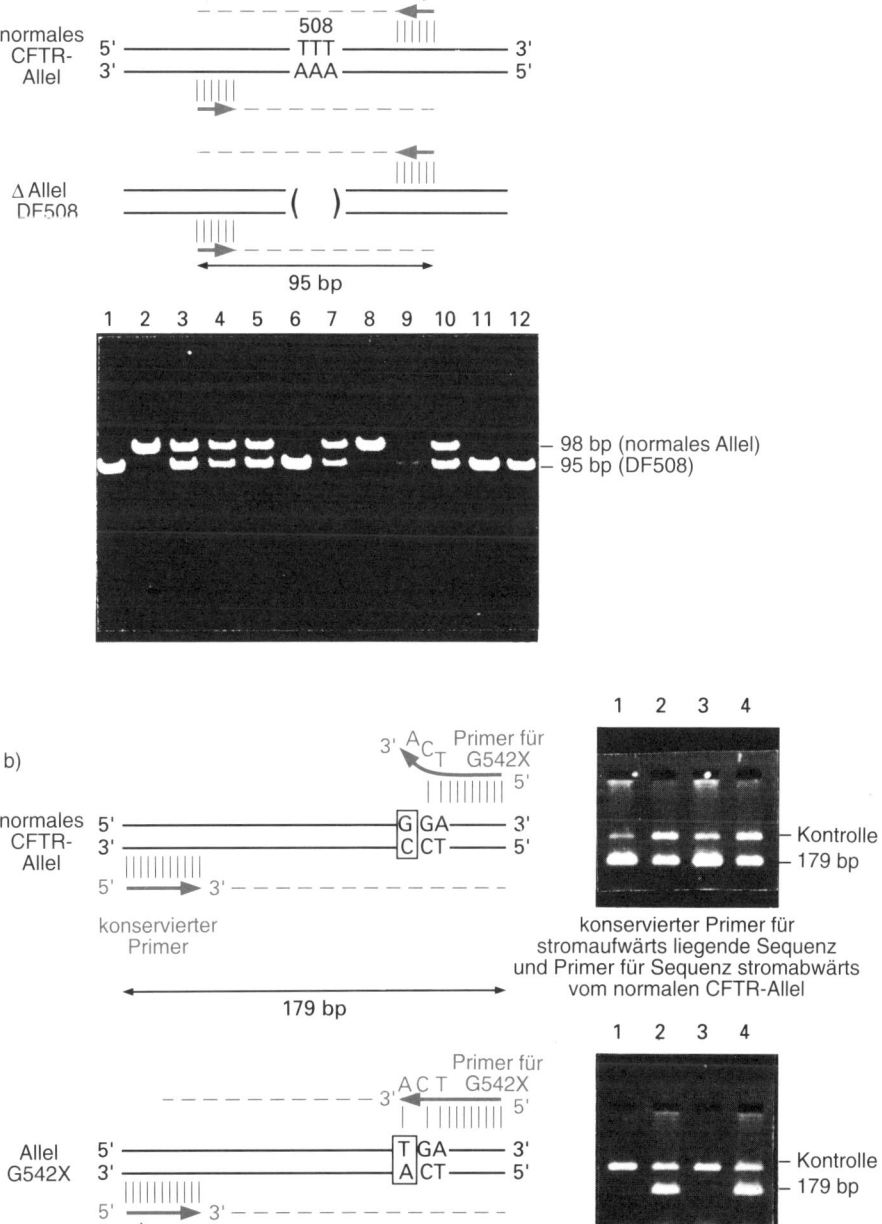

6.3.3 Vorhersage durch Analyse des Genprodukts

Durch Klonierung konnte man Krankheitsgene wie das Dystrophin- und das *CFTR*-Gen isolieren, ohne daß man zuvor das Genprodukt kannte. Dieses konnte man vielmehr zum erstenmal später aus der Charakterisierung der Gene ableiten. Da der Nachweis von Mutationen auf der Ebene der Gene manchmal mit Schwierigkeiten verbunden ist (in den vorangegangenen Abschnitten war davon die Rede), kann man auch den umgekehrten Weg wählen und zunächst die Genprodukte analysieren. Bei großen Genen ist es unter Umständen wesentlich einfacher, die mRNA mit PCR-Methoden zu untersuchen. Selbst wenn sich die mRNA eines solchen Gens eigentlich nur in schwer zugänglichem Gewebe findet, entstehen durch die illegitime Transkription in Blutzellen noch so große Mengen der fraglichen mRNA, daß sich mit der PCR daraus genügend Material für eine Untersuchung gewinnen läßt. Kürzlich konnte man zum Beispiel aus Blutzellen die gesamte codierende Sequenz für Dystrophin vermehren; das ermöglicht den Nachweis von Deletionen und Duplikationen innerhalb des Gens von DMD-Patienten und die Diagnose von Merkmalsträgern mit solchen Mutationen [27].

6.3.4 Genkartierung als Hilfe für die klinische Diagnose

Manche genetisch bedingten Krankheiten haben ähnliche oder schwer abzugrenzende Krankheitsbilder. In einigen Fällen sind unterschiedliche Krankheitsgene für sehr ähnliche klinische Erscheinungsformen verantwortlich, und das kann bei der Diagnose auf DNA-Ebene eine wichtige Fehlerquelle darstellen. Wenn sich umgekehrt herausstellt, daß unterschiedliche klinische Phänotypen durch Mutationen an demselben Krankheitslocus entstehen, kann man zur Vorhersage dieser scheinbar unterschiedlichen Krankheiten die gleichen DNA-Sonden einsetzen. Deshalb sind Kopplungsstudien mit DNA-Markern zu einem wichtigen Verfahren geworden, mit dem man die Uneinheitlichkeit von Krankheitsloci nachweisen und verschiedene, ähnliche genetisch bedingte Krankheiten unterscheiden kann. In manchen Fällen haben solche Versuche die klinische Diagnose erleichtert oder bestätigt.

Uneinheitliche Krankheitsloci. Bei manchen genetisch bedingten Krankheiten zeigt sich die Verschiedenartigkeit der beteiligten Loci an den unterschiedlichen Erbgängen. Die Retinitis pigmentosa kann beispielsweise autosomal-dominant, autosomal-rezessiv oder X-gekoppelt rezessiv vererbt werden. Die erste Krankheit, bei der man aufgrund der Kopplung polymorpher Marker Hinweise auf uneinheitliche Krankheitsloci erhielt, war die

Elliptocytose. Bei dieser dominant vererbten Krankheit lassen sich zwei Formen unterscheiden, und zwar anhand der Beobachtung, daß die eine Form genetisch mit dem Rhesus-Locus auf dem Chromosom 1 gekoppelt ist, die andere jedoch nicht. Nachdem immer mehr polymorphe DNA-Marker verfügbar wurden, hat man eine ganze Reihe ähnlicher Fälle gefunden (Tabelle 6.5).

Tabelle 6.5:   Uneinheitliche Krankheitsloci

Krankheit	Locus	Chromosomenposition	Erbgang[a]
Charcot-Marie-Tooth-Neuropathie	CMT1A	17p13.1-p11.1	AD
	CMT1B	1q	AD
	CMTX	Xq11-q13	XLR
Neurofibromatose	NF1	17q11.2	AD
	NF2	22q11-q13.1	AD
polycystische Nierenerkrankung	PKD1	16p13.3	AD
	PKD2	?	AD
Retinitis pigmentosa	RP1	1	AD
	RP2	Xp11.4-p11.21	XLR
	RP3	Xp21.1	XLR
	RP5	3q	AD
	RP6	Xp21.3-p21.2	XLR
tuberöse Sklerose	TSC1	9q	AD
	TSC2	11q14-q23	AD
	TSC3	12q	AD
Usher-Syndrom	USH1	?	AR
	USH2	1q	AR
Waardenburg-Syndrom	WS1	2q35	AD
	WS2	?	AD

[a] AD = autosomal-dominant, AR = autosomal-rezessiv, XLR = X-gekoppelt rezessiv (*X-linked recessive*).

Einheitliche Krankheitsloci.   Durch die Kartierung, Isolierung und Charakterisierung von Genen hat sich herausgestellt, daß manche Krankheitsbilder, die man früher für genetisch unterschiedlich hielt, in Wirklichkeit allele Varianten sind. In einigen Fällen, so bei der Friedreich-Ataxie und der spinalen Muskelatrophie, handelt es sich um klinisch unterschiedliche Krankheiten, aber es gab keine Hinweise darauf, daß unterschiedliche Loci beteiligt sind. Mit umfangreichen Kopplungsanalysen an zahlreichen Familien kann man diese Einheitlichkeit der Loci bestätigen, genau wie bei der Chorea Huntington.

6.4 Tiermodelle für Krankheiten des Menschen

Tiermodelle genetisch bedingter Erkrankungen des Menschen sind für die Forschung von großer Bedeutung, denn sie ermöglichen eine genaue Untersuchung der Pathophysiologie und damit möglicherweise die Entwicklung neuer Behandlungsmethoden. Man kennt bei Tieren eine ganze Reihe spontan entstandener Mutanten. In manchen Fällen ähnelt der mutierte Phänotyp beim Tier stark dem klinischen Erscheinungsbild, oft gibt es aber wegen der artspezifischen Unterschiede in Biochemie und Entwicklungsweg auch erhebliche Abweichungen. Die Mausmutante *mdx* zeigt beispielsweise in stark abgeschwächter Form einen ähnlichen Phänotyp wie Menschen mit Duchenne-Muskelschwund. Die DNA-Rekombinationstechnik eröffnet heute die Möglichkeit, gezielt Tiermodelle für menschliche Erkrankungen zu entwerfen, vorausgesetzt, man hat bei Mensch oder Tier das verantwortliche Gen identifiziert. Im wesentlichen kann man zwei Verfahren anwenden: entweder die Übertragung eines menschlichen Krankheitsgens in die Keimbahn von Tieren oder die Inaktivierung des homologen Tiergens in Embryonalzellen (Tabelle 6.6).

Tabelle 6.6: Einige transgene Tiermodelle für Erkrankungen des Menschen

Krankheit	Methode zur Herstellung eines transgenen Tiermodells
Morbus Bechterew	Mikroinjektion der menschlichen Gene für HLA-B27 und die assoziierte leichte Kette des β_2-Mikroglobulins in Rattenembryonen
DiGeorge-Syndrom	spezifische Inaktivierung durch gezielten Einbau des Gens *hox-1.5* in embryonale Stammzellen der Maus
Gerstmann-Sträussler-Scheinker-Syndrom und Creutzfeld-Jakob-Krankheit	Mikroinjektion des künstlich veränderten Mausgens *PRNP* in befruchtete Mausoocyten
Retinoblastom	Mikroinjektion eines Affenvirus-Onkogens für das SV40-T-Antigen in befruchtete Mausoocyten; Expression des Virusonkogens in Netzhautzellen führt zur Inaktivierung des normalen Retinoblastom-Tumorsuppressorgens und in der Folge zur Entstehung von Augentumoren
Sichelzellanämie	Mikroinjektion eines Konstrukts aus den menschlichen Genen für α-Globin und β-Globin sowie der β-Globin-Locus-Kontrollregion in befruchtete Mausoocyten
Magenkrebs	Mikroinjektion der Onkogene eines menschlichen Adenovirus in befruchtete Mausoocyten

Die meisten Experimente wurden mit transgenen Mäusen gemacht. Die unmittelbare Übertragung eines Krankheitsgens aus Maus oder Mensch in die Keimbahn der Maus gelingt durch Mikroinjektion des klonierten Gens in eine befruchtete Maus-Eizelle (Abb. 6.9). Ein Teil der eingebrachten DNA-Moleküle wird stabil in das Mausgenom integriert, und die Expression des Krankheitsgens kann zu einem veränderten Phänotyp führen, der dann als Tiermodell für die menschliche Erkrankung dient. Bei dominant erblichen Krankheiten würde man erwarten, daß die pathogene Wirkung des eingeschleusten Krankheitsallels nicht durch die vorhandenen normalen Allele an dem entsprechenden Locus der Maus überlagert wird.

In manchen Fällen bringt man auch das Tiergen, das dem menschlichen Krankheitsgen homolog ist, in die Keimbahn von Mäusen, denn auf diese Weise kann man überprüfen, ob ein mutmaßliches menschliches Krank-

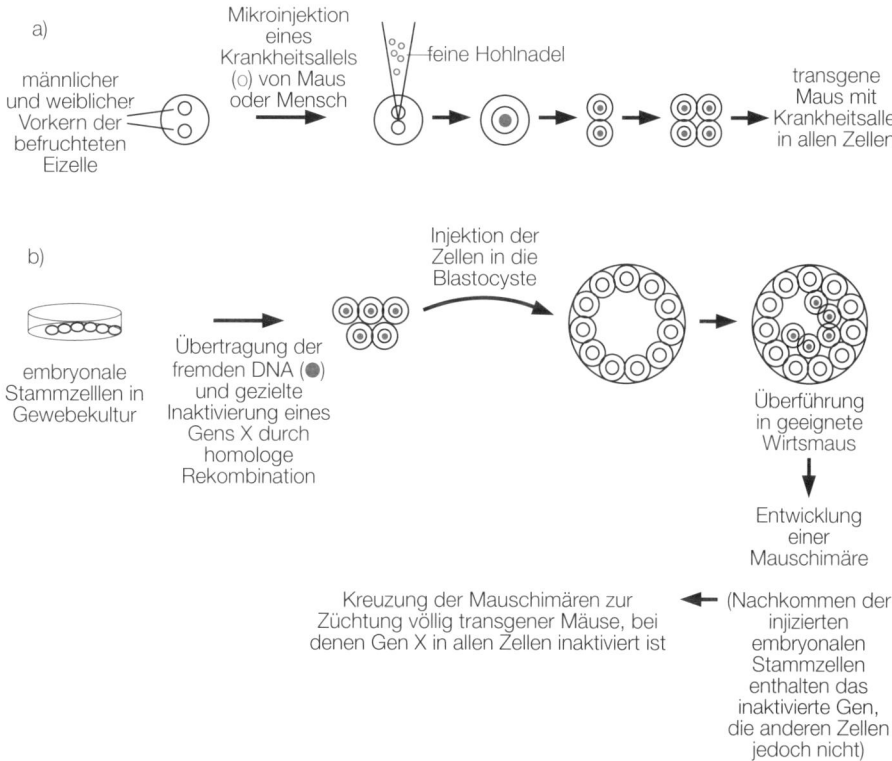

6.9 Herstellung transgener Mausmodelle für Krankheiten des Menschen. a) Mikroinjektion des Krankheitsallels in befruchtete Mausoocyten. b) Inaktivierung des Gens durch homologe Rekombination in embryonalen Stammzellen.

heitsgen tatsächlich für die Entstehung des Leidens verantwortlich ist. Man hat zum Beispiel spezifische Mutationen in dem menschlichen Gen für das Prionprotein (*PRNP*) mit der Entstehung des Gerstmann-Sträussler-Scheinker-Syndroms und der Creutzfeld-Jakob-Krankheit in Verbindung gebracht – diese Störungen der Gehirnfunktion ähneln der Scrapie, einer degenerativen Gehirnkrankheit bei Schafen. Um herauszufinden, ob Mutationen im *PRNP*-Gen die Krankheit erzeugen, injizierte man einem Mausembryo ein mutiertes *PRNP*-Gen der Maus, das dem menschlichen, beim Gerstmann-Sträussler-Scheinker-Syndrom auftauchenden veränderten Gen unmittelbar homolog war. Die so entstandene transgene Maus zeigte spontan neurodegenerative Erscheinungen und zahlreiche klinische Symptome, die denen beim Gerstmann-Sträussler-Scheinker-Syndrom entsprachen [28].

In jüngerer Zeit hat man mit Hilfe transgener Tiere höchst signifikante Verbindungen zwischen Markern und Krankheiten überprüft. Das menschliche Gen *HLA-B27*, das eindeutig mit der Gelenkerkrankung Morbus Bechterew (Spondylitis ankylosans) gekoppelt ist, brachte man beispielsweise in das Genom eines Rattenembryos; die so entstandene transgene Ratte bekam spontan eine entzündliche Erkrankung und stellt demnach ein Tiermodell für die mit HLA-B27 assoziierte Krankheit dar [29].

Ein gentechnisch verändertes Mausgenom kann man auch erzeugen, indem man fremde DNA durch Transfektion in Gewebekulturen embryonaler Maus-Stammzellen bringt. Bei diesem Verfahren hat man die Möglichkeit, das fremde Gen durch homologe Rekombination gezielt an eine Stelle des Genoms zu transportieren (Abb. 6.10) und ein bestimmtes Gen der Maus

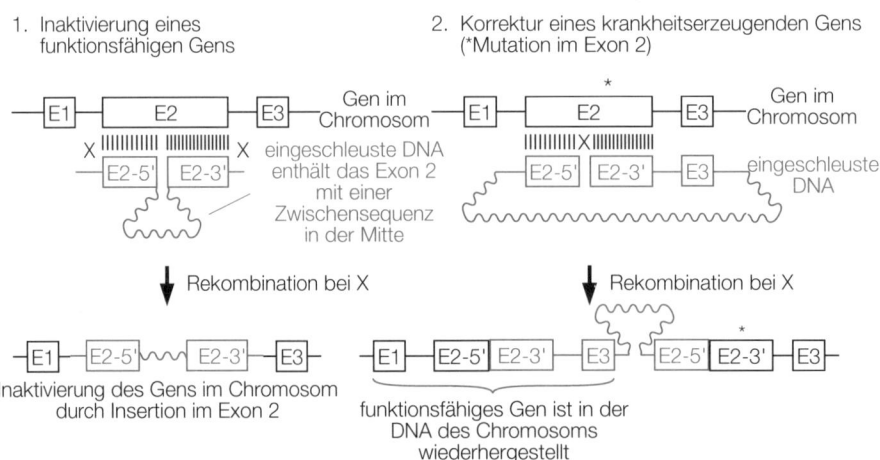

6.10 Zielgerichteter Einbau von Genen (*gene targeting*) durch homologe Rekombination.

durch Rekombination mit dem eingeschleusten Gen zu inaktivieren. Anschließend bringt man die embryonalen Stammzellen dann in die Blastocyste einer scheinschwangeren Maus. Da aus einigen gentechnisch veränderten embryonalen Stammzellen auch Keimbahnzellen hervorgehen, kann man unter den Nachkommen nach Mäusen suchen, die das inaktivierte Gen geerbt haben. Anschließend kreuzt man Mäuse, welche die gewünschte Null-Mutation tragen, und erzeugt auf diese Weise Nachkommen, denen das betreffende Genprodukt fehlt. Ein solcher Phänotyp kann dann als Modell für die Krankheit dienen, die beim Menschen durch einen Gendefekt an dem homologen Locus entsteht.

Manchmal entsteht durch die gezielte Inaktivierung eines Mausgens auch unbeabsichtigt ein Mausmodell für eine Krankheit des Menschen. So inaktivierte man zum Beispiel das Homöoboxgen *hox-1.5* der Maus; der so entstandene Phänotyp ähnelt bemerkenswert stark dem DiGeorge-Syndrom und stellt möglicherweise eine Art Tiermodell für diese Krankheit dar [30].

6.5 Behandlung genetisch bedingter Krankheiten

Die achtziger Jahre waren geprägt von einem bemerkenswerten Aufschwung in der Anwendung der Gentechnik auf die Diagnose von Krankheiten; gleichzeitig erhielt man sehr viel mehr Kenntnisse über die molekularen Grundlagen solcher Leiden. In den neunziger Jahren wird sich die Aufmerksamkeit vor allem auf die therapeutischen Anwendungsmöglichkeiten der DNA-Rekombinationstechnik richten.

6.5.1 Klonierte menschliche Gene als Basis medizinisch wichtiger Produkte

Bei einer ganzen Reihe von Erkrankungen des Menschen setzt man gereinigte biochemische Produkte von Tieren oder Menschen ein, um einen Mangel an einem bestimmte Protein auszugleichen. Diabetiker werden beispielsweise oft mit gereinigtem Rinder- oder Schweineinsulin behandelt. Wegen artspezifischer Unterschiede in der Aminosäuresequenz können Produkte von Tieren jedoch immunogen wirken und bei immunologisch sehr empfindlichen Personen unerwünschte Nebeneffekte hervorrufen. Auch biochemisch gereinigte Produkte aus Menschen bergen ein Gefährdungspotential. Viele Bluterkranke haben sich in jüngerer Zeit mit AIDS infiziert, weil der zur Behandlung eingesetzte Faktor VIII von nicht überprüften Blutspendern stammte.

Durch Isolierung des menschlichen Gens und seine Expression in einem geeigneten Klonierungssystem kann man das entsprechende Produkt in großen Mengen und ohne die beschriebenen Risiken herstellen. Mittlerweile werden mehrere medizinisch interessante Genprodukte des Menschen im industriellen Maßstab gentechnisch hergestellt (Tabelle 6.7). Häufig klonierte und exprimierte man das menschliche Gen dabei in Mikroorganismen. In solchen Fällen macht das Genprodukt nach der Translation meist andere Abwandlungen (zum Beispiel Glykosylierung) durch als in den Zellen des Menschen, so daß es wiederum immunogen wirkt. Um diese Schwierigkeiten zu umgehen, interessiert man sich inzwischen immer mehr für die Herstellung transgener Tiere, bei denen die Weiterverarbeitung nach der Translation eher ähnlich wie beim Menschen verläuft. Man kann ein kloniertes menschliches Gen beispielsweise mit einem Schafgen für ein Milchprotein verknüpfen und dann in die Keimbahn des Schafes bringen. Das so entstandene transgene Schaf scheidet das Fusionsprotein dann in großen Mengen in seine Milch aus. Normalerweise ist ein solches Fusionsprotein so gestaltet, daß man es leicht mit einer spezifischen Protease spalten und so das menschliche Protein wiedergewinnen kann.

Tabelle 6.7: Einige therapeutisch nützliche Proteine des Menschen, die kommerziell mit gentechnischen Methoden hergestellt werden

Protein	möglicher/realisierter therapeutischer Nutzen
Blutgerinnungsfaktor VIII	Behandlung der Hämophilie A
Interferon	Krebsbekämpfung; Behandlung der Hepatitis B
Interleukin-2	Bekämpfung von Autoimmunerkrankungen, längeres Überleben transplantierter Organe
Erythropoietin	Behandlung der Anämie
Wachstumshormon	Behandlung des Wachstumshormonmangels
Gewebe-Plasminogenaktivator	Behandlung von Herzinfarkten

6.5.2 Gentherapie

In jüngster Zeit hat man in mehreren Fällen mit der Gentherapie begonnen, dem künstlichen Einbringen von Genen in erkranktes Gewebe zu Heilungszwecken (siehe unten). Dabei ist es wünschenswert, daß die eingeschleusten

Gene möglichst in die DNA der Empfängerzellen integriert werden, so daß sie nach der Zellteilung auch in den Abkömmlingen dieser Zellen exprimiert werden. Zu diesem Zweck hat man verschiedene Verfahren entwickelt; im einfachsten Fall überträgt man die Gene in geeignete Gewebekulturzellen, die man anschließend wieder in den Körper des Patienten bringt.

Derzeit konzentriert sich die Aufmerksamkeit auf die somatische Gentherapie, die einzelne Gewebe betrifft [31]. Denkbar wäre auch eine Keimbahntherapie. Bei familiär gehäuften Krankheiten könnte man theoretisch an einem Embryo die Krankheitsgene nachweisen und dann mit Hilfe der Gentherapie die Ausprägung der Krankheit verhindern. Bei Tieren sind solche Versuche zur Keimbahn-Gentherapie bereits gelungen, aber beim Menschen zieht man sie bisher nicht in Betracht. Wenn man die DNA eines Embryos und damit die Keimbahn manipuliert, bleiben die Folgen der Behandlung nicht auf das betreffende Individuum beschränkt, sondern sie wirken sich auch auf seine Nachkommen aus. Außerdem sind die bisher verfügbaren Methoden zur Übertragung fremder DNA in Embryonen nicht effizient und fehleranfällig. Insbesondere hat man kaum Einfluß darauf, an welchen Stellen der Chromosomen die eingeschleuste DNA integriert wird. Der Einbau erfolgt also praktisch zufällig, und das kann auch zu Krankheiten führen: Ein wichtiges Gen kann durch Insertionsinaktivierung lahmgelegt werden, oder die unerwünschte Aktivierung eines Onkogens läßt Krebs entstehen. In jedem Fall sind auch bei den schwersten genetisch bedingten Krankheiten meist 50 Prozent der Embryonen gesund, und das läßt sich durch empfindliche, auf der PCR basierende Methoden feststellen (Abschnitt 6.3.1).

Genverstärkung und Genkorrektur. Die somatische Gentherapie läßt sich am ehesten bei Einzelgenkrankheiten, bei denen das verantwortliche Gen gut charakterisiert ist, anwenden. Dabei sind zwei Vorgehensweisen erforderlich. Bei rezessiven Erkrankungen, die auf das Fehlen eines Genprodukts zurückzuführen sind, reicht es theoretisch aus, ein funktionsfähiges Allel des betreffenden Gens einzuschleusen und so den Gendefekt auszugleichen (Genverstärkung). Handelt es sich jedoch um eine dominante Erkrankung, bleibt das pathogene mutierte Allel auch in Gegenwart des normalen Allels aktiv. In solchen Fällen ist also eine Genkorrektur erforderlich: Die mutierte Sequenz muß gegen die entsprechende Sequenz des normalen Allels ausgetauscht werden, oder man muß das mutierte Gen selektiv inaktivieren. Das ist erheblich schwieriger, denn der einzige Weg zu diesem Ziel ist derzeit der gezielte Einbau von Genen durch homologe Rekombination (Abb. 6.10). Kürzlich gelang es, in Gewebekulturzellen das menschliche β^S-Globin-Allel in ein normales β^A-Globin-Allel umzuwandeln [32]. Die Genkorrektur ist aber nach wie vor ein sehr ineffizientes Verfahren, und deshalb hat man sich mit den ersten Versuchen zur Gentherapie auf rezessive Krankheiten konzentriert.

Einbringen in das betroffene Gewebe.   In vielen Fällen wird das normale Allel eines Krankheitsgens in schwer zugänglichem Gewebe exprimiert, beispielsweise in Gehirn oder Leber. Betrifft der Defekt jedoch ein Gen, das ein sekretorisches Protein codiert, kann man die Gentherapie möglicherweise so gestalten, daß das normale Gen in die DNA eines leichter zugänglichen Gewebes integriert wird. Am besten eignen sich in dieser Hinsicht Blutzellen und in geringerem Maße auch Hautfibroblasten. Deshalb sind Blutkrankheiten das bevorzugte Ziel der Gentherapie. Im Prinzip kann man dem Patienten einfach Blut entnehmen, die Zellen in der Gewebekultur wachsen lassen, das gewünschte Gen in sie einschleusen, geeignete transfizierte Zellen selektionieren und diese Zellen dann durch eine Transfusion wieder in den Patienten zurückbringen. Aber Blutzellen sterben ständig ab und werden ersetzt. Ob eine Gentherapie langfristig wirkt, hängt deshalb bei Blutkrankheiten davon ab, bei welchem Anteil der Stammzellen das Verfahren erfolgreich war. Leider ist es bisher nicht gelungen, Blutstammzellen des Menschen zu isolieren.

Das Einschleusen von Genen in menschliche Gewebekulturzellen gelingt am besten mit Vektoren, die sich von Retroviren ableiten. Diese RNA-Viren können menschliche Zellen sehr wirksam infizieren, und ihre RNA wird nach der Infektion in eine doppelsträngige DNA umgeschrieben, die sich in die DNA der Chromosomen integriert. Normalerweise nimmt das Genom der Empfängerzelle nur ein bis zwei Kopien der Retrovirus-DNA auf, so daß pathologische Folgen der Integration wie zum Beispiel die Aktivierung von Onkogenen recht unwahrscheinlich sind. Mit gentechnischen Standardmethoden kann man ein menschliches Gen in die doppelsträngige DNA-Form eines Retrovirusgenoms einbauen und dieses dann in die Virus-Proteinhülle verpacken, die eine sehr effiziente Infektion ermöglicht; die Verpackungsproteine stellt dabei ein Helfervirus zur Verfügung.

Expression.   In manchen Fällen ist das Ausmaß der Genexpression von entscheidender Bedeutung. Die β-Thalassämie schien beispielsweise anfangs für die Gentherapie eine gute Anwendungsmöglichkeit zu bieten. Das Gen für β-Globin ist mit 1,6 kb sehr klein, und alle wichtigen Signale für seine starke Expression wurden identifiziert und in einem kurzen Genkonstrukt zusammengefügt. Man kann das menschliche β-Globin-Gen auch in großem Umfang zur Expression bringen, aber die Regulation ist kompliziert, weil sie mit der Expression des α-Globin-Gens koordiniert wird. Bei

Versuchen zur Gentherapie der β-Thalassämie muß man deshalb dafür sorgen, daß das β-Globin im richtigen Umfang exprimiert wird. Ist die Expression zu stark, entsteht ein Ungleichgewicht der Globinketten mit einer zu geringen relativen Menge des α-Globins, und die Folge ist eine α-Thalassämie.

Gentherapie heute. Der erste ernsthafte Versuch einer Gentherapie für eine Einzelgenerkrankung richtete sich auf den Adenosindesaminasemangel (ADA), eine seltene, rezessiv vererbte Störung des Purinstoffwechsels. Patienten mit diesem Defekt machen etwa 25 Prozent aller Fälle mit schwerer kombinierter Immunschwäche aus, bei der das Immunsystem vor allem wegen des ADA-Mangels in den T-Lymphocyten beeinträchtigt ist. Diese Zellen sind relativ leicht zugänglich. Außerdem wird ADA auch bei Gesunden sehr unterschiedlich stark exprimiert, was darauf schließen läßt, daß eine genaue Expressionssteuerung nicht entscheidend ist. In Tierversuchen führte eine Behandlung entsprechend immungeschwächter Mäuse mit ADA allein langfristig nicht zur Wiederherstellung der Immunfunktion. Mäuse, in deren Zellen man das menschliche ADA-Gen eingeschleust hatte, zeigten dagegen bis zu drei Monate lang normale Immunreaktionen. Daraufhin wurde die Gentherapie für den ADA-Mangel genehmigt, und am 14. September 1990 begannen Wissenschaftler der National Institutes of Health (NIH) in den USA nach dem in Abbildung 6.11 gezeigten Plan mit den

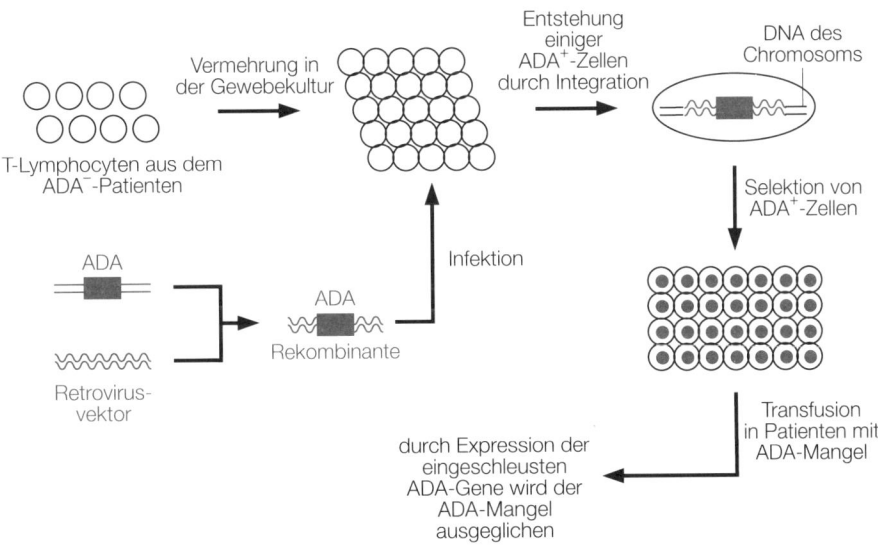

6.11 Genverstärkungstherapie beim Adenosindesaminasemangel (ADA-Defizienz).

Versuchen. Die geplante Behandlung bedeutet sicher keine endgültige Heilung und erfordert wiederholte Injektionen mit den gentechnisch veränderten, kurzlebigen T-Zellen. Wie gut das Experiment gelingt, wird man erst in einiger Zeit abschätzen können, erste Berichte klingen aber ermutigend.

6.5.3 Gentherapie bei Krebs

Die erste Genehmigung für die Gentherapie von Krebserkrankungen erhielten ebenfalls Forscher des NIH. Ziel war die Behandlung des malignen Melanoms, einer relativ häufigen Krebserkrankung, die im letzten Stadium unheilbar ist. In dem geplanten Experiment sollten körpereigene tumorinfiltrierende Lymphocyten (TIL) als Vehikel des Gentransfers dienen. Diese Zellen dringen in feste Tumore ein, und man kann sie *in vitro* züchten, indem man Einzelzellsuspensionen aus dem Tumor in Gegenwart von Interleukin-2 wachsen läßt. Im ersten Schritt des Experiments – es war gleichzeitig der erste belegte Fall eines Gentransfers in Menschen – schleuste man in TILs mit Hilfe eines Retrovirusvektors ein bakterielles Neomycingen ein, das als Markierung für das weitere Schicksal dieser Zellen dienen sollte [33]. Nebenwirkungen, die durch das Verfahren bedingt gewesen wären, gab es nicht, und kürzlich wurde die Genehmigung für einen weiteren Versuch erteilt: Jetzt will man mit einem Retrovirusvektor das Gen für den Tumornekrosefaktor in TILs eines Melanompatienten einschleusen (Abb. 6.12). Die derart manipulierten TILs sollen den Patienten injiziert werden und dort, so die Hoffnung, die tiefsitzenden Tumore ansteuern und den Tumornekrosefaktor exprimieren, der dann möglicherweise den Tumor schrumpfen läßt.

6.5.4 Aussichten für die Zukunft

Was in den letzten zehn Jahren über die Aussichten für die Gentherapie gesagt und geschrieben wurde, schwankte je nach technischen Fortschritten und Rückschlägen zwischen Optimismus und Pessimismus.

Nachdem man heute bei immer mehr krankheitserzeugenden Genen und ihren normalen Allelen die Expression *in vitro* untersuchen kann, denkt man auch über immer mehr Gentherapieexperimente nach, zum Beispiel bei Krankheiten wie Duchenne-Muskelschwund und Cystischer Fibrose, bei denen die Vorstellung einer Gentherapie noch vor kurzem als unrealistisch galt. Beim Duchenne-Muskelschwund ist das Problem ein riesiges Gen, das im Muskel exprimiert wird, einem recht unzugänglichen Gewebe. Die co-

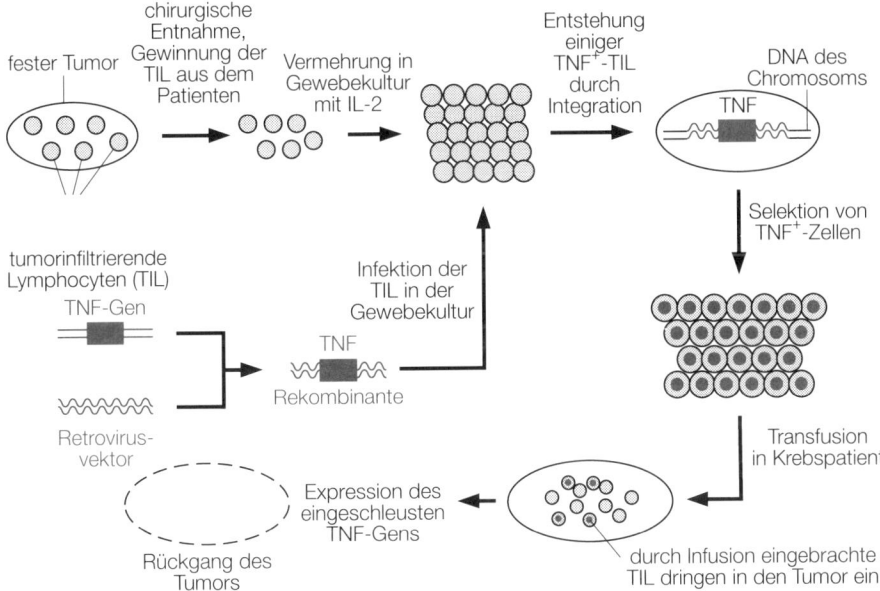

6.12 Gentherapie bei Krebs durch eine abgewandelte Immuntherapie. TNF = Tumornekrosefaktor.

dierende Sequenz des Dystrophingens macht aber mit etwa 14 kb nur 0,5 Prozent der Genlänge aus, und ein großer Teil davon kann ohne größere klinische Folgen deletiert sein (Abschnitt 5.5.1). Man kann also mit dem Rest der codierenden Sequenz aus dem Dystrophingen ein verkürztes Minigen konstruieren, das so klein ist, daß es in einen Retrovirusvektor paßt. Das Einschleusen in die Zellen bleibt allerdings problematisch, aber man hat darüber nachgedacht, das Minigen über Muskelsatellitenzellen in die Muskelfasern zu transportieren.

Im Fall der Cystischen Fibrose prüft man derzeit ernsthaft, ob sich das *CFTR*-Gen mit Hilfe eines Aerosols in die Epithelzellen der Lunge transportieren läßt. Diese Zellen teilen sich nicht, deshalb kann man keine Retrovirusvektoren benutzen. Statt dessen stellt man sich ein Gentransferverfahren mit Adenovirusvektoren vor, denn diese Viren richten sich auf solche Zellen und sind nicht auf Zellteilung angewiesen.

Erweiterte Kenntnisse über die molekularen Mechanismen der Krebsentstehung haben ebenfalls zu Plänen für neue Behandlungsmethoden geführt. Bei Krebserkrankungen, die durch die Inaktivierung eines Tumorsuppressorgens entstehen, müßte die Übertragung des Wildtypallels in die Tumorzellen theoretisch ausreichen, um das Wachstum des Tumors zu unterdrükken, und in bestimmten Fällen konnte man bereits zeigen, daß dies tatsächlich zutrifft [34]. Es kann also erwartet werden, daß man irgendwann das Wildtypallel in die somatischen Zellen von Risikopersonen bringen und so die Krebsgefahr verringern wird.

Für Krebserkrankungen, deren Ursache ein aktiviertes Onkogen ist, sucht man nach Methoden, um die Expression dieses Gens zu blockieren. Mit Anti-Sinn-RNA oder entsprechenden Oligonucleotiden, die man in die Tumorzellen bringt, kann man zum Beispiel versuchen, die Expression des Onkogens zu blockieren. Die Anti-Sinn-Moleküle binden sich spezifisch an die mRNA des Onkogens, und da sie damit die Translation stören, wird die Genexpression unterdrückt.

Zitierte Literatur

 1. Ott, J. In: *Am J. Hum. Genet.* 46 (1990) S. 219.
 2. Bodmer, W. F. et al. In: *Nature* 328 (1987) S. 614.
 3. Kinzler, K. W. et al. In: *Science* 251 (1991) S. 1366.
 4. Nishisho, I. et al. In: *Science* 253 (1991) S. 665.
 5. Groden, J. et al. In: *Cell* 66 (1991) S. 589.
 6. Levine, A. J. et al. In: *Nature* 351 (1991) S. 453.
 7. Fearon, E. R.; Vogelstein, B. In: *Cell* 61 (1990) S. 759.
 8. Hobbs, H. et al. In: *J. Clin. Invest.* 84 (1989) S. 656.
 9. Todd, J. A. et al. In: *Nature* 329 (1987) S. 599.
10. Miyazaki, T. et al. In: *Nature* 345 (1990) S. 722.
11. Todd, J. A. In: *Immunol. Today* 11 (1990) S. 122.
12. Todd, J. A. et al. In: *Nature* 351 (1991) S. 542.
13. Cornall, R. J. et al. In: *Nature* 353 (1991) S. 262.
14. St George-Hyslop, P. H. et al. In: *Nature* 347 (1990) S. 194.
15. Pericak-Vance, M. A. et al. In: *Am. J. Hum. Genet.* 49 (1991) S. 1034.
16. Goate, A. et al. In: *Nature* 349 (1991) S. 704.
17. Zielenski, J. et al. In: *Genomics* 10 (1991) S. 214.
18. Anderson, M. P. et al. In: *Science* 251 (1991) S. 679.
19. Kartner, N. et al. In: *Cell* 64 (1991) S. 681.
20. Koenig, M. et al. In: *Cell* 53 (1988) S. 219.
21. Love, D. R. et al. In: *Nature* 339 (1989) S. 55.
22. Ervasti, J. M. et al. In: *Nature* 345 (1990) S. 315.
23. Antonarakis, S. E. In: *New England J. Med.* 320 (1989) S. 153.
24. Reiss, J.; Cooper, D. N. In: *Hum. Genet.* 85 (1990) S. 1.
25. Coutelle, C. et al. In: *Br. Med. J.* 299 (1989) S. 22.

26. Abbs, S. et al. In: *J. Med. Genet.* 28 (1991) S. 304.
27. Roberts, R. G. et al. In: *Lancet* 336 (1990) 1523.
28. Hsiao, K. K. et al. In: *Science* 250 (1990) S.1587.
29. Hammer, R. E. et al. In: *Cell* 63 (1990) S. 1099.
30. Chisaka, O.; Capecchi, M. R. In: *Nature* 350 (1991) S. 473.
31. Friedmann, T. In: *Science* 244 (1989) S. 1275.
32. Shesely, E. G. et al. In: *Proc. Natl. Acad. Sci. USA* 88 (1991) S. 4294.
33. Rosenberg, S. A. et al. In: *New Engl. J. Med.* 323 (1990) S. 570.
34. Baker, S. J. et al. In: *Science* 249 (1990) S. 912.

Weiterführende Literatur

Weatherall, D. J. *The New Genetics and Clinical Practice*. 3. Aufl. Oxford (Oxford University Press) 1991.

Glossar

Allel   Eine von mehreren Formen eines Gens oder einer DNA-Sequenz an einer bestimmten Stelle (Locus) auf einem Chromosom. Ein Mensch besitzt an jedem Locus zwei Allele, je eines vom Vater und von der Mutter.

allelspezifisches Oligonucleotid (ASO)   Oligonucleotid, das in seiner Sequenz einem bestimmten Allel entspricht und dessen Hybridisierung mit einer Zielsequenz schon durch eine einzige Basenfehlpaarung verhindert wird.

Anti-Sinn-Strang   DNA-Strang eines Gens, der als Matrize für die Synthese der mRNA dient.

Autosomen   Alle Chromosomen außer den Geschlechtschromosomen X und Y.

cDNA   Komplementäre DNA, synthetisiert von dem Enzym Reverse Transkriptase mit einer mRNA als Matrize.

Chromatid/Chromosom   In einer sich teilenden Zelle erkennt man jedes Chromosom als zwei (Schwester-)Chromatiden, die am Centromer verbunden sind.

codierende DNA   DNA-Sequenz, welche die Struktur eines Polypeptids oder einer reifen RNA festlegt.

Codon   Nucleotidtriplett in der DNA oder mRNA, das eine Aminosäure festlegt oder das Ende der Polypeptidsynthese signalisiert.

Contig   Reihe überlappender DNA-Klone.

Cosmid   Vektor zur Klonierung von DNA-Fragmenten in *E. coli*.

CpG-Insel Kurzer DNA-Abschnitt (etwa 1 kb) mit vielen unmethylierten CpG-Dinucleotiden; kennzeichnet oft ein Gen (speziell das 5'-Ende).

Crossing-over Austausch von DNA zwischen homologen Chromosomen.

Deletion Verlust von DNA-Abschnitten unterschiedlicher Größe.

Denaturierung Auftrennung einer Doppelhelix in einzelsträngige DNA und/oder RNA.

diploid Bezeichnung für eine Zelle, die das Genom in zwei Kopien enthält (beim Menschen 46 Chromosomen).

DNA-Bibliothek Sammlung von Zellklonen mit verschiedenen rekombinierten DNA-Fragmenten.

dominant Eigenschaft eines Merkmals, das in einer heterozygoten Zelle oder einem heterozygoten Organismus ausgeprägt wird.

Enhancer DNA-Sequenzelement, das die Transkription eines Gens anregt, ohne daß seine Lage oder Orientierung entscheidend ist.

Euchromatin Genetisch aktive Chromosomenabschnitte, die sich nach der Zellteilung entwinden.

Exon Informationstragender Genabschnitt, der sich (nach Transkription und Weiterverarbeitung) letztlich auch in der reifen mRNA wiederfindet.

Expression Ausprägung der in den Genen enthaltenen Information.

Gengruppe Mitglieder einer Familie von Genen, die gehäuft in einem bestimmten Chromosomenabschnitt liegen (auch Gencluster genannt).

Genkonversion Mechanismus der nichtreziproken Rekombination, bei dem eine Sequenz einer anderen angeglichen wird.

Genotyp a) genetische Zusammensetzung eines Organismus; b) die Allele, die man bei einem Individuum an einem bestimmten Genlocus findet.

haploid Bezeichnung für eine Zelle, die nur eine Kopie des Genoms enthält (beim Menschen 23 Chromosomen).

Haplotyp   Bezeichnung für die Kombination der Allele, die man an gekoppelten Loci auf einem einzigen Chromosom findet.

Heterochromatin   Chromosomenabschnitte, die während des gesamten Zellzyklus kondensiert bleiben und an denen wenig oder gar keine Genexpression stattfindet.

Heteroduplex   Doppelsträngige DNA, deren Stränge nicht vollständig komplementär sind, sondern einige fehlgepaarte Basen enthalten.

Heterokaryon   Zellkern künstlich fusionierter Zellen mit den Chromosomen der Ausgangszellen.

heterozygot   Eigenschaft eines Individuums, das an einem Genlocus zwei verschiedene Allele besitzt.

homologe Chromosomen   Chromosomen, welche die gleichen Loci, unter Umständen aber verschiedene Allele tragen, zum Beispiel die beiden Exemplare des Chromosoms 1 in einer diploiden Zelle. Sie sind ähnlich, aber nicht genau gleich, da eines vom Vater, das andere von der Mutter stammt.

homozygot   Eigenschaft eines Individuums, das an einem Locus zwei gleiche Allele besitzt.

Hybridisierung   Zusammenlagerung komplementärer DNA- oder RNA-Stränge zu einer Doppelhelix.

Hybridisierungsreaktion   Mischen einer Sonde aus markierten DNA- oder RNA-Einzelsträngen (Oligonucleotiden) mit Einzelsträngen der zu untersuchenden DNA oder RNA und anschließende Aneinanderlagerung komplementärer Stränge.

in situ-**Hybridisierung**   Hybridisierung eines markierten DNA- oder RNA-Fragments an einen Gewebeschnitt oder eine Chromosomenpräparation auf einem Objektträger.

Intron   Nichtcodierende DNA zwischen den Exons eines Gens.

Inversion   Drehung eines Chromosomenabschnitts, die zu einer umgekehrten Nucleotidanordnung führt.

Iso(en)zyme   Formen eines Enzyms mit gleichen Eigenschaften.

Keimbahn   Keimzellen (Ei- und Samenzellen) und ihre Vorläufer, aus denen sie durch Zellteilung hervorgehen.

Klon   Eine Anzahl von identischen Molekülen oder Zellen, die alle von einem einzigen Vorläufer abstammen.

komplementär   Eigenschaft von DNA- und RNA-Strängen, die sich nach den Basenpaarungsregeln zu einem Doppelstrang zusammenlegen können.

konstitutives Gen   Gen, das eine grundlegende Zellfunktion codiert und deshalb in den meisten Zelltypen exprimiert wird.

Kopplung (*linkage*)   Gemeinsame Vererbung der Allele an zwei oder mehreren Loci, die auf einem Chromosom benachbart liegen.

Kopplungsungleichgewicht   Nichtzufällige Verteilung der Allele an gekoppelten Loci.

künstliches Hefechromosom (YAC)   Vektor zur Klonierung großer Fragmente von Fremd-DNA in Hefezellen.

Locus   Festgelegte Stelle auf einem Chromosom, welche die Lage eines Gens oder einer DNA-Sequenz definiert.

Lod-Wert   Maß für die Wahrscheinlichkeit, daß Loci gekoppelt sind.

Lyonisierung   Inaktivierung des X-Chromosoms.

Marker   polymorphe DNA- oder Proteinsequenz, deren Vererbung man in einem Stammbaum verfolgen kann.

Meiose   Reduktionsteilung, die sich ausschließlich in Hoden und Eierstökken abspielt und zur Entstehung haploider Ei- und Samenzellen führt.

Mikrosatellit   DNA-Abschnitt mit sehr kurzen tandemförmig wiederholten Sequenzteilen.

Minisatellit   DNA-Abschnitt mit kurzen tandemförmig wiederholten Sequenzteilen.

Mitose Normale Zellteilung, im Gegensatz zur Meiose.

Mosaik Ein genetisches Mosaik ist ein Individuum, bei dem zwei oder mehr genetisch unterschiedliche Zellinien von einer einzigen Zygote abstammen.

Mutation Erbliche Veränderung einer DNA-Sequenz.

Northern-Blot-Hybridisierung Verfahren zur Identifizierung bestimmter einzelsträngiger RNA-Abschnitte mit Hilfe einer bekannten Einzelstrangsonde.

Nucleotid Eine Base (Adenin, Cytosin, Guanin, Thymidin oder Uracil), die mit einem Zuckermolekül (Ribose oder Desoxyribose) und einer Phosphatgruppe verbunden ist.

Oligonucleotid Kurzes (künstlich hergestelltes) einzelsträngiges DNA-Molekül, das aus bis zu etwa 20 Nucleotiden besteht.

Polymerasekettenreaktion (PCR) *In vitro*-Methode zur DNA-Klonierung.

Polymorphismus Die Existenz zweier oder mehrerer Allele an einem Genlocus, die mit nennenswerter Häufigkeit in der Bevölkerung vorkommen.

Primer Oligonucleotid, das (beispielsweise bei der Polymerasekettenreaktion) als Ausgangspunkt der DNA-Synthese dient.

Promotor DNA-Sequenzelemente stromaufwärts von einem Gen, an die sich die RNA-Polymerase anheftet, wenn sie mit der Transkription beginnt.

Pseudogen DNA-Sequenz, die deutlich einem funktionsfähigen nichtallelen Gen ähnelt, selbst jedoch nicht funktionsfähig ist.

Punkt-Blot-Hybridisierung Verfahren zur Identifizierung von Punktmutationen mit Hilfe von ASO-Sonden.

repetitive DNA DNA-Sequenz, die im Genom in vielen gleichen oder ähnlichen Exemplaren vorkommt.

Restriktionsendonuclease Enzym, das DNA an ganz bestimmten Sequenzen schneidet.

Restriktionsstelle Kurze DNA-Sequenz aus vier bis acht Basenpaaren, die von einer Restriktionsendonuclease erkannt wird.

Restriktionsstellen-Polymorphismus (RSP) Polymorphismus, bei dem sich die Allele durch eine vorhandene beziehungsweise fehlende Restriktionsstelle unterscheiden. Da sich dies bei der Spaltung von DNA-Molekülen mit Restriktionsendonucleasen in einer Verkürzung oder Verlängerung der DNA-Fragmente niederschlägt, spricht man auch von Restriktionsfragment-Längenpolymorphismus (RFLP).

Satelliten-DNA Hochrepetitive, nichttranskribierte DNA.

Seltenschneider Restriktionsendonuclease, welche die DNA nur an wenigen Stellen schneidet, weil ihre Erkennungssequenz lang ist und/oder CpG-Dinucleotide umfaßt.

Silencer Kombination kurzer DNA-Sequenzelemente, welche die Transkription eines Gens unterdrückt.

Sinn-Strang DNA-Strang eines Gens, der zum Anti-Sinn-Strang komplementär ist. Seine Basensequenz ist die gleiche wie die der transkribierten RNA, nur entspricht die Base Thymidin in der DNA dem Uracil der RNA.

somatische Zellen Alle Körperzellen mit Ausnahme der Keimzellen.

somatisches Zellhybrid Künstlich hergestellte Zelle, die durch das Einführen von Chromosomen einer Art (meist des Menschen) in Zellen einer anderen Art (meist Nagerzellen) entstanden ist und diese Chromosomen stabil enthält.

Sonde DNA- oder RNA-Fragment, das markiert wurde und in einer Hybridisierungsreaktion zum Nachweis ähnlicher DNA- oder RNA-Sequenzen dient.

Southern-Blot-Hybridisierung Verfahren zur Identifizierung bestimmter einzelsträngiger DNA-Abschnitte mit Hilfe einer bekannten Einzelstrangsonde.

Spleißen   Entfernen der Introns aus der RNA.

syntän   Eigenschaft von Genen oder DNA-Sequenzen, die auf demselben Chromosom liegen.

transgenes Tier   Tier, bei dem künstlich eingeschleuste Fremd-DNA stabil in die Keimbahn aufgenommen wurde.

Transition   Mutation, bei der ein Pyrimidin durch ein Pyrimidin oder ein Purin durch ein Purin ausgetauscht wird.

Translokation   Übertragung von Chromosomenabschnitten zwischen nichthomologen Chromosomen.

Transposition   Einbau einer DNA-Sequenz in verschiedene Stellen des Wirtschromosoms.

Transversion   Mutation, bei der ein Pyrimidin durch ein Purin ausgetauscht wird (oder umgekehrt).

ungleicher Schwesterchromatidenaustausch   Rekombination zwischen falsch gepaarten Sequenzen auf den Schwesterchromatiden eines Chromosoms.

ungleiches Crossing-over   Rekombination zwischen falsch gepaarten Sequenzen auf zwei homologen Chromosomen.

uniparentale Disomie   Vererbung zweier Kopien eines Chromosoms von einem Elternteil.

Vektor   DNA-Molekül, das zur Klonierung eines Gens oder einer anderen DNA-Sequenz eingesetzt wird.

Zoo-Blot   Southern Blot mit DNA-Proben verschiedener biologischer Arten; dient der Lösung abstammungsgeschichtlicher Fragestellungen.

Index

G

H

Das Grundlagenwerk der Biochemie

Die Biochemie ist eine grundlegende Wissenschaft: Die Prozesse und Strukturen, die sie untersucht, bilden nicht nur die Basis für die vielen auf höheren Ebenen beobachtbaren biologischen Phänomene wie etwa Immunabwehr, Nahrungsstoffwechsel, Bewegung oder Wahrnehmung; sie stehen auch hinter den heute so intensiv diskutierten Fortschritten der molekularen Gentechnik und Gentechnologie. Lubert Stryers großes, erfolgreiches Lehrbuch liegt nun in neuer, völlig überarbeiteter Auflage vor. Die revidierte Ausgabe spiegelt den aktuellen Stand biochemischen Wissens und den Wandel biochemischer Konzepte wider. In dem Zusammenspiel von Genen und Proteinen, in den Grundmustern der Stoffwechselprozesse und in den Wechselwirkungen von Physiologie und Verhalten wird die molekulare Logik des Lebendigen sichtbar. Der neue „Stryer" bietet dem Studenten dank seines geschickten didaktischen Aufbaus, seines klaren, verständlichen Stils und seiner umfangreichen farbigen Bebilderung eine maßgeschneiderte Einführung in die Grundlagen, Theorien und Arbeitsmethoden der modernen Biochemie. Zahlreiche Aufgaben ermöglichen dem Lernenden eine Kontrolle des erworbenen Wissens.

Lubert Stryer
Biochemie
1991, 1168 Seiten
DM 128,- / öS 999,- / sFr 129,-
ISBN 3-86025-005-1

Vangerowstraße 20 · 69115 Heidelberg

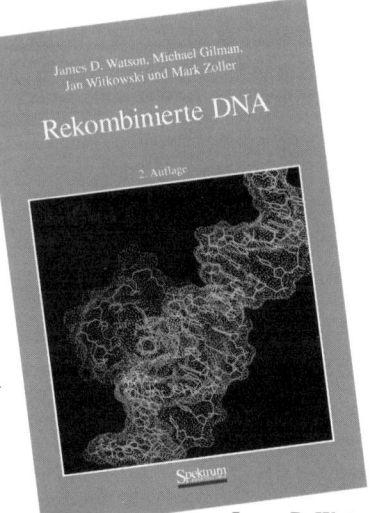